五年制高职专用教材
智能制造装备技术专业新形态教材

PLC 应用技术

主　编　蒋华平　蒋志城
副主编　许长兵　张丽英　万　萍
参　编　朱　力　姚绍蔚　张　璇　耿小艳
　　　　张淑侠　杨　明　时　鹏
主　审　陈洪飞

机 械 工 业 出 版 社

本书根据教育部办公厅印发的《“十四五”职业教育规划教材建设实施方案》，参考维修电工职业资格标准和1+X职业技能标准，结合学生的认知特点和成长规律编写而成。

本书采用任务驱动的编写模式，将教学内容设计为三个项目共12个任务，包括数控机床冷却泵电动机起停控制、多级输送带控制、交通信号灯控制、霓虹灯控制、四层电梯控制、地下停车场车辆控制、工业机械手顺序控制、灌装生产线控制、基于S7-200 SMART PLC以太网通信控制、恒液位控制、基于MM420变频器与S7-200 SMART PLC的自动生产线多段速控制、小型自动化生产线控制。

每个任务按照任务要求、知识准备、任务实施、任务评价、知识拓展的步骤进行，实现了“教、学、做”一体化，具有很强的指导性和可操作性，并在全过程渗透爱岗敬业的理念，以初心致匠心，增强勇于探索的创新精神，提高解决问题的实践能力。

本书图文并茂、通俗易懂，可作为高等职业院校机电一体化技术、电气自动化技术和智能制造工程技术专业教材，也可作为机电一体化等岗位的培训教材。

为便于教学，本书配有电子教案、助教课件、教学视频等教学资源，使用本书作为教材的教师可登录机械工业出版社教育服务网（www.cmpedu.com）注册后免费下载，也可来电（010-88379492）索取。

图书在版编目（CIP）数据

PLC应用技术 / 蒋华平，蒋志斌主编. -- 北京：机械工业出版社，2024. 10. --（五年制高职专用教材）（智能制造装备技术专业新形态教材）. -- ISBN 978-7-111-76800-5

Ⅰ. TM571.61

中国国家版本馆CIP数据核字第2024N1B426号

机械工业出版社（北京市百万庄大街22号　邮政编码100037）

策划编辑：赵文婕　　责任编辑：赵文婕　章承林

责任校对：梁　园　张亚楠　　责任印制：单爱军

北京虎彩文化传播有限公司印刷

2025年1月第1版第1次印刷

210mm×285mm · 12.25印张 · 365千字

标准书号：ISBN 978-7-111-76800-5

定价：42.00元

电话服务　　网络服务

客服电话：010-88361066　　机　工　官　网：www.cmpbook.com

010-88379833　　机　工　官　博：weibo.com/cmp1952

010-68326294　　金　　书　　网：www.golden-book.com

封底无防伪标均为盗版　　机工教育服务网：www.cmpedu.com

前 言

本书贯彻落实党的二十大报告和《国家职业教育改革实施方案》精神，是职业院校“三教改革”中的教材改革成果，由来自职业院校教学工作一线的骨干教师和学科带头人，通过社会调研，对劳动力市场人才需求进行分析，在企业有关人员的积极参与下，参照相关国家职业标准及有关行业标准，结合学生的认知特点和成长规律编写而成。

在现代工业应用中，西门子 S7-200 SMART PLC 被广泛使用，市场占有率高。本书以西门子 S7-200 SMART PLC 为样机，从工程应用角度出发，以学生为主体，以项目为载体，以工作过程为导向，遵循“从完成简单工作任务到完成复杂工作任务”的能力形成规律，注重过程性知识讲解，适度介绍概念和原理，以工作任务为驱动，实现了“教、学、做”一体化。通过学习本书内容，学生能够逐步掌握 S7-200 SMART PLC 的基础应用、典型应用和综合应用，增强团队协作意识，强化职业素养，培养实际动手能力和实践创新能力。

本书的学时分配建议如下。

序号	教学内容	建议学时
1	任务一　数控机床冷却泵电动机起停控制	12
2	任务二　多级输送带控制	6
3	任务三　交通信号灯控制	6
4	任务四　霓虹灯控制	6
5	任务五　四层电梯控制	6
6	任务六　地下停车场车辆控制	6
7	任务七　工业机械手顺序控制	6
8	任务八　灌装生产线控制	6
9	任务九　基于 S7-200 SMART PLC 以太网通信控制	6
10	任务十　恒液位控制	6
11	任务十一　基于 MM420 变频器与 S7-200 SMART PLC 的自动生产线多段速控制	6
12	任务十二　小型自动化生产线控制	6
13	机动	6
合　计		84

本书由江苏联合职业技术学院武进分院（常州市高级职业技术学校）蒋华平、南京信息工程大学蒋志城任主编，江苏联合职业技术学院连云港中专办学点（江苏省连云港中等专业学校）许长兵、常州科乐机器人有限公司张丽英、江苏联合职业技术学院常州刘国钧分院（常州刘国钧高等职业技术学校）万萍任副主编，江苏联合职业技术学院武进分院（常州市高级职业技术学校）朱力、江苏联合职业技术学院盐城机电分院（盐城机电高等职业技术学校）姚绍蔚、江苏联合职业技术学院常州铁道分院（常州铁道高等职业技术学校）张璇、江苏联合职业技术学院江阴中专办学点（江阴中等专业学校）耿小艳、江苏联合职业技术学院盐城机电分院（盐城机电高等职业技术学校）张淑侠、江苏联合职业技术学院徐州技师分院（江苏省徐州技师学院）杨明、江苏联合职业技术学院盐城机电分院（盐城机电高等职业技术学校）时鹏参与编写。

本书由江苏联合职业技术学院常熟分院陈洪飞主审。在编写本书的过程中，编者参阅了国内外出版的有关教材和资料，得到了有益指导，在此一并表示衷心感谢！

由于编者水平有限，书中不妥之处在所难免，恳请读者批评指正。

编　者

目录

项目一

基础指令及其应用

任务一　数控机床冷却泵电动机起停控制

自20世纪60年代美国推出可编程序控制器取代传统继电器控制装置以来，PLC技术得到了快速发展，已广泛应用于工业自动化生产中，熟练应用PLC技术已成为新时代智能制造类电气工程技术人员的必备能力。随着现代化生产技术的不断提高，PLC在开关量处理的基础上增加了模拟量处理和运动控制等功能。如今的PLC不再局限于逻辑控制，在运动控制、过程控制等领域也发挥着重要作用。本任务将以西门子S7-200 SMART PLC为例，介绍数控机床中的冷却泵电动机起停控制系统的基本要点。

知识目标

- 了解PLC的产生和发展趋势。
- 熟悉S7-200 SMART CPU SR20的结构和特性。
- 了解S7-200 SMART PLC硬件系统的组成及工作原理。
- 掌握硬件组态（配置）方法，能进行输入/输出设备的分配，并能够完成硬件组态。
- 了解数制、基本数据类型、存储区、直接寻址的含义。
- 熟悉常开触点、常闭触点及输出线圈的使用，掌握位指令、置位指令、复位指令的使用方法，并能用相关指令编写程序。
- 熟悉PLC控制系统的设计过程、PLC与计算机的连接、通信设置及下载，并能够独立操作。

能力目标

- 能运用所学指令解决工程控制问题。
- 能根据任务要求设计数控机床冷却泵电动机起停控制系统电气原理图。
- 能够完成数控机床冷却泵电动机起停控制。

职业能力

- 通过对电动机的各种控制设计，围绕PLC核心技术，培养学生自主学习能力、应变能力和创新能力。
- 通过掌握由PLC构成的控制系统的设计技巧，提高学生具体问题具体分析的实践能力。
- 能够分析企业现场机械设备的电气控制要求，并提出PLC解决方案。
- 在进行PLC实际操作的过程中，培养动手实践能力，增强质量意识、安全意识和节能环保意识，提升规范操作的职业素养。

任务要求

用 PLC 实现数控机床冷却泵电动机起停控制：当按下起动按钮 SB1 时，电动机接触器 KM 线圈接通得电，主触点闭合，电动机 M 起动运行；当按下停止按钮 SB2 时，电动机接触器 KM 线圈断开失电，主触点断开，电动机 M 停止运行，如图 1-1 所示。

知识准备

一、认识 PLC

1. PLC 的定义和产生

由于可编程序控制器（Programmable Controller，PC）容易和个人计算机（Personal Computer，PC）混淆，故人们习惯用可编程逻辑控制器（Programmable Logic Controller，PLC）指代可编程序控制器。可编程序控制器是一种数字运算操作的电子系统，专为在工业环境下应用而设计。它采用可编程序的存储器，用来在其内部存储执行逻辑运算、顺序控制、定时、计数和算术运算等操作的指令，并通过数字的、模拟的输入和输出，控制各种类型的机械或生产过程。

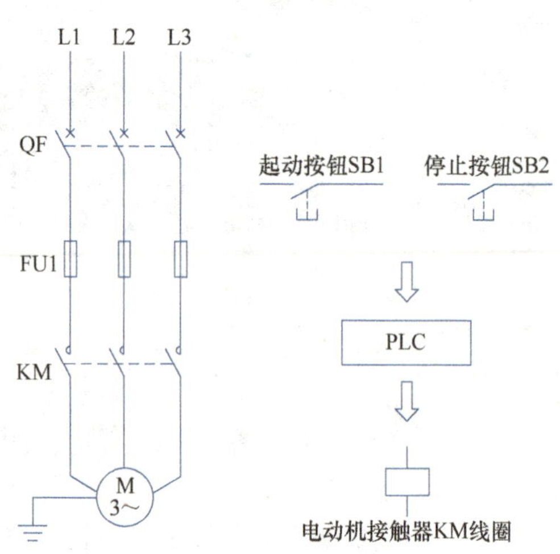

图 1-1　数控机床冷却泵电动机起停 PLC 控制等效示意

20 世纪 60 年代以前，汽车的每一次改型都需要重新设计和安装继电器控制装置，十分费时、费工和费料，延长了产品的更新周期。为了改变这一现状，美国通用汽车公司在 1969 年公开招标，要求用新的控制装置取代继电器控制装置，并提出了 10 项招标指标，要求编程方便、现场可修改程序、维修方便、采用模块化结构等。1969 年，美国数字设备公司研制出世界上第一台 PLC，在通用汽车公司的自动装配线上试用，并获得成功。

2. PLC 的主要特点

（1）可靠性高，抗干扰能力强

1）在 PLC 构成的控制系统中，大量的开关动作是由无触点的半导体电路完成的，从而使因触点接触不良等原因造成的故障大大减少。

2）在硬件方面，选用优质器件，采用合理的系统结构，加固并简化安装，使它具有抗振动和冲击的性能。对印制电路板的设计、加工及焊接都采取了极为严格的工艺措施。对于工业生产过程中最常见的瞬间强干扰，主要采用隔离和滤波技术进行抑制。PLC 的输入和输出电路一般都用光电耦合器传递信号，做到电浮空，使 CPU 与外部电路完全切断了电的联系，有效地抑制了外部干扰对 PLC 的影响。

3）在软件方面，PLC 具有良好的自诊断功能，一旦电源或其他软、硬件出现异常，CPU 立即采取有效措施，防止故障扩大。PLC 设置了看门狗（Watching Dog）定时器，如果程序执行的时间超过了规定值，则表明程序已经进入死循环，会立即报警。

4）对于使用 PLC 构成的大型的控制系统，还可以采用由双 CPU 构成的冗余系统或由三 CPU 构成的表决系统，使系统的可靠性进一步提高。

（2）编程简单易学　PLC 的设计是面向工业企业中电气工程技术人员的，它采用易于理解和掌握的梯形图语言，以及面向工业控制的简单指令。这种梯形图语言既继承了传统继电器控制电路的表达形式（如线圈、接点、常开、常闭），又考虑到工业企业中电气技术人员的读图习惯和计算机应用水平。因此，梯形图语言对于企业中熟悉继电器控制电路图的电气工程技术人员来说是非常友好的，它形象、直观、简单、易学，无论是在生产线的设计中，还是在传统设备的改造中，电气工程技术人员都特别愿意使用PLC。

(3) 设计、施工、调试周期短 PLC用存储逻辑代替接线逻辑，使得控制设备外部的接线大为减少，缩短了控制系统设计及建造的周期，也使得维护变得更加容易。

(4) 体积小、能耗低

1) PLC的结构紧凑、体积小、质量小，复杂的控制系统使用PLC后，可以减少大量的中间继电器和时间继电器。

2) 微型PLC的底部尺寸小于100mm，质量小于150g，功耗仅数瓦。

(5) 功能强、性价比高 一台小型PLC有成百上千个可供用户使用的编程元件，可以实现非常复杂的控制功能。与实现相同功能的继电器控制系统相比，具有很高的性价比。

3. PLC的主要功能

(1) 顺序逻辑控制 这是PLC最基本、最广泛的应用领域，用来取代传统的由继电器构成的控制系统，实现逻辑控制和顺序控制。它既可用于单机控制，也可用于多机群控及自动化生产线的控制。PLC根据操作按钮、限位开关及其他现场给出的指令信号和传感器信号，控制机械运动部件进行相应的操作。

(2) 运动控制 很多PLC制造厂家已提供了可驱动步进电动机或伺服电动机的单轴或多轴位置控制模块。在多数情况下，PLC把描述目标位置的数据传送给模块，模块移动一轴或数个轴到目标位置。当每个轴移动时，位置控制模块保持适当的速度和加速度，确保运动平滑。这一功能目前已广泛用于各种机械、机床、机器人等设备。

(3) 定时控制 PLC为用户提供了一定数量的定时器，并设置了定时器指令，一般每个定时器可实现0.1~999.9s或0.01~99.99s的定时控制，也可按一定方式进行定时时间的扩展，具有定时精度高，设定方便、灵活的特点。同时PLC还提供了高精度的时钟脉冲，用于准确的实时控制。

(4) 计数控制 PLC为用户提供的计数器分为普通计数器、可逆计数器、高速计数器等，用于不同的计数控制。当计数器的当前计数值等于计数器的设定值，或在某一数值范围时，PLC即发出控制命令。计数器的计数值可以在运行中被读出，也可以在运行中被修改。

(5) 步进控制 PLC为用户提供了一定数量的移位寄存器，可方便地实现步进控制功能，即在一道工序完成之后，自动进行下一道工序；在一个工作周期结束后，自动进入下一个工作周期。有些PLC还专门设有步进控制指令，使得步进控制更为方便。

(6) 数据处理 大部分PLC具有不同程度的数据处理功能，如F2系列、C系列、S5系列PLC等，能完成数据运算（如加、减、乘、除、乘方、开方等)、逻辑运算（如字与、字或、字异或、求反等)、移位、数据比较和传送及数值的转换等操作。

(7) 过程控制 PLC可以接收温度、压力、流量等连续变化的模拟量，通过模拟量I/O模块，实现模拟量和数字量之间的转换，并对被控模拟量实行闭环PID（比例积分微分）控制。

(8) 通信及联网 目前绝大多数PLC都具备了通信能力，把PLC作为下位机，与上位机或同级的PLC进行通信，可完成信息的交换，实现对整个生产过程的信息控制和管理，因此PLC是工厂自动化的理想控制器。

4. PLC的分类

(1) 根据I/O点数分类 按PLC的I/O点数的不同，可将PLC分为微型机、小型机、中型机、大型机和巨型机。

1) 微型PLC：I/O点数少于64点，内存容量较小，适用于简单的控制任务，如单机控制或简单的生产线。

2) 小型PLC：I/O点数为64~128点，单CPU，8位或16位处理器，用户存储器容量为3.6KB以下。

3) 中型PLC：I/O点数为129~512点，双CPU，用户存储器容量为3.6~8KB。

4) 大型PLC：I/O点数为513~896点，多CPU，16位、32位处理器，用户存储器容量为

8～16KB。

5）巨型 PLC：I/O 点数多于 896 点，用户存储器容量大于 16KB。

（2）根据结构型式分类　按 PLC 结构型式的不同，可将 PLC 分为整体式、模块式和叠装式。

1）整体式 PLC 如图 1-2 所示。

图 1-2　整体式 S7-200 SMART CPU SR20 面板结构

2）模块式 PLC 如图 1-3 所示。

图 1-3　S7-300 PLC 外形

3）叠装式 PLC。叠装式 PLC 是将整体式和模块式的特点结合起来，其 CPU、电源、I/O 接口等也是独立的模块，但它们之间是靠电缆进行连接的，并且各模块可以层层叠装，具有灵活配置、体积小巧的特点。

（3）根据生产厂家分类

1）德国西门子公司的 S5 系列、S7 系列。

2）日本立石公司（欧姆龙）的 C 系列。

3）日本三菱电气公司的 FX 系列。

4）日本松下公司的 FP 系列。

5）法国施耐德公司的 TWIDO 系列。

6）美国通用电气（GE）公司的 GE-FANUC 系列。

7）美国罗克韦尔公司的 PLC-5 系列。

5. PLC 的发展趋势

1）系列化、模块化。每个生产 PLC 的企业都有自己的系列化产品，同一系列的产品指令向上兼容，扩展设备容量，以满足新机型的推广和使用。要形成自己的系列化产品，需要开发各种模块，使系统的构成更加灵活、方便。一般的 PLC 可分为主模块、扩展模块、I/O 模块以及各种智能模块等，每种模块的体积都较小，相互连接方便，使用更简单，通用性更强。

2）小型机功能强化。从 PLC 出现以来，小型机的发展速度大大高于中、大型机。随着微电子技术的进一步发展，PLC 的结构必将更为紧凑，体积更小，而安装和使用更为方便。有的小型机只有手掌大小，很容易用其制成机电一体化产品；有的小型机的 I/O 可以以点为单位由用户配置、更换或维修；很多小型机不仅有开关量 I/O，还有模拟量 I/O、高速计数器、高速直接输出和 PWM（脉冲宽度调制）输出等。

3）中、大型机高速度、多功能、大容量。中、大型 PLC 通常具备高速的 CPU 和先进的处理技术，能够快速响应输入信号并执行复杂的控制逻辑。这些 PLC 具备丰富的内置功能块和扩展模块，支持 PID 控制、运动控制、顺序控制、数据处理和通信等功能。中、大型 PLC 可以存储复杂的控制程序和大量的数据，它们支持更多的 I/O 点数，能够连接更多的传感器、执行器和其他设备。

4）网络通信功能。网络化和增强通信能力是 PLC 的一个重要发展方向。很多工业控制产品（例如变频器）可以与 PLC 通信，各 PLC 之间也可以通信，它们通过双绞线、同轴电缆或光纤联网。利用互联网还可以与世界上其他地方的计算机装置通信。

5）外部诊断功能。在由 PLC 构成的控制系统中，80%的故障发生在外部，能快速准确地诊断故障将极大地减少维护时间。

二、认识 S7-200 SMART PLC

1. S7-200 SMART PLC 的特点

（1）机型丰富，更多选择　S7-200 SMART 提供了多种不同类型、I/O 点数丰富的 CPU 模块，用户可以根据需要选择相应类型的 CPU。本体集成数字量 I/O 点数有 20 点、30 点、40 点、60 点，可满足大多数小型自动化设备的控制需求。

（2）选件扩展，精确定制　S7-200 SMART CPU 模块为标准型，其提供的扩展选件包括扩展模块和信号板两种。扩展模块使用插针连接到 CPU 后面，包括 DI、DO、DI/DO 数字量模块，AI、AO、AI/AO、RTD、TC 模拟量模块；信号板插在 CPU 前面板的插槽里，包括 CM 通信信号板、DI/DO 信号板、AI 信号板、AO 信号板和电池板。

（3）高速芯片，性能卓越　S7-200 SMART CPU 模块配备了西门子专用的高速处理芯片，布尔运算指令的处理时间仅需 0.15μs，其性能在同级别小型 PLC 产品中处于领先地位，完全能够胜任各种复杂的控制任务。

（4）以太网互联，经济便捷　以太网具备快速、稳定等诸多优点，使其在工业控制领域中被广泛应用。S7-200 SMART CPU 模块顺应了这一发展趋势，其本体集成了以太网通信功能，用户不再需要专门的编程电缆来连接 CPU 模块，仅通过以太网网线即可完成计算机与 CPU 模块的连接。CPU 模块本体通过以太网接口还可以与其他 S7-200 SMART CPU 模块、HMI（人机交互）、计算机进行通信，轻松组网。

（5）三轴脉冲，运动自如　随着自动化技术的发展，越来越多的自动化设备代替人工操作，相关运动控制的应用也越来越多，S7-200 SMART CPU 模块不再需要添加扩展模块，本体就集成了多个轴的控制功能，可以通过高速脉冲输出实现轴的点动、速度、位置控制。

（6）通用 SD 卡，快速更新　CPU 模块本体集成了 Micro SD 卡插槽，使用市面上通用的 Micro SD

卡即可实现CPU模块传递程序、升级固件、恢复出厂设置功能，操作步骤简单，极大地方便了用户，也省去了因PLC固件升级返厂服务的环节。

（7）软件友好，编程高效 STEP 7-Micro/WIN SMART软件在继承西门子编程软件强大功能的基础上，融入了更多人性化设计，如新颖的带状式菜单、全移动式界面窗口、方便的程序注释功能、强大的密码保护功能等。

（8）完美整合，无缝集成 S7-200 SMART CPU模块、SMARTLINE触摸屏、SINAMICS V90伺服控制器和SINAMICS V20变频器完美整合，为OEM（原厂委托制造）用户带来高性价比的小型自动化解决方案。

2. S7-200 SMART PLC的硬件系统组成和硬件组态配置

S7-200 SMART PLC的硬件系统由CPU模块、数字量扩展模块、模拟量扩展模块、热电偶与热电阻模块和相关设备组成。整体式S7-200 SMART CPU模块的外观如图1-4所示；CPU模块、扩展模块及信号板如图1-5所示；S7-200 SMART PLC的硬件组态配置如图1-6所示。

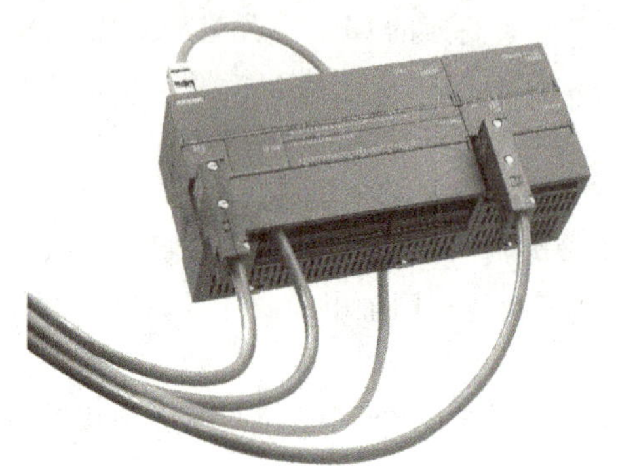

图1-4 整体式S7-200 SMART CPU模块的外观

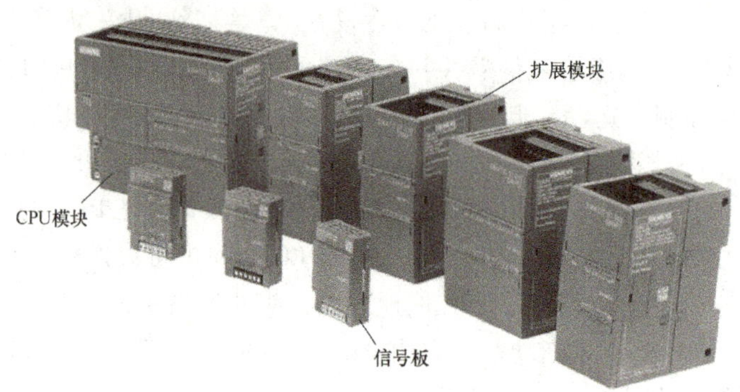

图1-5 CPU模块、扩展模块及信号板

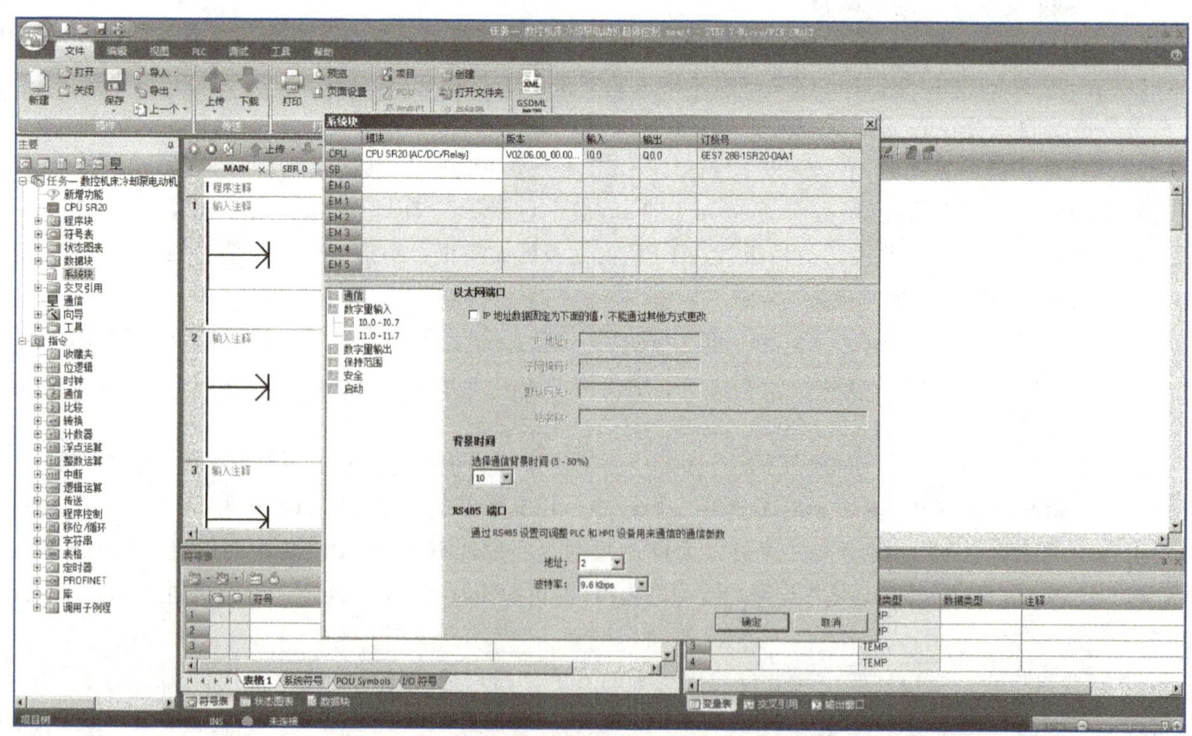

图1-6 S7-200 SMART PLC的硬件组态配置

3. S7-200 SMART PLC 编程软件的用户界面

S7-200 SMART PLC 编程软件 STEP 7-Micro/WIN SMART 的用户界面如图 1-7 所示。

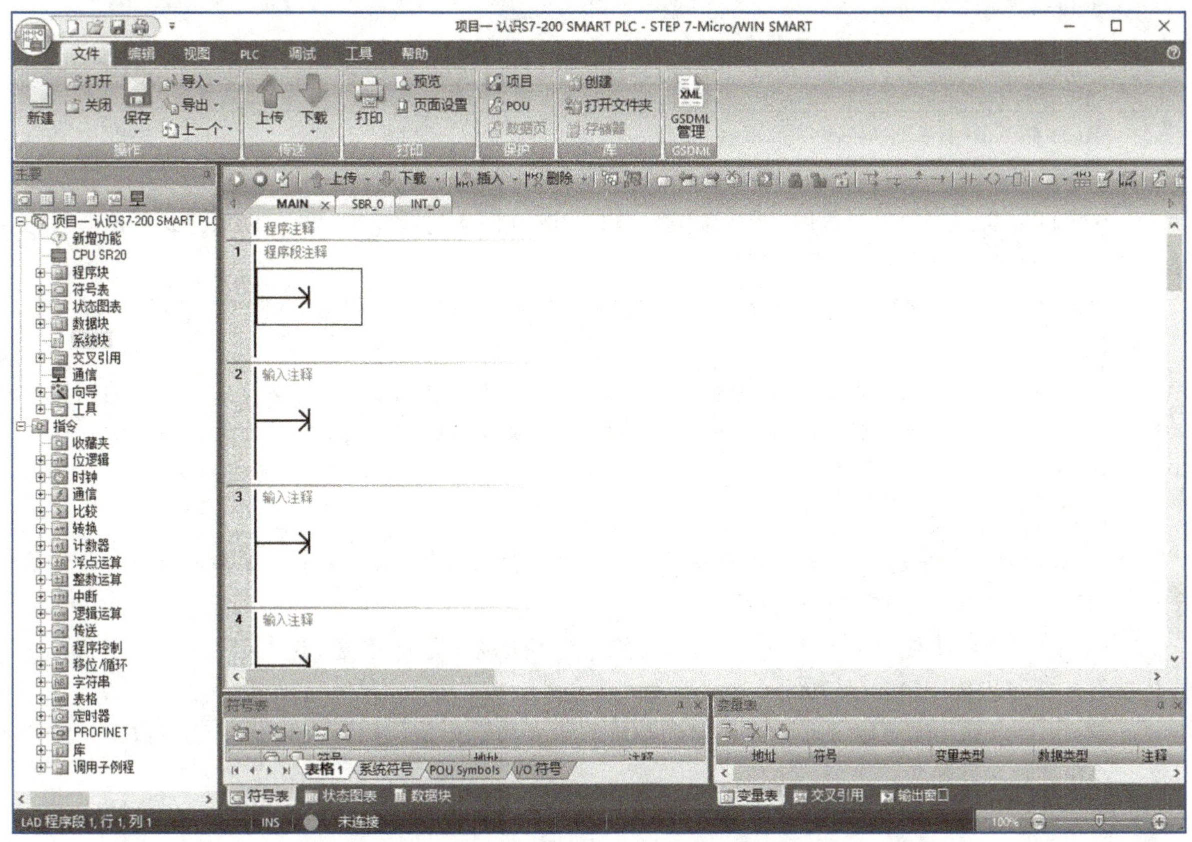

图 1-7　S7-200 SMART PLC 编程软件的用户界面

4. 计算机与 PLC 的连接、通信设置及下载程序

(1) 计算机与 PLC 的连接　西门子 S7-200 SMART CPU 模块上有以太网口（俗称网线接口、RJ45 接口），该端口与计算机的网线端口相同，将普通网线的一端插入计算机网口，另一端插入 S7-200 SMART CPU 模块的以太网口使它们连接起来。当计算机与 PLC 通信时，需要 PLC 接通供电电源。

(2) 通信设置　计算机的网口与西门子 S7-200 SMART CPU 模块的以太网口连接好后，还需要在计算机中进行通信设置，才能让两者进行通信。在图 1-7 所示 STEP 7-Micro/WIN SMART 软件用户界面的项目树中，双击“通信”节点，弹出“通信”对话框，设置组态与 CPU 的通信。有两种方法选择需要访问的 CPU，一种是单击“查找 CPU”按钮，一种是在本地网络中搜索 CPU。在网络上找到的各 CPU 的 IP 地址将在“找到 CPU”中列出。选用对应实验台的 CPU，单击“确定”按钮，可在用户界面的状态栏查看 CPU 的连接状态。

(3) 下载程序

计算机与 PLC 的连接及通信设置成功后，在 STEP 7-Micro/WIN SMART 软件中，编写好程序并编译成功后，单击工具栏中的“下载”按钮，弹出“通信”对话框，单击“查找”按钮，在“找到 CPU”中选择相应的 CPU，可通过 MAC 地址确认下载的 CPU（通过对话框显示 MAC 地址与真实 CPU 表面印刷的 MAC 地址对应一致），也可通过 MAC 右边闪烁指示灯确认下载的 CPU。确认完下载的 CPU 后，再单击右下角的“确定”按钮，弹出“下载”对话框，如果默认选择，则单击“下载”按钮。

如果下载时 CPU 处于 RUN 模式，会弹出“是否将 CPU 置于 STOP 模式？”的提示对话框。只有在 STOP 模式下才能下载程序，单击“是”按钮，开始下载程序，下载完成后，弹出“是否将 CPU 置于 RUN 模式？”的提示对话框，单击“是”按钮，完成程序的下载。

三、S7-200 SMART PLC 的工作原理

1. 数制

1）二进制数。

2）十六进制数。

3）BCD 码。BCD 码将一个十进制数的每一位都用四位二进制数来表示，即 0~9 分别用 0000~1001 来表示。而剩余六种组合（1010~1111）则没有在 BCD 码中使用。

BCD 码的最高四位二进制数用来表示符号，16 位 BCD 码字的范围为-999~999，32 位 BCD 码双字的范围为-9999999~9999999。

十进制数可以方便地转换为 BCD 码，如十进制数 235 对应的 BCD 码为 0000001000110101。

2. 基本数据类型

（1）位数据类型　位数据值 1 和 0 常用真（TRUE）和假（FALSE）来表示。八位二进制数组成一个字节，其中，第 0 位为最低位（LSB），第七位为最高位（MSB）；两个字节组成一个字，两个字组成一个双字。

（2）算术数据类型

1）整数（INT 或 Integer）是 16 位有符号数，最高位是符号位，0 表示正，1 表示负。整数的取值范围为-32768~32767，负数用补码表示。

2）双整数（DINT 或 Double Integer）有 32 位，其中最高位是符号位，0 表示正，1 表示负。它与 16 位整数一样可以用于整数运算。

3）32 位浮点数又称实数（REAL），如模拟量的输入和输出值。用浮点数处理这些数据，需要进行浮点数和整数之间的转换。

3. S7-200 SMART PLC 的存储区

（1）输入过程映像寄存器/输入继电器（I）　输入继电器的每一位对应一个数字量模块的输入点，在每个扫描周期的开始，CPU 对输入点采样，并将采样值存入输入继电器中。CPU 在本扫描周期中不改变输入继电器的值，在下一个扫描周期的输入处理扫描阶段进行更新。

输入继电器的作用是接收来自现场的控制按钮、行程开关及各种传感器等的输入信号。通过输入继电器，将 PLC 的存储系统与外部输入端子（输入点）建立起明确对应的连接关系，它的每一位对应一个数字量输入端子。输入继电器的状态（“1”或“0”）是在每个扫描周期的输入采样阶段接收到的由现场送来的输入信号的状态（接通或断开）。

（2）输出过程映像寄存器/输出继电器（Q）　输出继电器的每一位对应一个数字量模块的输出点，在每个扫描周期的末尾，CPU 将输出继电器的数据传送给输出模块，再由输出模块驱动外部负载。

通过输出继电器，将 PLC 的存储系统与外部输出端子（输出点）建立起明确对应的连接关系。输出继电器的状态可以由其触点、输入继电器的触点和其他内部器件的触点来驱动，即完全由编程的方式决定。

输出继电器仅有一个实际的常开触点与输出接线端子相连，用来接通负载。这个常开触点可以是有触点的（继电器输出型），也可以是无触点的（晶体管输出型或双向晶闸管输出型）。

（3）模拟量输入映像寄存器（AI）　模拟量输入模块将外部输入模拟信号的模拟量转换成一个字长（16 位）的数字量，并存放在模拟量输入映像寄存器中，供 CPU 运算处理。模拟量输入映像寄存器中的值为只读值。模拟量输入映像寄存器也称输入寄存器，固定以字寻址，如 AIW6。

（4）模拟量输出映像寄存器（AQ）　模拟量输出模块将 CPU 给定的一个字长（16 位）的数字量转换为模拟量。CPU 给定值预先存放在模拟量输出映像寄存器中，供 CPU 运算处理。模拟量输出映像寄存器中的值为只写值。模拟量输出映像寄存器也称输出寄存器，固定以字寻址，如 AQW6。

（5）变量存储器（V）　变量存储器用于存放全局变量、程序执行过程中控制逻辑操作的中间结果

或其他相关的数据。变量存储器不能直接驱动外部负载。其地址格式如下。

1）位地址：V［字节地址］.［位地址］，如 V10.2、V100.5。

2）字节、字、双字地址：V［数据长度］［起始字节地址］，如 VB20、VW100、VD320。

变量存储器可按位、字节、字或双字来存取 V 区数据。S7-200 SMART CPU SR40/ST40 的有效地址范围为 V0.0~V16383.7、VB0~VB16383、VW0~VW16382、VD0~VD16380。

（6）辅助继电器（M）　辅助继电器的地址格式如下。

1）位地址：M［字节地址］.［位地址］，如 M0.2、M12.7、M3.5。

2）字节、字、双字地址：M［数据长度］［起始字节地址］，如 MB11、MW23、MD26。

CPU 226 模块辅助继电器的有效地址范围为 M0.0 ~ M31.7、MB0 ~ MB31、MW0 ~ MW30、MD0~MD28。

由于没有外部的输入/输出端子与其对应，因此辅助继电器不能受外部信号的直接控制，其触点也不能直接驱动外部负载。

4. 寻址方式

寻址方式是指程序执行时，CPU 如何找到指令操作数存放地址的方式。S7-200 SMART PLC 将数据信息存放于不同的存储单元，每个存储单元都有确定的地址。根据对存储器数据信息访问方式的不同，可将寻址方式分为立即寻址、直接寻址和间接寻址。

（1）立即寻址　指令直接给出操作数，操作数紧跟着操作码，在取出指令的同时也取出了操作数，因此称为立即寻址或立即操作数。

立即寻址方式可用来提供常数、设置初始值等。指令中常常使用常数。

例如，传送指令“MOVD　256，VD100”的功能就是将十进制常数 256 传送到 VD100 单元，这里的 256 就是源操作数，直接跟在操作码后，无须再寻源操作数，因此将这个操作数称为立即数，这种寻址方式就是立即寻址方式。

（2）直接寻址　指令直接给出操作数地址，操作数的存储器地址按规定的格式表示。一般在使用时必须指出数据存储区的区域标识符（编程元件名称）、数据长度及起始地址。

常见的几种直接寻址方式如下：

LD　I3.4　//位寻址，I 表示输入映像寄存区，3 是字节地址，4 是字节的位号

MOVB　VB50，VB100　//字节寻址，VB50 和 VB100 表示字节地址

MOVW　VW50，VW100　//字寻址，VW50 和 VW100 表示字寻址，VW50 表示 VB50、VB51 相邻的两个字节组成一个字，VW100 表示 VB100、VB101 相邻的两个字节组成一个字

MOVD　VD50，VD100　//双字寻址，VD50 和 VD100 表示双字寻址，VD50 表示 VB50~VB53 共四个字节组成一个双字，VD100 表示 VB100~VB103 共四个字节组成一个双字

（3）间接寻址　指令给出了存放操作数地址的存储单元的地址，存储单元地址的地址称为指针，指针用“*”号表示。间接寻址常用于循环程序和查表程序。

例如，“MOVD&VB200，AC1”表示把 VB200 的地址（VW200 的起始地址）作为指针值送入 AC1，建立指针。“MOVW *AC1，AC0”表示把指针 AC1 所指的存储单元（VW200）的值送到 AC0。

5. 常用触点及线圈

（1）常开触点　常开触点又称动合触点，触点是位地址。当常开触点对应位地址的存储器单元位是“1”状态时，常开触点取对应位地址存储单元位“1”的状态，该常开触点闭合；当常开触点对应位地址的存储器单元位是“0”状态时，常开触点取对应位地址存储单元位“0”的状态，该常开触点断开。

触点指令放在线圈的左边，是布尔型，只有两种状态。

位地址的存储单元可以是 I、Q、M 等。

需要注意的是，对于梯形图而言，常开触点的个数是无限的。

（2）常闭触点　常闭触点又称动断触点，触点是位地址。当常闭触点对应位地址的存储器单元位是“1”状态时，常闭触点取对应位地址存储单元位“1”的反状态，该常闭触点断开；当常闭触点对应位地址存储器单元的位是“0”状态时，常闭触点取对应位地址存储单元位“0”的反状态，该常闭触点闭合。

触点指令放在线圈的左边，是布尔型，只有两种状态。

位地址的存储单元可以是 I、Q、M 等。

需要注意的是，对于梯形图而言，常闭触点的个数是无限的。

（3）输出线圈　输出线圈又称输出指令（逻辑串输出指令），线圈为位地址。当程序中驱动输出线圈的触点接通时，线圈得电（这个“电”是“概念电流”或“能流”，而不是真正的物理电流）该位地址的存储单元位是“1”；输出线圈失电，该位地址的存储单元位是“0”。输出线圈属于布尔型，只有两种状态。

输出线圈应放在梯形图的最右边。

位地址的存储单元可以是 Q、M 等。

需要注意的是，尽量避免双线圈输出。双线圈输出是指在程序中，同一个地址的输出线圈出现两次或两次以上。另外，程序中也不能出现 I 的线圈。

6. PLC 的基本工作原理

（1）PLC 控制系统的等效工作电路（见图 1-8）

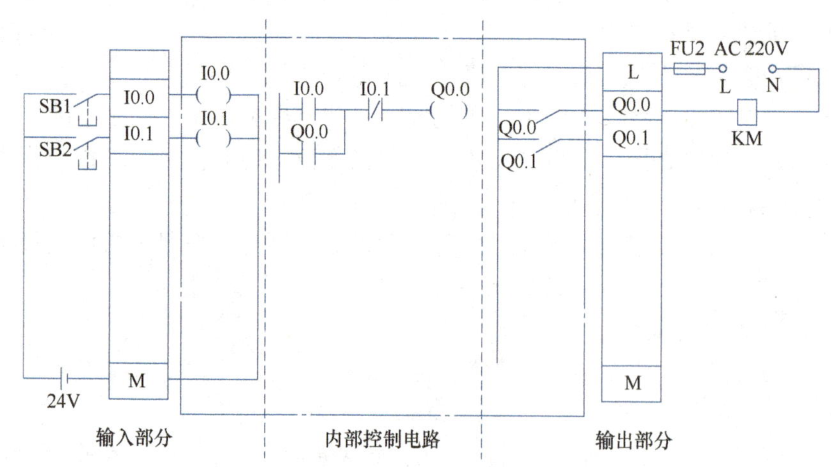

图 1-8　PLC 控制系统的等效工作电路

（2）PLC 的扫描工作过程（见图 1-9）

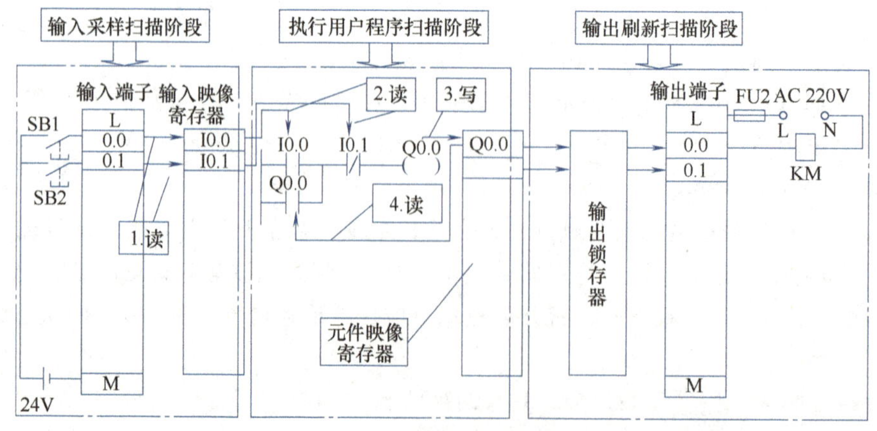

图 1-9　PLC 的扫描工作过程

任务分析

本任务是利用PLC对数控机床冷却泵电动机进行起停控制：如图1-1所示，当按下起动按钮SB1时，冷却泵电动机接触器KM线圈接通得电，其主触点闭合，冷却泵电动机M起动运行；当按下停止按钮SB2时，冷却泵电动机接触器KM线圈断开失电，其主触点断开，冷却泵电动机M停止运行。

任务实施

1. 准备元器件

本任务选择CPU226 CN DC/DC/DC、DC 24V电源、两个按钮、一个接触器、三台三相交流笼型异步电动机及连接线等，所需元器件清单见表1-1。

表1-1　数控机床冷却泵电动机起停控制系统元器件清单

符号	名称	型号	规格	数量
M1～M3	三相异步电动机	Y132M-4	7.5kW、380V、15.4A、△联结	3
QF	低压断路器	NXB-63 3P-C25	三极，额定电流：25A	1
FU1	插入式熔断器	RT18-32/20	500V、32A，熔体：32A	3
FU2	插入式熔断器	RT18-32/2	500V、32A，熔体：2A	1
KM1～KM3	交流接触器	CJX2S-25	380V、25A	3
FR1～FR3	热继电器	JR36-20	三极，整定电流：16A	3
SB1、SB2	按钮	LA10-3H	保护式、按钮数3	1
XT1、XT2	端子排	TD-20/15	20A、15节	2
PLC	可编程序控制器	S7-200 SMART SR20	CPU226CN DC/DC/DC	1
	网孔板	通用	650mm×500mm×50mm	1
	电工工具	通用	包含工具、螺钉旋具、剥线钳等	1

2. 分配输入/输出点

在设计控制系统时，首先应分配输入/输出点，本任务的I/O分配见表1-2。

表1-2　数控机床冷却泵电动机起停控制系统I/O分配

输入(I)		输出(O)	
设备	端口编号	设备	端口编号
起动按钮SB1(常开按钮)	I0.0	电动机接触器KM线圈	Q0.0
停止按钮SB2(常开按钮)	I0.1		

3. 绘制电气原理图

按钮SB1和SB2属于输入设备，接触器属于负载。PLC采集输入设备信号，执行程序，驱动负载。按钮连接到PLC的输入点，接触器连接到PLC的输出点，SB1连接到输入端子I0.0，SB2连接到输入端子I0.1，KM连接到输出端子Q0.0。对外部电路进行接线，如图1-10所示，连接PLC的工作电源、输入端子电源、输出端子电源。

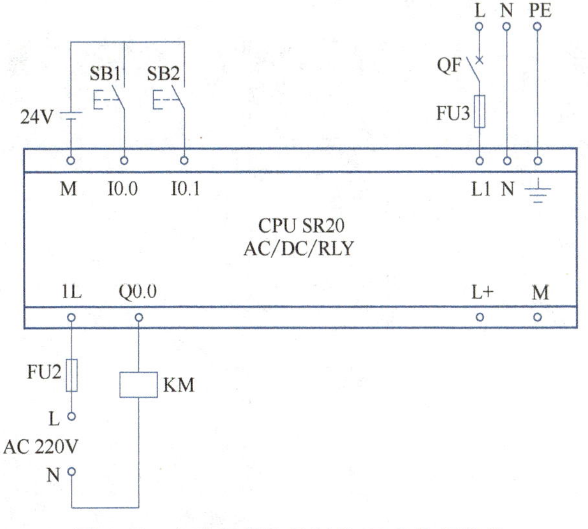

图1-10　电动机起停控制的PLC外部接线

4. 设置通信

（1）建立Micro/WIN SMART软件与CPU的连接

1）打开STEP7-Micro/WIN SMART编程软件，单击“通信”按钮。

2）打开“通信”对话框进行如下设置。

① 单击“网络接口卡”，在下拉列表中选择PC的网卡。

② 单击“查找CPU”按钮后，系统会自动刷新并找到实际的CPU。

③ 选中需要连接的 CPU 的 IP 地址。

④ 单击“确定”按钮，建立连接。

需要注意的是，只能选择一个 CPU 与 Micro/WIN SMART 进行通信；如果网络中存在两台以上设备，单击“闪烁指示灯”按钮，CPU 上的 RUN、STOP 和 ERROR 灯会轮流闪烁，以此来辨识该 CPU。找到想要连接的 CPU 后，可以通过单击“闪烁停止”按钮完成设置，也可以通过“MAC 地址”来确定网络中的 CPU。MAC 物理地址在 CPU 的“LINK”指示灯的上方。

(2) 设置 PC 的 IP 地址　基于 Windows 764 位操作系统，具体操作步骤如下：

1) 在任务栏右下角单击“网络”图标，再执行“打开网络和共享中心”命令。

2) 双击“本地连接”，打开“本地连接状态”对话框。

3) 单击“属性”按钮，打开“本地连接属性”对话框；在“此连接使用下列项目”下拉列表框中找到“Internet 协议（TCP/IP）”并选中该项，单击“属性”按钮，打开“Internet 协议（TCP/IP）属性”对话框。

4) 选中“使用下面的 IP 地址”单选按钮，输入编程设备的 IP 地址（必须和 CPU 在同一个网段）；输入编程设备的“子网掩码”（要和 CPU 相同）；单击“确定”按钮，完成设置。

需要注意的是，默认网关不是设置必选项，如果要设置，必须是编程设备所在网段中的 IP 地址；IP 地址的前三个字节必须同 CPU 的 IP 地址一致，后一个字节应在 1~254（避免 0 和 255），避免与网络中其他设备的 IP 地址重复。可以用 PING 命令诊断网络连接是否成功。

(3) 设置 CPU 的 IP 地址　修改 CPU 的 IP 地址，要在 Micro/WIN SMART 的“系统块”中设置，具体步骤如下：

1) 在导航条中单击“系统块”按钮，或者在项目树中双击“系统块”节点以打开“系统块”对话框。

2) 在“系统块”对话框中选择要连接的 CPU（要与下载的 CPU 相同）；选中“通信”单选按钮；对以太网端口进行设置，选中“IP 地址数据固定为下面的值”，不能通过其他方式更改单选按钮，设置 IP 地址、子网掩码和默认网关；单击“确定”按钮，完成设置。

需要注意的是，因为“系统块”是用户创建的项目组成部分，所以只有将“系统块”下载至 CPU 时，IP 地址修改才能够生效。

5. 编写程序

1) 打开 Micro/WIN SMART 软件，保存为“任务一　数控机床冷却泵电动机起停控制”，如图 1-11 所示。

数控机床冷却泵电动机起停控制

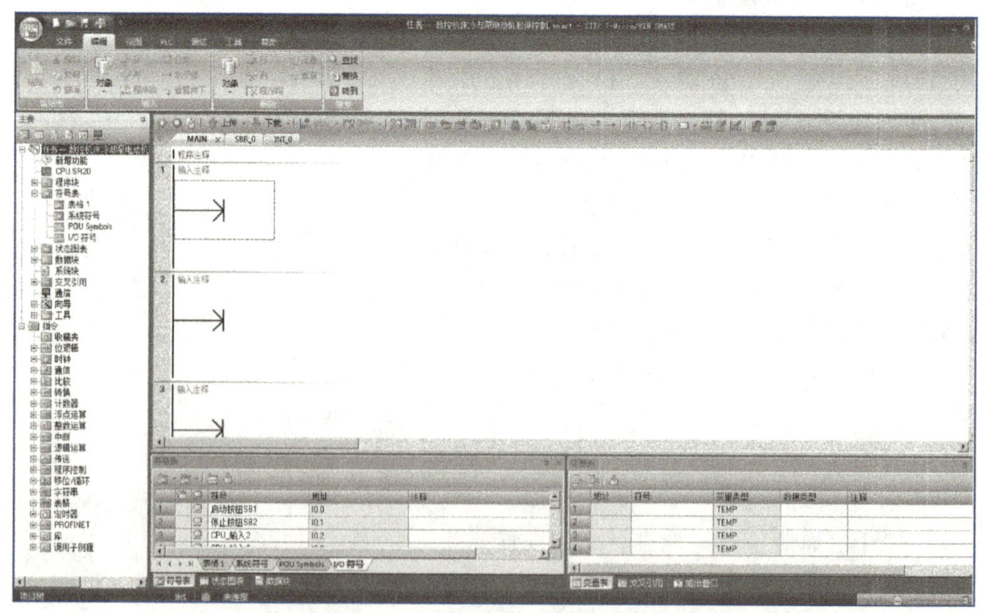

图 1-11　打开 Micro/WIN SMART 软件

2）硬件组态。CPU 选择 SR20，如图 1-12 和图 1-13 所示。

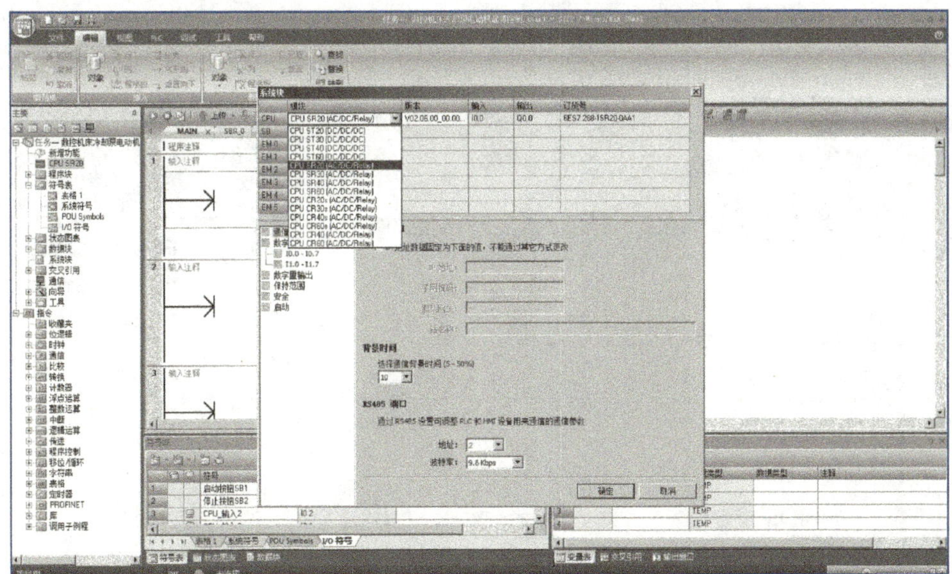

图 1-12　硬件组态

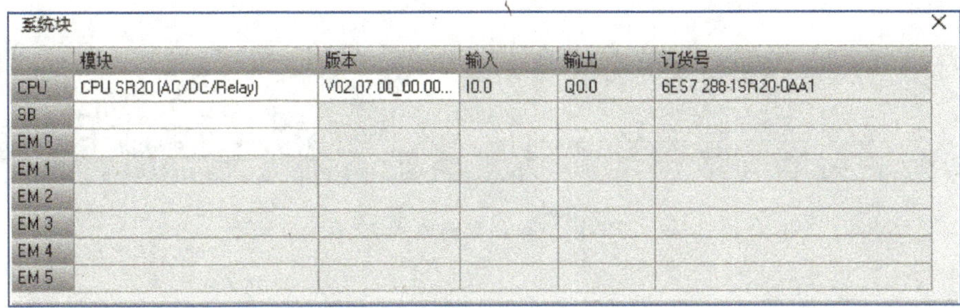

系统块

	模块	版本	输入	输出	订货号
CPU	CPU SR20 (AC/DC/Relay)	V02.07.00_00.00...	I0.0	Q0.0	6ES7 288-1SR20-0AA1
SB					
EM 0					
EM 1					
EM 2					
EM 3					
EM 4					
EM 5					

图 1-13　硬件组态结果

3）建立 I/O 符号。符号“起动按钮 SB1”对应地址“I0. 0”，符号“停止按钮 SB2”对应地址“I0. 1”，符号“电动机接触器 KM 线圈”对应地址“Q0. 0”，如图 1-14 所示。

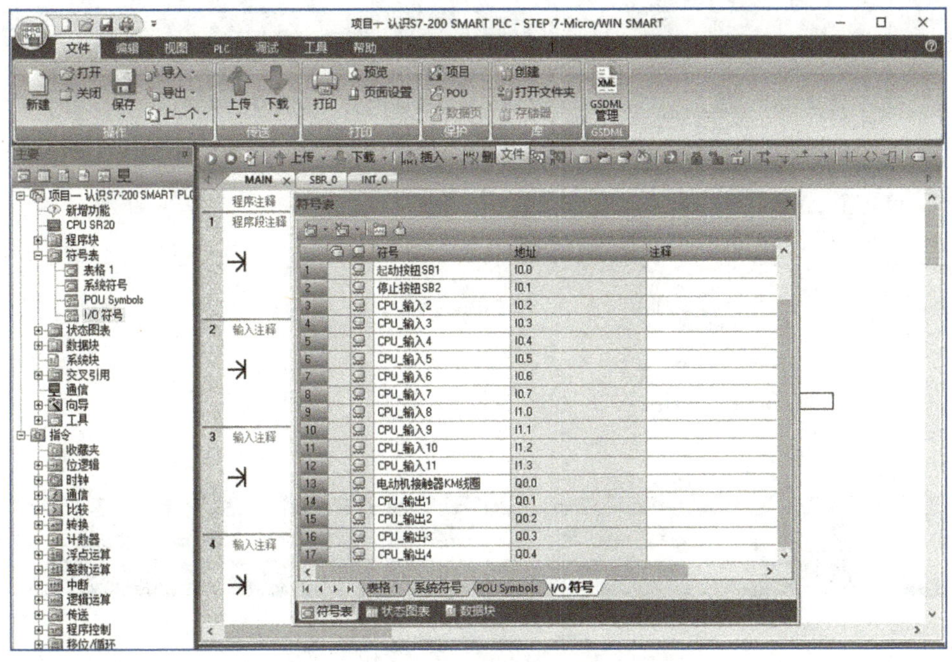

图 1-14　建立 I/O 符号

4）编写程序。使用梯形图语言进行编程，如图 1-15～图 1-19 所示。图 1-20～图 1-22 所示为三种显示形式。

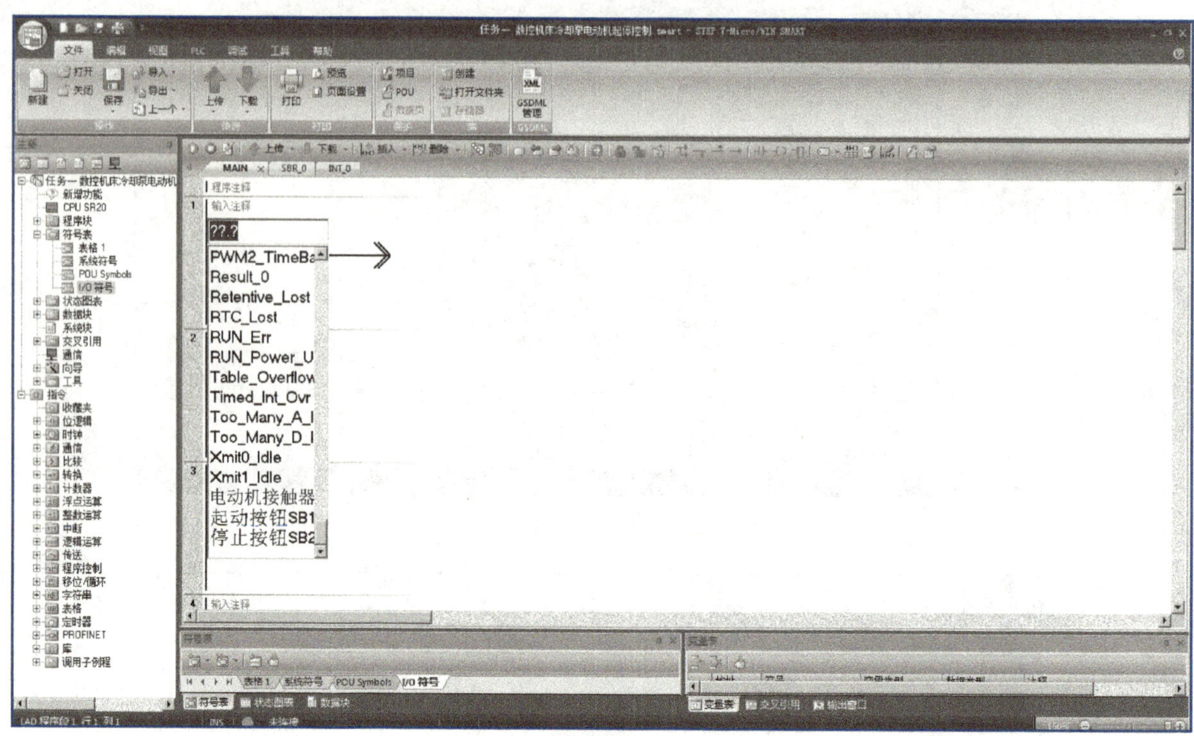

图 1-15　输入常开触点 I0.0

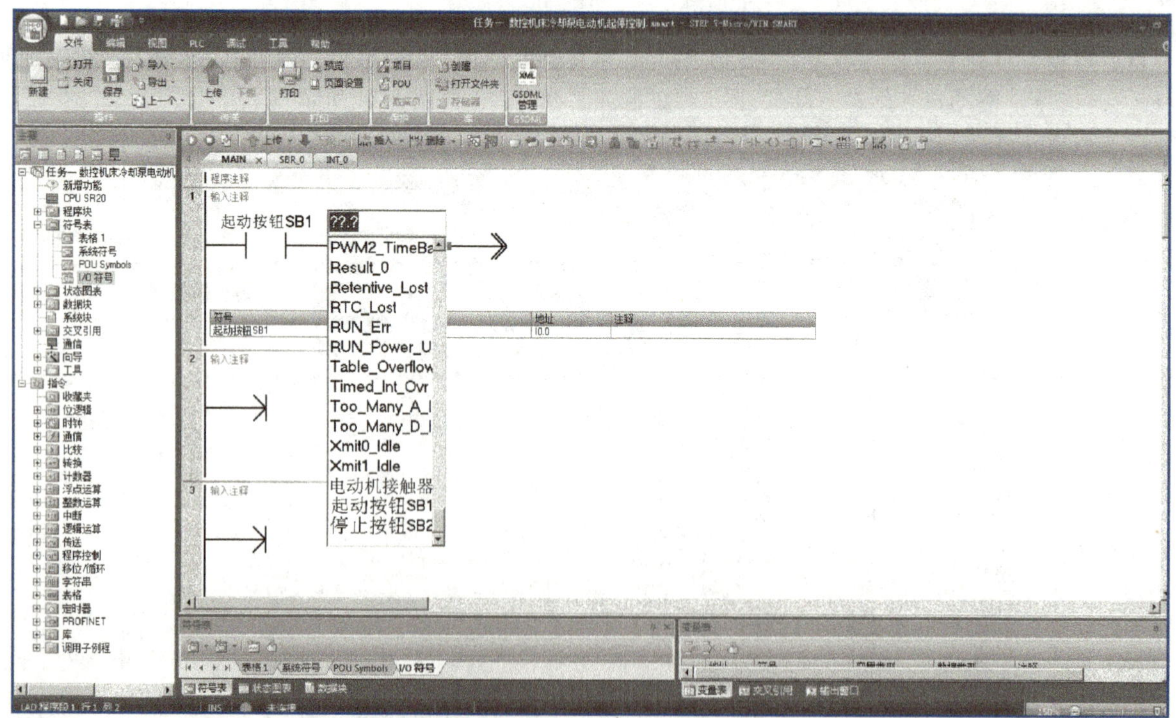

图 1-16　输入常闭触点 I0.1

图 1-17　输入线圈 Q0.0

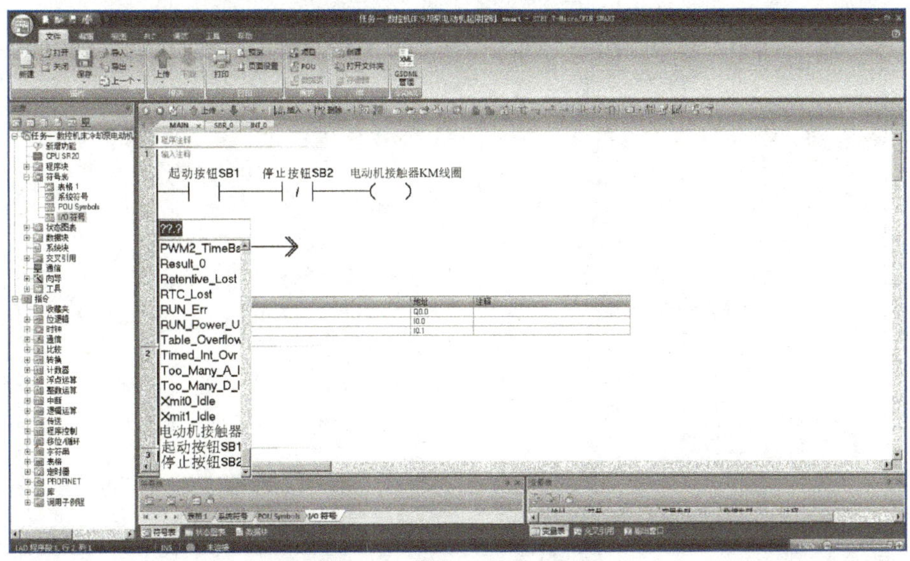

图 1-18　输入自锁触点 Q0.0

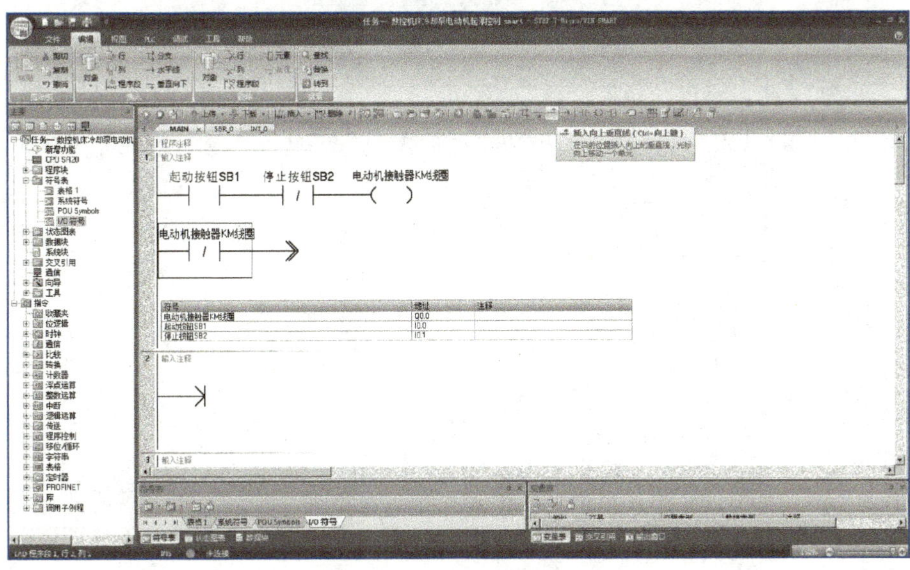

图 1-19　插入向上垂直线

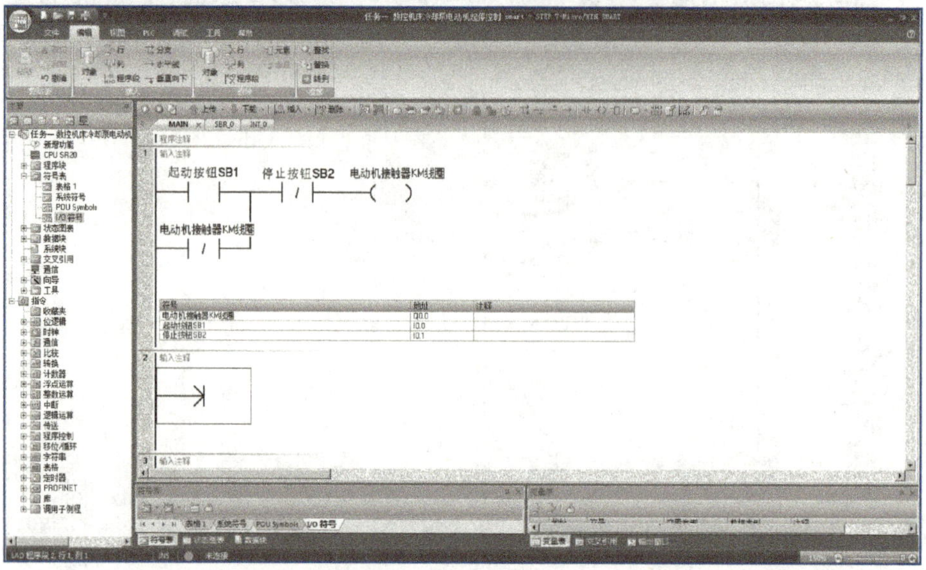

图 1-20　仅符号形式显示

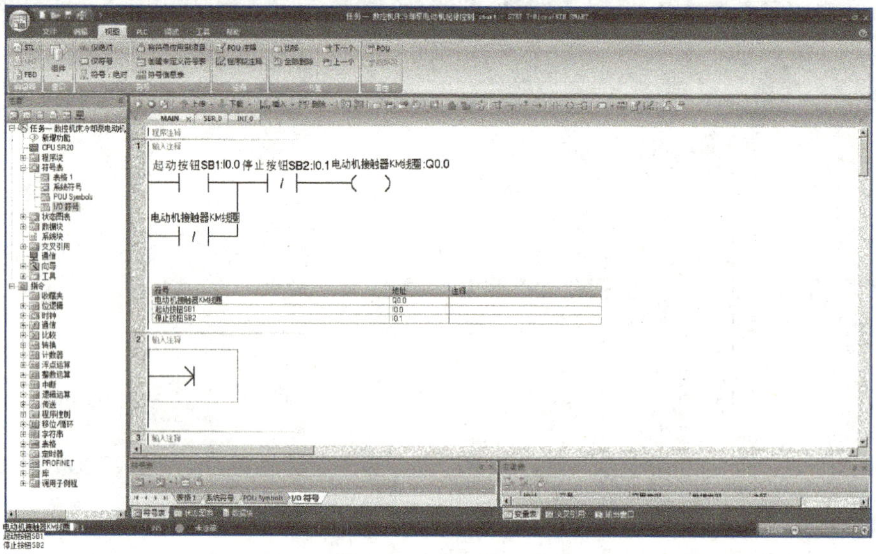

图 1-21　符号：绝对形式显示

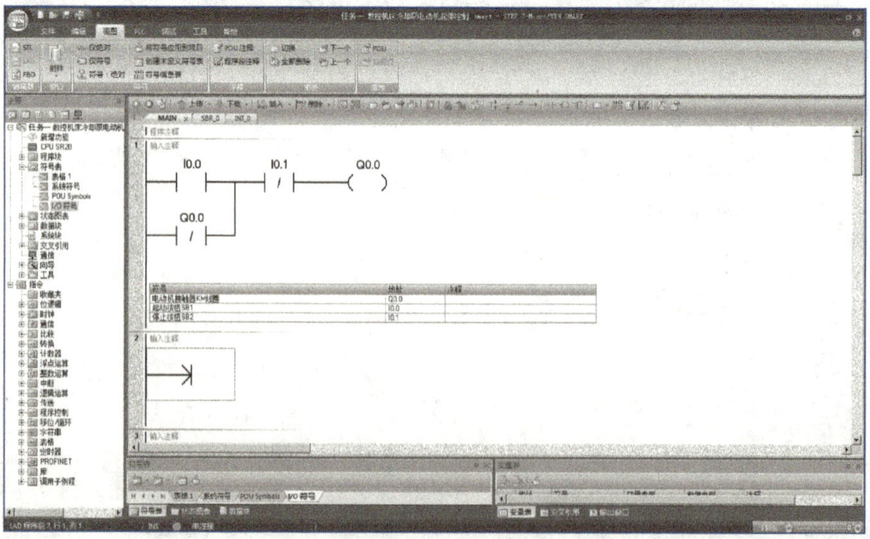

图 1-22　仅绝对形式显示

6. 下载程序、运行系统、调试程序

正确完成硬件连接、软件编程后，对程序进行编译、下载以及试运行。在 Micro/WIN SMART 软件中单击“下载”按钮。

(1) 将 PC 的程序下载到 CPU

1) 打开“下载”对话框，选择需要下载的块（如果设置了 4.（3），则必须下载系统块才能完成 IP 地址修改），单击“下载”按钮进行下载。

2) 如果勾选“下载”对话框中复选框，下载时则会出现相应提示。

3) 单击“下载”按钮，弹出“STOP”提示对话框。

4) 单击“是”按钮，弹出“RUN”提示对话框。

5) 单击“是”按钮，完成下载，系统自动关闭对话框。

需要注意的是，如果 CPU 在运行状态，Micro/WIN SMART 软件会弹出提示对话框，提示将 CPU 切换到 STOP 模式，单击“是”按钮。

下载成功后，系统弹出“下载已成功完成”对话框，单击“关闭”按钮关闭对话框，完成下载。

(2) 程序块的运行和调试　在菜单栏选择“PLC”→“RUN”命令，PLC 就可以运行了。此时，PLC 处于扫描工作状态，系统不断采集外部输入端子的信息并扫描梯形图，等待外部开关被按下，当外部开关未被按下时，梯形图不执行，负载没有输出。

在菜单栏选择“调试”→“开始程序状态监控”命令。运行时，用彩色块表示位操作数的线圈得电或触点闭合状态。按下与输入端子 I0.0 连接的按钮 SB1，则灯亮，同时软件界面会显示状态监控，I0.0 和 Q0.0 变成蓝色，表示当前处于接通状态；按下与输入端子 I0.1 连接的按钮 SB2，则灯灭，I0.0 和 Q0.0 变成白色，表示当前处于断开状态。

7. 分析 PLC 工作过程

电动机起动、保持和停止电路（简称起-保-停电路），其对应的 PLC 外部接线图如图 1-10 所示，起动、停止按钮 SB1 和 SB2 分别接在输入端 I0.0 和 I0.1，负载接在输出端 Q0.0。因此输入映像寄存器 I0.0 的状态与起动按钮 SB1（常开按钮）的状态相对应，输入映像寄存器 I0.1 的状态与停止按钮 SB2（常开按钮）的状态相对应。

程序运行结果写入输出映像寄存器 Q0.0，并通过输出电路控制接触器线圈 KM。图 1-10 中的起动信号 I0.0 和停止信号 I0.1 是由起动按钮和停止按钮提供的信号，持续 ON 的时间一般都很短，这种信号称为短信号。起-保-停电路最主要的特点是具有“记忆”功能，按下起动按钮，I0.0 的常开触点接通，如果这时未按停止按钮，I0.1 的常闭触点接通，Q0.0 的线圈“通电”，Q0.0 的常闭触点同时接通。松开起动按钮，I0.0 的已闭合的触点断开，“能流”经 Q0.0 的已闭合的触点、I0.1 的常闭触点流过 Q0.0 的线圈，Q0.0 仍为 ON，这就是所谓的“自锁”或“自保持”功能。按下停止按钮，I0.1 的常闭触点断开，使 Q0.0 的线圈断电，其已闭合的常开触点断开，即使放开停止按钮，I0.1 的常闭触点恢复接通状态，Q0.0 的线圈也“断电”，使得 KM 线圈“断电”，电动机停转。

任务评价

1. 检查内容

1) 检查选择的元器件是否齐全，熟悉各元器件功能及作用。

2) 熟悉电气控制原理图，并列出 PLC 的 I/O 表。

3) 检查电气线路安装是否合理及运行情况。

2. 评估策略（见表 1-3）

表 1-3　数控机床冷却泵电动机起停控制任务评价

任务内容	评估内容	评估标准	配分	学生自评	学生互评	教师评价
专业技能	知识点	理解电路控制要求及原理	10			
	元件的选择与检测	硬件元器件型号选择正确、用万用表检测质量合格	5			
	合理分配 I/O	列出 I/O 端口，准确画出 PLC 控制 I/O 端口接线图	10			
	接线及布线工艺	按照原理图，正确、规范接线	10			
	梯形图设计	根据接线编写梯形图	10			
	程序检查与运行	传送、运行、监控程序	25			
方法	自主学习能力	预习并做好课前准备	5			
	理解、总结能力	准确理解任务要求，善于总结	5			
	创新能力	选用新方法、新工艺效果好	5			
职业素养	团队协作能力	积极参与、小组协作	5			
	语言表达能力	观点表达清楚，展示效果好	5			
	安全操作能力	遵守安全操作规程	5			
合计			100			

知识拓展

利用 PLC 可实现电动机正、反转的控制，如图 1-23 所示，按下正转起动按钮 SB1，电动机正转接触器 KM1 线圈接通得电，其主触点接通，电动机正转起动；按下停止按钮 SB3，电动机正转接触器 KM1 线圈失电，其主触点断开，电动机停止转动。

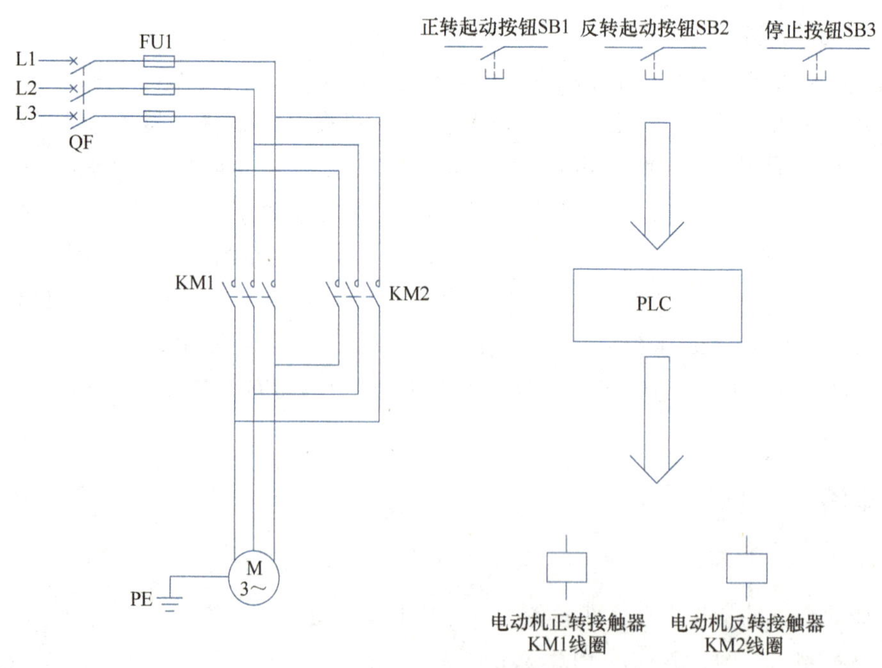

图 1-23　电动机正、反转 PLC 控制等效示意

按下反转起动按钮 SB2，电动机反转接触器 KM2 线圈接通得电，其主触点接通，电动机反转起动；按下停止按钮 SB3，电动机反转接触器 KM2 线圈失电，其主触点断开，电动机停止转动，能够实现正转与反转之间的直接切换。其外部接线如图 1-24 所示。

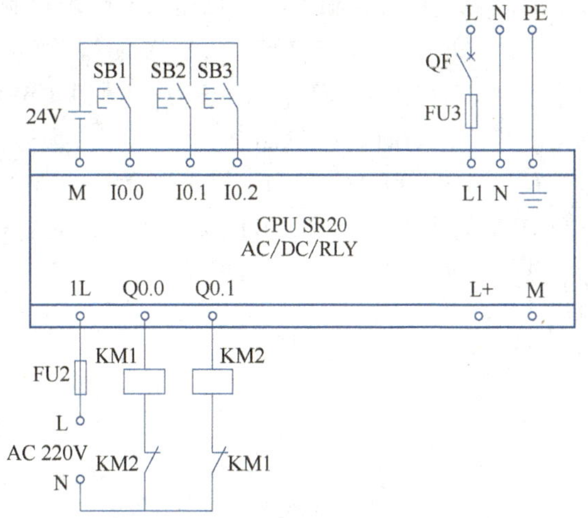

图 1-24　电动机正、反转控制的 PLC 外部接线

1. 置位与复位指令

置位（S）或复位（R）指令的元件数 N 的常数范围为 1～255，从指定的位置开始的 N 个点的寄存器都被置位或复位。

当用复位指令对定时器（T）位或计数器（C）位复位时，定时器或计数器被复位，同时定时器或计数器的当前值将被清零。

由于 PLC 采用循环扫描工作方式，程序中写在后面的指令有优先权。能流到，就执行置位（或复位）指令。执行置位指令时，从指令操作数指定的地址开始的 N 个元件都被置位且保持，置位后即使能流断，仍保持置位；执行复位指令时，从指令操作数指定的地址开始的 N 个元件都被复位且保持，复位后即使能流断，仍保持复位。图 1-25 所示为用置位和复位指令编写的电动机起停控制程序。

2. 用置位、复位指令编写电动机正、反转程序（见图 1-26）

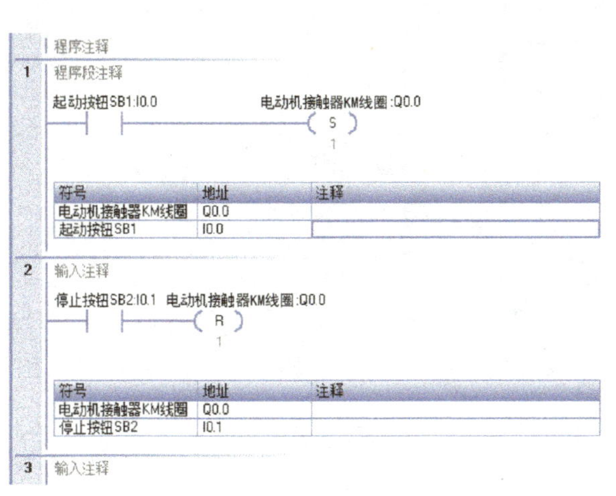

图 1-25　用置位和复位指令编写的电动机起停控制程序

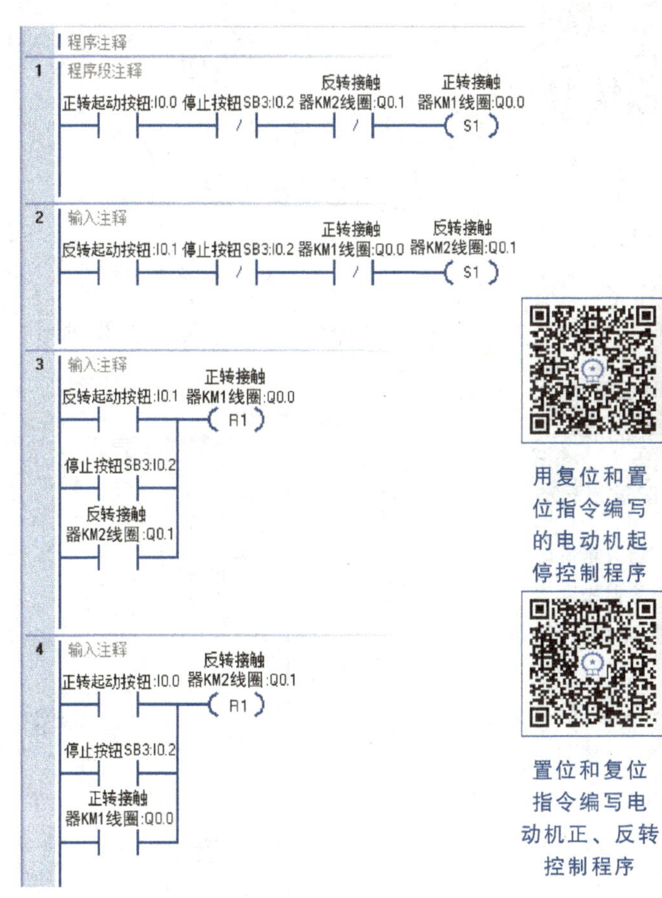

图 1-26　用置位和复位指令编写电动机正、反转控制程序

用复位和置位指令编写的电动机起停控制程序

置位和复位指令编写电动机正、反转控制程序

3. 置位和复位优先双稳态触发器指令

置位优先双稳态触发器（SR）指令和复位优先双稳态触发器（RS）指令相当于置位指令和复位

指令的组合，用置位输入和复位输入同时来控制功能框上面的位地址。

置位（S1）和复位（R）信号均为1，则bit置位为1，且输出（OUT）为1；S1为1、R为0，则bit位和OUT均为1；S1为0、R为1，则bit位和OUT均为0；S1和R均为0，则bit位和OUT的状态为先前状态，如图1-27所示。

置位（S）和复位（R1）信号均为1，则复位为0，且输出（OUT）为0；S为1、R1为0，则bit位和OUT均为1；S为0、R1为1，则bit位和OUT均为0；S和R1均为0，则bit位和OUT的状态为先前状态，如图1-28和图1-29所示。

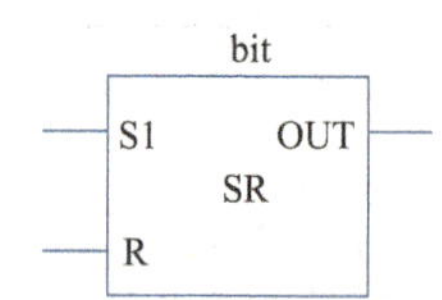

图1-27　置位优先型（SR）触发器

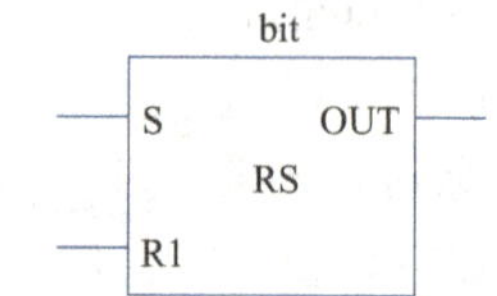

图1-28　复位优先型（RS）触发器

用复位优先型触发器编写电动机起停控制程序

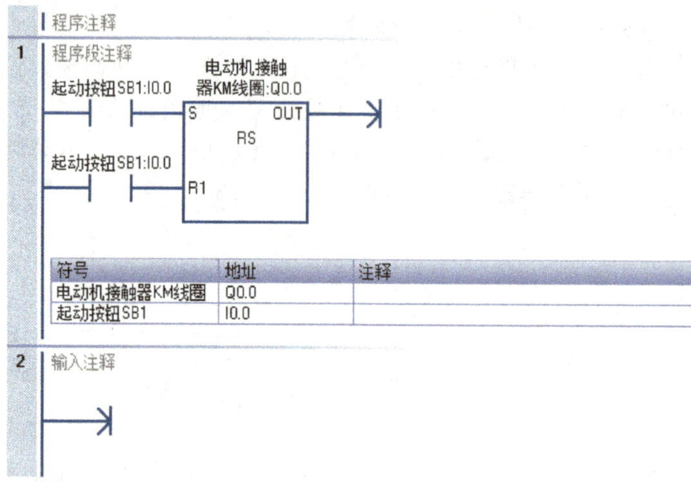

符号	地址	注释
电动机接触器KM线圈	Q0.0	
起动按钮SB1	I0.0	

图1-29　用复位优先型（RS）触发器编写电动机起停控制程序

4. 用双稳态触发器指令编写电动机正、反转控制程序（见图1-30）

用双稳态触发器指令编写电动机正、反转控制程序

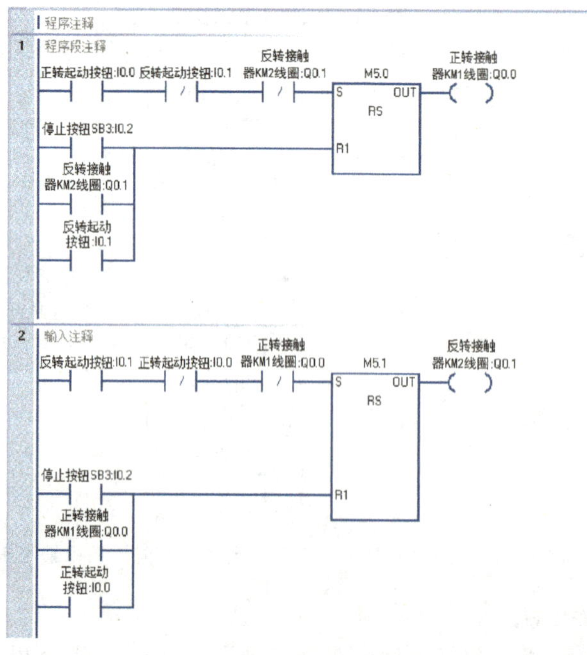

图1-30　用双稳态触发器指令编写电动机正、反转控制程序

思考与练习

试设计一个控制系统，要求：按下起动按钮 SB1，电动机 M1 接触器 KM1 线圈接通得电，其主触点接通，电动机 M1 起动。电动机 M1 正转起动后，按下起动按钮 SB2，电动机 M2 接触器 KM2 线圈才能接通得电，其主触点接通，电动机 M2 起动。按下停止按钮 SB3，电动机 M1 和 M2 接触器线圈同时失电，其主触点断开，电动机 M1 和 M2 同时停止转动，实现电动机 M1 和 M2 顺序起动同时停止的功能。

请画出 PLC 电气控制原理图，并列出 I/O 分配表，编写 PLC 控制程序。

实践中常见问题解析

PLC 是工业控制的核心设备，在实操过程中易把输入端子和输出端子混淆。输入端子是连接按钮等输入设备的，输出端子是连接继电器线圈驱动外部负载的。在后续学习中，须进一步强化 PLC 电路原理图的识读和接线训练。

任务二　多级输送带控制

知识目标

- 理解多级输送带控制系统的基本原理和结构。
- 熟悉多级输送带控制系统的硬件组成。
- 掌握 PLC 基本指令的使用方法。

能力目标

- 能够设计和搭建多级输送带控制系统，在系统中配置传感器、执行器和 PLC 等硬件设备。
- 能够编写 PLC 程序，实现对多级输送带的控制、监测和故障诊断等功能。
- 具备故障排除和维护多级输送带控制系统的能力。

职业能力

- 能够在实际工程项目中应用多级输送带控制系统，提高生产自动化水平。
- 具备项目管理能力，能够独立或团队合作完成多级输送带控制系统的设计、实施和调试。
- 倡导技术创新和工程实践精神，培养主动学习的能力和解决问题的能力。
- 强调团队合作和职业道德，要求在项目中积极主动地与他人合作，注重团队协作和互助。
- 具备沟通和协调能力，能够与其他部门（如生产、维护等）进行有效的沟通和协作。

任务要求

本任务要求设计一个多级输送带控制系统。图 2-1a 所示为物流输送流水线，图 2-1b 所示为输送过程示意，传动机构由三条输送带组装而成。如图 2-1b 所示，机械手将原料箱中的物品抓起放在了上段输送带 A 上。控制要求为：按下流水线起动按钮，上段输送带 A 运行 10s，将物品输送到中段输送带 B 上，然后中段输送带 B 运行 10s，物品被输送到下段输送带 C 上，最后物品由下段输送带 C 送到储物箱中（一个物品的流水线输送过程结束）。输送结束后，工人会将储物箱中的物品搬运走。按下流水线停止按钮，无论流水线处于何种状态，都将无条件停止当前动作。

在设计 PLC 控制系统之前，先了解这个多级输送带系统的结构和工作原理。在现代化生产中，流

a) 物流输送流水线

b) 输送过程示意图

图 2-1 多级输送带系统

水线作业越来越多，已经占据了生产的主要地位。流水线是用输送带进行传动的，一件物品的组装与生产，仅靠一条流水线往往无法满足要求，需要多条输送带的配合。

知识准备

脉冲式触点有上升沿脉冲触点和下降沿脉冲触点两种，但只有常开触点没有常闭触点。脉冲式触点的动作如图 2-2 所示，PLS、PWM 只在对应软元件接通时的上升沿接通一个扫描周期，PLF 只在对应软元件接通后再断开时的下降沿接通一个扫描周期。

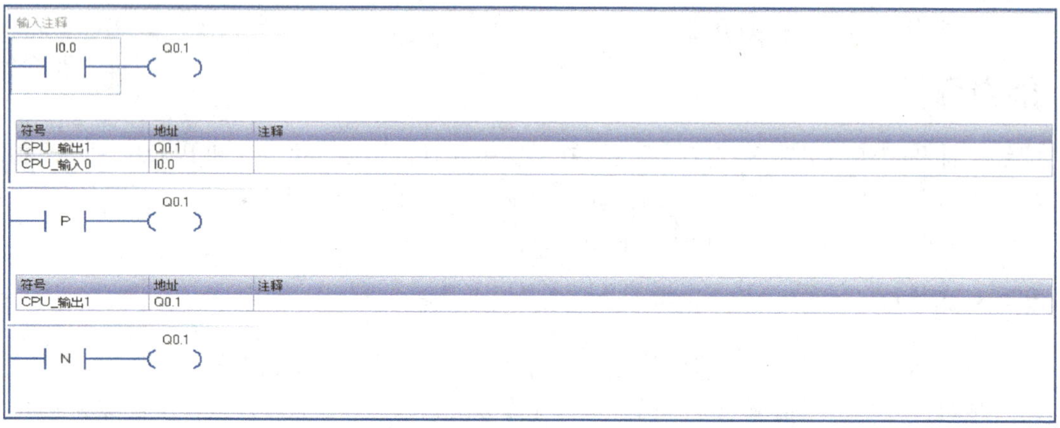

输入注释

符号	地址	注释
CPU_输出1	Q0.1	
CPU_输入0	I0.0	

符号	地址	注释
CPU_输出1	Q0.1	

图 2-2 脉冲式触点动作

任务分析

输送带的控制是 PLC 控制中比较经典的一类控制。在实际生产中，为了节约能源和避免输送带上的物料堆积，经常由多台电动机控制输送带，而各台电动机的起动和停止是有顺序的，电动机的这种控制方式称为顺序起停控制。本任务将学习顺序起动控制电路，电路中设置了一个起动按钮 SB1 和一个停止按钮 SB2，任务中有三条输送带工作，也就是有三台电动机在运行，需要用到三个接触器：上段输送带 A 对应接触器 KM1，中段输送带 B 对应接触器 KM2，下段输送带 C 对应接触器 KM3。

继电器控制的三台电动机顺序起动电气原理图如图 2-3 所示。

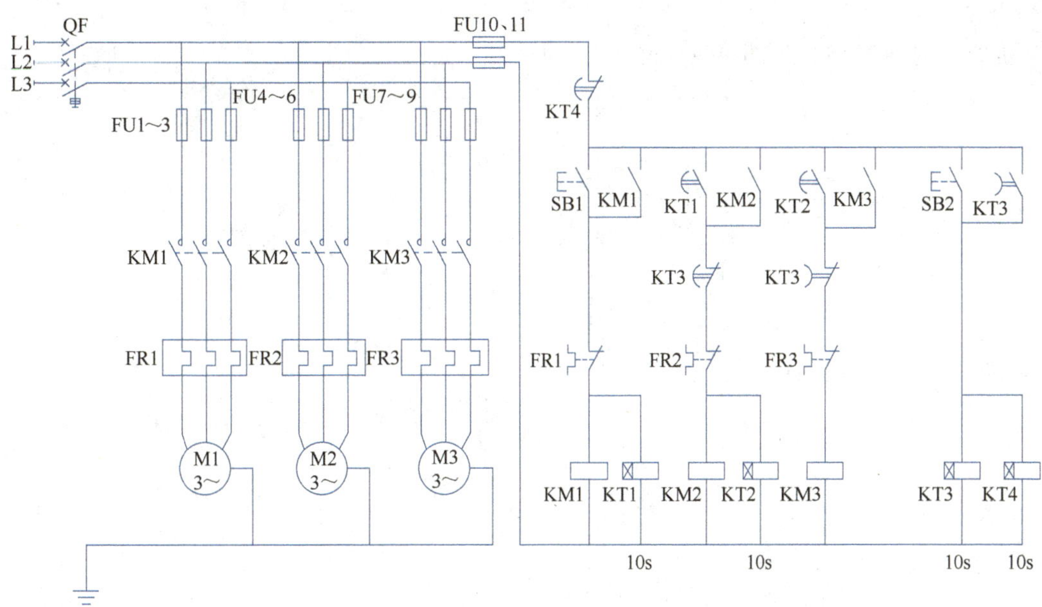

图 2-3　顺序起动电气原理图

任务实施

1. 准备元器件

本任务所需元器件清单见表 2-1。

表 2-1　多级输送带控制系统元器件清单

符号	名称	型号	规格	数量
M1～M3	三相异步电动机	Y132M-4	7.5kW、380V、15.4A、△联结	3
QF	低压断路器	NXB-63 3P C25	三极，额定电流：25A	1
FU1	插入式熔断器	RT18-32/20	500V、32A，熔体：32A	3
FU2	插入式熔断器	RT18-32/2	500V、32A，熔体：2A	1
KM1～KM3	交流接触器	CJX2S-25	380V、25A	3
FR1～FR3	热继电器	JR36-20	三极，整定电流：16A	3
SB1、SB2	按钮	LA10-3H	保护式、按钮数 3	1
XT1、XT2	端子排	TD-20/15	20A、15 节	2
PLC	可编程序控制器	S7-200 SMART		1
	网孔板	通用	650mm×500mm×50mm	1
	电工工具	通用	包含工具、螺钉旋具、剥线钳等	1

2. 分配输入/输出点

本任务的 I/O 分配见表 2-2。

表 2-2　多级输送带控制系统 I/O 分配

输入(I)		输出(O)	
设备	端口编号	设备	端口编号
流水线起动按钮 SB1	I0.0	上段输送带 A(M1)	Q0.0
流水线停止按钮 SB2	I0.1	中段输送带 B(M2)	Q0.1
过载保护 FR1～FR3	I0.2	下段输送带 C(M3)	Q0.2

3. 绘制电气原理图

电动机顺序起动的 PLC 外部接线如图 2-4 所示。

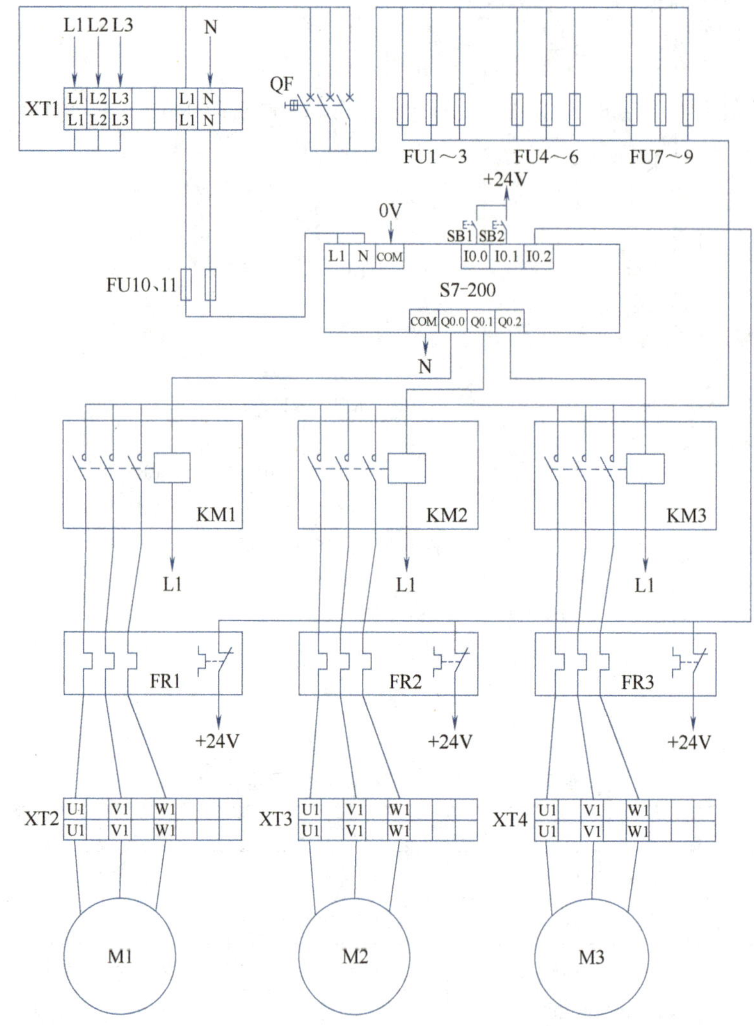

图 2-4 电动机顺序起动的 PLC 外部接线

需要注意的是，有时 PLC 的输入触点不够用或为了节省输入触点，可将相同作用的触点并联在一起使用一个输入触点，如图 2-4 所示的 FR1、FR2、FR3。

4. 按照接线图完成接线

（1）安装元器件　用 PLC 实现电动机顺序起动控制，在网孔板上将元器件按图 2-5 所示位置摆放，安装前先检查元器件，再用螺钉进行固定。

（2）完成接线　先连接 PLC 的输入/输出端元器件，再连接电动机和按钮，最后接上电源，注意不能带电操作。

5. 编写程序

根据任务分析可知，由于流水线起动按钮只在起动的一刹那起到作用，后续过程再也没

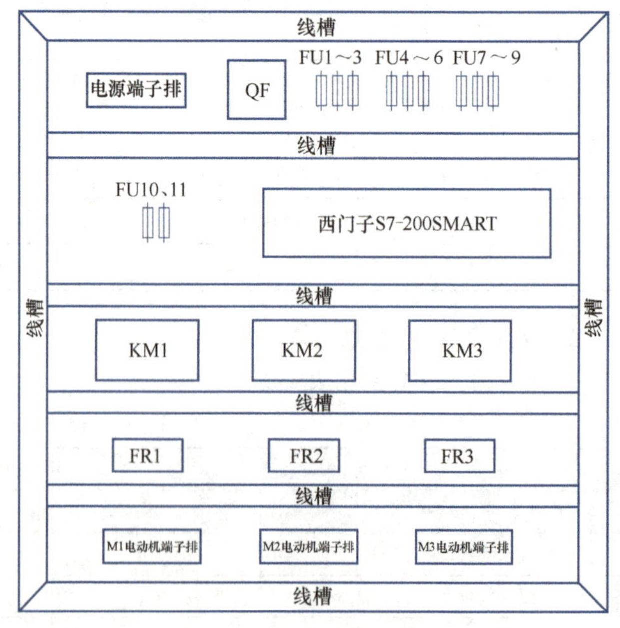

图 2-5 元器件布局

有用到起动按钮，因此可以考虑用 LDF 指令来实现起动功能；任务要求按下流水线停止按钮后，任何条件下的动作都无条件结束，可以使用辅助继电器达到目的。本任务中对电动机的控制为顺序起动，以时间点为控制要素，其程序如图 2-6 所示。

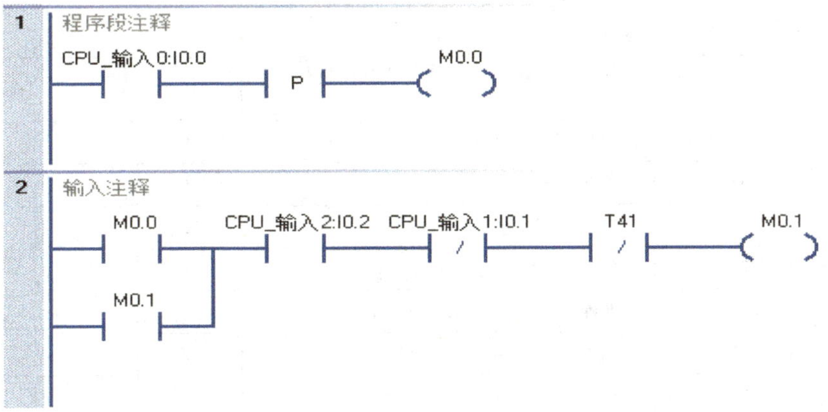

图 2-6　流水线控制程序

流水线（多级输送带）控制程序

小提示：

某些简单的梯形图可以借鉴继电器控制系统的电路图来设计，即在一些典型电路的基础上，根据被控对象对控制系统的具体要求进行修改和完善，得到符合控制要求的梯形图，这种方法称为经验设计法。

根据控制要求，设计控制程序的步骤如下：

1）在准确了解控制要求后，合理地为控制系统中的信号分配 I/O，见表 2-2。

2）对一些控制要求比较简单的输出信号，可直接写出它们的控制条件，依起、保、停电路的编程方法完成相应输出信号的编程；对于控制条件较复杂的输出信号，可借助辅助继电器来编程。

3）对于较复杂的控制，要正确分析控制要求，确定各输出信号的关键控制点。在以空间位置为主的控制中，关键点为引起输出信号状态改变的位置点；在以时间为主的控制中，关键点为引起输出信号状态改变的时间点。

4）确定了关键点后，根据运动状态选择控制原则，设计主令元件、检测元件和继电器等。

5）设置必要的保护，修改、完善程序。

6. 调试程序

1）输入程序并传送到 PLC，然后对程序进行运行和调试，观察是否符合要求。如不符合要求，则检查接线及 PLC 程序，直至按要求运行。

2）按下流水线起动按钮 SB1，程序按顺序先起动上段输送带 A（M1），10s 后，中段输送带 B（M2）起动，10s 后，下段输送带 C（M3）起动；按下流水线停止按钮 SB2，系统应立即停止运行。

任务评价

1. 检查内容

1）检查选择的元器件是否齐全，熟悉各元器件功能及作用。

2）熟悉电气控制原理图，并列出 PLC 的 I/O 表。

3）检查电气线路安装是否合理及运行情况。

2. 评估策略（见表 2-3）

表 2-3　多级输送带控制任务评价

任务内容	评估内容	评估标准	配分	学生自评	学生互评	教师评价
专业技能	知识点	理解电路控制要求及原理	10			
	元件选择与检测	硬件元器件型号选择正确、用万用表检测质量合格	5			
	合理分配 I/O	列出 I/O 端口，准确画出 PLC 控制 I/O 端口接线图	10			
	接线及布线工艺	按照原理图，正确、规范接线	10			
	梯形图设计	根据接线编写梯形图	10			
	程序检查与运行	传送、运行、监控程序	25			
方法	自主学习能力	预习并做好课前准备	5			
	理解、总结能力	准确理解任务要求，善于总结	5			
	创新能力	选用新方法、新工艺效果好	5			
职业素养	团队协作能力	积极参与、小组协作	5			
	语言表达能力	观点表达清楚，展示效果好	5			
	安全操作能力	遵守安全操作规程	5			
合计			100			

知识拓展

请按照新任务要求编写 PLC 程序。

机械手已将从原料箱中抓起的物品放置在上段输送带 A 上。控制要求为：按下流水线起动按钮，上段输送带 A 运行 4s，将物品传送到中段输送带 B 上，中段输送带 B 运行 5s，物品被传送到下段输送带 C 上，下段输送带 C 运行，物品被传送到储物箱中（一个物品的流水线传送过程结束），物品放入储物箱中 10s 后，下段输送带停止，5s 后，中段输送带停止，4s 后，上段输送带停止，按下流水线紧急停止按钮时，无论流水线处于何种状态，都将无条件停止当前动作。新任务的 PLC 梯形图如图 2-7 所示。

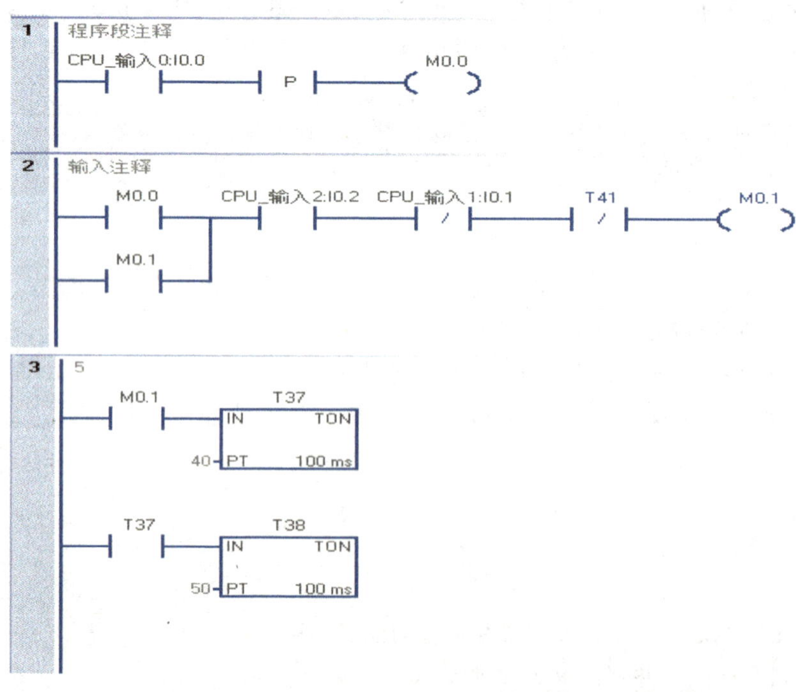

图 2-7　新任务的 PLC 梯形图

图 2-7　新任务的 PLC 梯形图（续）

多级输送带
新任务

思考与练习

利用 LDF 或 LDP 指令编写电动机正、反转控制电路。

实践中常见问题解析

PLC 是面向工业场景的工控设备，可以对工业控制领域的各类型设备或者生产线进行控制，使用中应合理选用硬件设备，要注意软件与硬件的联系并解决通信和调试等问题。

任务三　交通信号灯控制

知识目标

- 掌握交通信号灯控制系统的工作原理。
- 掌握定时器的种类与指令。

能力目标

- 能根据要求使用定时器对交通信号灯控制系统进行编程。
- 能够利用 STEP 7-Micro/WIN SMART 软件进行程序的编辑与调试。

职业能力

- 培养学生团队协作意识和创新实践能力。
- 培养学生积极的心态和勇于接受挑战的职业素养。

任务要求

十字路口车辆穿梭，行人熙攘，如何实现秩序井然？可借助交通信号灯的自动指挥系统。图 3-1 所示为某十字路口交通信号灯示意图。在该十字路口的东南西北四个方向分别装有红、黄、绿三色交通信号灯，具体控制过程如下：

当按下起动按钮 SB1 时，南北两个方向红灯亮并维持 40s，在此期间东西两个方向绿灯亮 35s 后闪烁 3s，然后东西两个方向黄灯亮 2s。再自动切换到东西两个方向红灯亮并维持 40s，在此期间南北两个方向绿灯亮 35s 后闪烁 3s，然后南北两个方向黄灯亮 2s，如此循环往复。

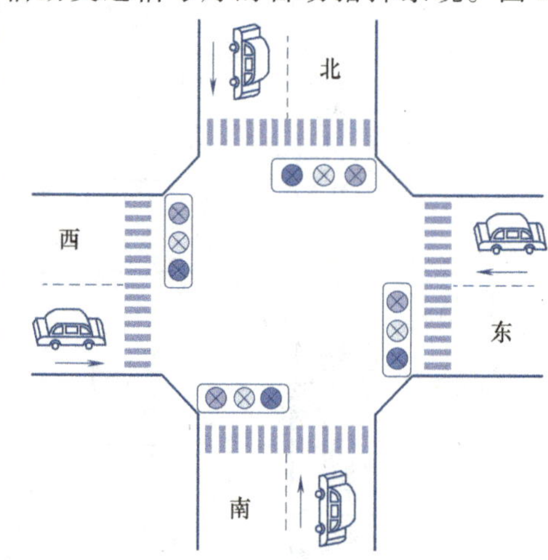

图 3-1　某十字路口交通信号灯示意图

知识准备

定时器是 PLC 中常用的元件之一，在使用时要预置定时值，在运行过程中当定时器的输入条件满足时，当前值会从 0 开始递增，当定时器的当前值到达设定值时，定时器开始动作，从而满足各种定时逻辑控制的需要。

S7-200 SMART 系列 PLC 有 256 个定时器，按工作方式分为通电延时定时器（TON）、断电延时定时器（TOF）和记忆型通电延时定时器（TONR），有 1ms、10ms、100ms 三种时基，定时器号决定了定时器的时基。

表 3-1 列出了定时器的种类及指令。

表 3-1　定时器的种类及指令

<table>
<tr><td>定时器种类</td><td colspan="2">通电延时定时器</td><td colspan="2">断电延时定时器</td><td colspan="2">记忆型通电延时定时器</td></tr>
<tr><td>LAD</td><td colspan="2">T×××
IN TON
????-PT ??? ms</td><td colspan="2">T×××
IN TOF
????-PT ??? ms</td><td colspan="2">T×××
IN TONR
????-PT ??? ms</td></tr>
<tr><td>STL</td><td colspan="2">TON T×××,PT</td><td colspan="2">TOF T×××,PT</td><td colspan="2">TONR T×××,PT</td></tr>
<tr><td>定时器指令说明</td><td colspan="6">IN 是使能输入端，指令盒上方输入定时器的编号(T×××)，范围是 T0~T255
PT 是设定值输入端，最大设定值为 32767
定时器标号既可以用来表示当前值，又可以用来表示定时器位
TON 和 TOF 共享同一组定时器，不能重复使用</td></tr>
<tr><td>工作方式</td><td colspan="3">TON/TOF</td><td colspan="3">TONR</td></tr>
<tr><td>分辨率</td><td>1ms</td><td>10ms</td><td>100ms</td><td>1ms</td><td>10ms</td><td>100ms</td></tr>
<tr><td>最大定时范围</td><td>32.767s</td><td>327.67s</td><td>3276.7s</td><td>32.767s</td><td>327.67s</td><td>3276.7s</td></tr>
<tr><td>定时器编号</td><td>T32,T96</td><td>T33~T36,
T97~T100</td><td>T37~T63,
T101~T255</td><td>T0,T64</td><td>T1~T4,
T65~T68</td><td>T5~T31,
T69~T95</td></tr>
<tr><td>定时器刷新方式</td><td colspan="6">1ms 定时器由系统每隔 1ms 刷新一次，与扫描周期及程序处理无关，即采用的是中断刷新方式，因此当扫描周期大于 1ms 时，在一个周期中可能被多次刷新，其当前值在一个扫描周期内不一定保持一致
10ms 定时器是由系统在每个扫描周期开始时自动刷新，由于是每隔扫描周期值刷新一次，故在一个扫描周期内定时器位和定时器的当前值保持不变
100ms 定时器在定时器指令执行时被刷新。如果 100ms 定时器被激活后，不是每个扫描周期都执行，定时器指令不能及时刷新，可能导致出错</td></tr>
</table>

（1）通电延时定时器（TON）　用于单一间隔的定时。当使能输入端 IN 接通时，定时器开始计时，当前值从 0 开始递增，计时到设定值（PT）时，定时器状态位置为 1，其常开触点接通，其后当前值仍增加，但不影响状态位。当前值的最大值为 32767。当使能输入端 IN 断开时，定时器复位，当前值清零，状态位也清零。若使能输入端 IN 接通时间未到设定值就断开，定时器则立即复位，如图 3-2 所示。

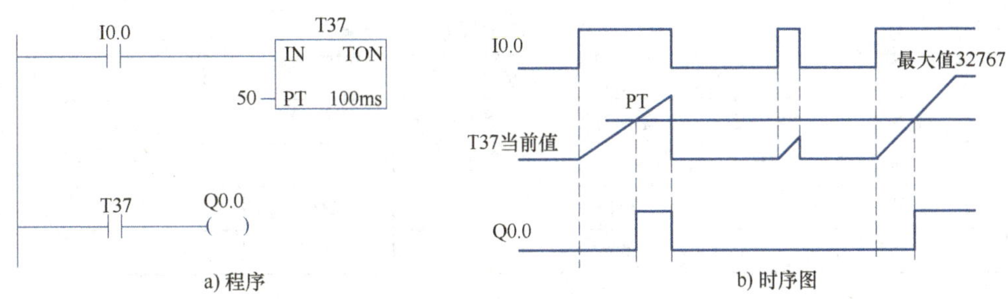

图 3-2　通电延时定时器的工作原理

（2）断电延时定时器（TOF）　用于故障事件发生后的时间延时。断电延时定时器是在输入断开并延时一段时间后，才断开输出。当使能输入端 IN 输入有效时，定时器输出状态位立即为 1，当前值复位为 0。当使能输入端 IN 断开时，定时器开始计时，当前值从 0 递增，当前值达到设定值时，定时器状态位复位为 0，并停止计时，当前值保持。如果输入断开的时间小于设定时间，定时器仍保持接通。使能输入端 IN 再接通时，定时器当前值仍设为 0，如图 3-3 所示。

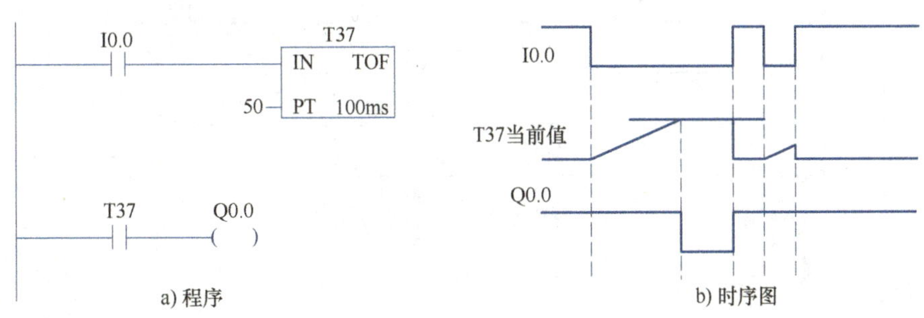

图 3-3　断电延时定时器的工作原理

（3）记忆型通电延时定时器（TONR）　用于累计时间间隔的定时。当使能输入端 IN 接通时，定时器开始计时，当前值递增，当前值大于或等于设定值（PT）时，输出状态位置为 1。当使能输入端 IN 断开时，当前值保持，当复位线圈有效时，定时器当前位清零，输出状态位置为 0。当使能输入端 IN 再次接通有效时，在原记忆值的基础上递增计时。需要注意的是，记忆型通电延时定时器采用线圈复位（R）指令进行复位操作，如图 3-4 所示。

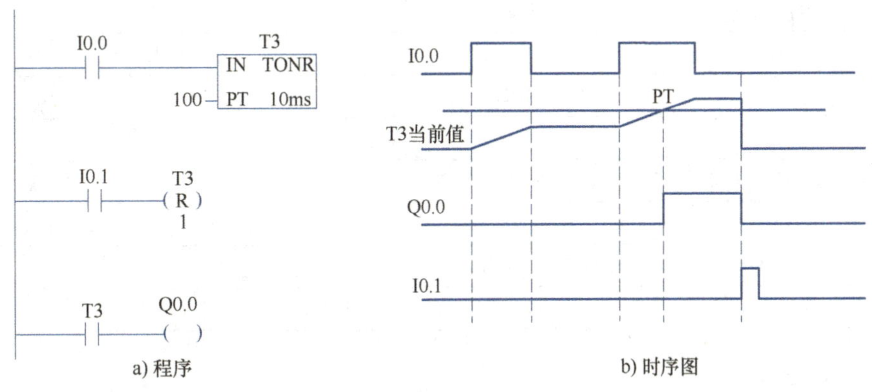

图 3-4　记忆型通电延时定时器的工作原理

任务分析

交通信号灯的控制是PLC控制系统中比较典型的一类控制。本任务要求：当按下起动按钮SB1时计时开始，输出信号根据定时器的常开与常闭控制四个方向的交通灯按正常顺序动作，其控制时间见表3-2。

表3-2 交通信号灯控制系统控制时间

<table>
<tr><th>方向</th><th colspan="7">灯亮</th></tr>
<tr><td rowspan="2">东西</td><td>信号</td><td>绿灯亮</td><td>绿灯闪烁</td><td>黄灯亮</td><td colspan="3">红灯亮</td></tr>
<tr><td>时间</td><td>35s</td><td>3s</td><td>2s</td><td colspan="3">40s</td></tr>
<tr><td rowspan="2">南北</td><td>信号</td><td colspan="3">红灯亮</td><td>绿灯亮</td><td>绿灯闪烁</td><td>黄灯亮</td></tr>
<tr><td>时间</td><td colspan="3">40s</td><td>35s</td><td>3s</td><td>2s</td></tr>
</table>

根据任务的控制要求，可采用顺序控制流程进行编程，画出输入/输出分配表、电气原理图，设计梯形图，连接设备后进行程序调试，其时序图如图3-5所示。

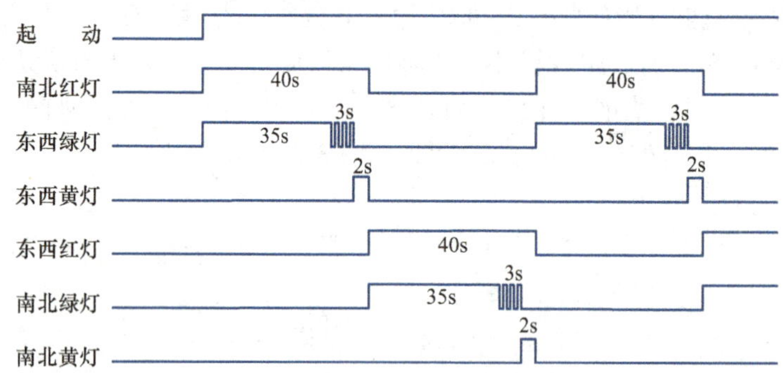

图3-5 交通信号灯控制系统时序图

任务实施

1. 准备元器件

本任务所需元器件见表3-3。

表3-3 交通信号灯控制系统元器件清单

序号	名称	型号	规格	数量
1	低压断路器	4P	4P，额定电流：25A	1
2	熔断器	RT18-32 2P		1
3	熔断器	RT18-32 3P		1
4	按钮	LA10-3H	保护式、按钮数3	1
5	端子排	TD-20/15		1
6	指示灯		红、黄、绿	6
7	可编程序控制器	S7-200 SMART系列PLC	ST60	1
8	电工工具	通用	包含万用表、剥线钳、螺钉旋具等	1
9	网孔板	通用		1
10	连接导线			若干

2. 分配输入/输出点

本任务的I/O分配见表3-4。

表 3-4　交通信号灯控制系统 I/O 分配

输入(I)		输出(O)	
元件名称	端口编号	元件名称	端口编号
起动按钮 SB1	I0.0	东西绿灯 HL1	Q0.0
		东西黄灯 HL2	Q0.1
		东西红灯 HL3	Q0.2
		南北绿灯 HL4	Q0.3
		南北黄灯 HL5	Q0.4
		南北红灯 HL6	Q0.5

3. 绘制电气原理图

交通信号灯的 PLC 外部接线如图 3-6 所示。

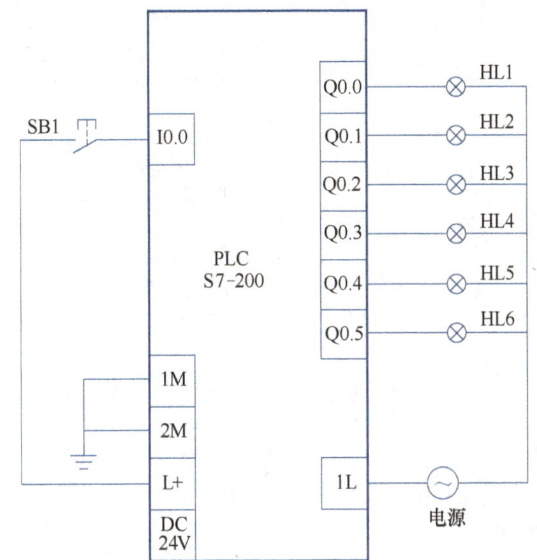

图 3-6　交通信号灯的 PLC 外部接线

先连接 PLC 的输入/输出端元器件，再连接电源，注意不能带电操作。

4. 编写程序

交通信号灯控制程序如图 3-7 所示。

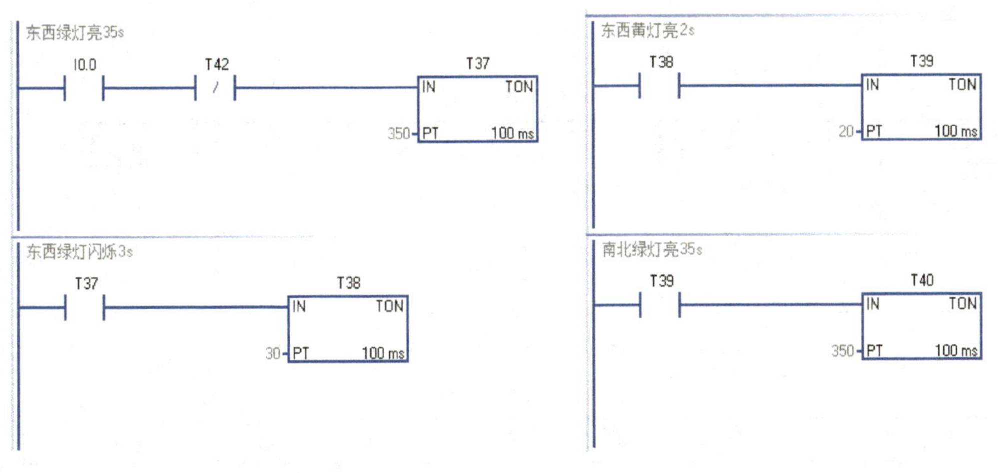

图 3-7　交通信号灯控制程序

交通信号灯控制程序

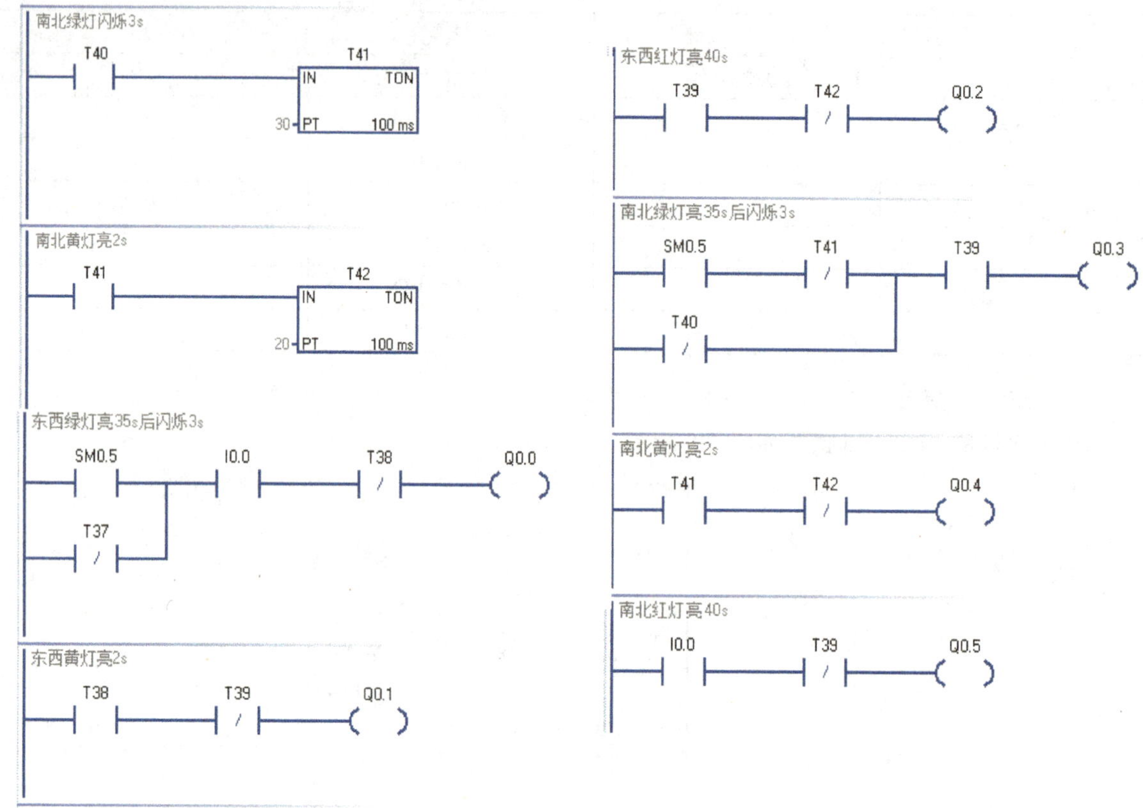

图 3-7 交通信号灯控制程序（续）

5. 调试程序

输入程序并传送到 PLC，然后对程序进行运行和调试，观察是否符合要求。若不符合要求，则检查接线及 PLC 程序，直至按要求运行。

任务评价

1. 检查内容

1）检查选择的元器件是否齐全，熟悉各元器件功能及作用。

2）熟悉电气控制原理图，并列出 PLC 的 I/O 表。

3）检查电气线路安装是否合理及运行情况。

2. 评估策略（见表 3-5）

表 3-5 交通信号灯控制任务评价

任务内容	评估内容	评估标准	配分	学生自评	学生互评	教师评价
专业技能	知识点	理解电路控制要求及原理	10			
	元件选择与检测	硬件元器件型号选择正确、用万用表检测质量合格	5			
	合理分配 I/O	列出 I/O 端口，准确画出 PLC 控制 I/O 端口接线图	10			
	接线及布线工艺	按照原理图，正确、规范接线	10			
	梯形图设计	根据接线编写梯形图	10			
	程序检查与运行	传送、运行、监控程序	25			

（续）

任务内容	评估内容	评估标准	配分	学生自评	学生互评	教师评价
方法	自主学习能力	预习并做好课前准备	5			
	理解、总结能力	准确理解任务要求，善于总结	5			
	创新能力	选用新方法、新工艺效果好	5			
职业素养	团队协作能力	积极参与、小组协作	5			
	语言表达能力	观点表达清楚，展示效果好	5			
	安全操作能力	遵守安全操作规程	5			
合计			100			

知识拓展

对于较复杂的控制系统，一般以经验为主的设计方法存在设计周期长，不易掌握，程序可读性差，系统交付使用后维护困难等缺点。针对这一问题这里简单介绍一种通用的程序设计方法——顺序控制设计法。

顺序控制设计法就是按照生产工艺预先规定的顺序，在各个输入信号的作用下，根据内部状态和时间顺序，在生产过程中使各个执行机构自动地按照一定的顺序进行工作，其控制总是逐步按序进行。在顺序控制的整个过程中，可以分成有序的若干步序（或若干个阶段），各步都有自己应完成的动作。从每一步转移到下一步，一般都是有条件的，条件满足则上一步动作结束，下一步动作开始且上一步的动作会被清除。

（1）顺序功能图的基本概念　使用顺序控制设计法首先要根据系统的工艺过程画出顺序功能图，然后根据顺序功能图画出梯形图。顺序功能图（SFC）是描述控制系统的控制过程、功能和特性的图形，主要由步、有向连线、转换、转换条件和动作（或命令）组成。

（2）顺序功能图的基本结构　顺序功能图有三种不同的结构，分为单序列结构、选择序列结构和并行序列结构。

1）单序列。单序列结构顺序功能图没有分支，它是由一系列相继激活的步组成，每个步后只有一个步，步与步之间只有一个转换条件，如图 3-8a 所示。

2）选择序列。选择序列的开始称为分支，如图 3-8b 中的上半部分所示，图中的“步 1”之后有三个分支，转换符号只能标在水平线之下。各选择分支不能同时执行。当“步 1”为活动步且条件“a”满足时则转向“步 2”；当“步 1”为活动步且条件“b”满足时则转向“步 4”；当“步 1”为活动步且条件“c”满足时则转向“步 6”。无论“步 1”转向哪个分支，当其后续“步”成为活动步时，“步 1”自动变为不活动步。

如已选择了转向某一分支，则不允许另外几个分支的首步成为活动步。选择序列的结束称为合并，无论哪个分支的最后一步成为活动步，当转换条件满足时都要转向“步 8”。

3）并行序列。图 3-8c 所示为并行序列结构的流程图。并行序列的开始也称分支，为了区别于选择序列结构的流程图，用双线来表示并行序列分支的开始，转换条件放在双线之上。图中的“步 1”之后有三个并行分支，当“步 1”为活动步且条件“a”满足时，则“步 2”“步 3”“步 4”同时被激活变为活动步，而“步 1”则变为不活动步。

并行序列的结束称为合并，用双线来表示并行序列分支的合并，转换条件放在双线之下。在图 3-8c 中，当各并行序列的最后一步，即“步 5”“步 6”“步 7”都为活动步且满足条件“e”时，将同时转换到“步 8”，且“步 5”“步 6”“步 7”同时变为不活动步。

（3）绘制顺序功能图的注意事项

1）两个步绝对不能直接相连，必须用一个转换将它们隔开。

2）两个转换也不能直接相连，必须用一个步将它们隔开。

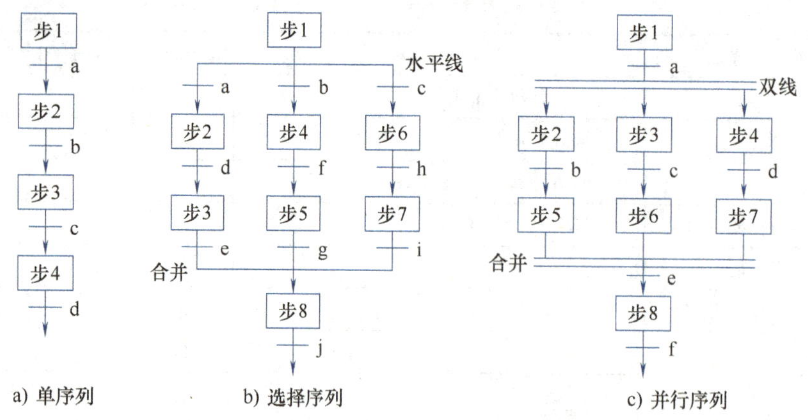

图 3-8　顺序功能图的基本结构

3）顺序功能图中初始步是必不可少的，它一般对应于系统等待启动的初始状态，这一步可能没有什么动作执行，因此很容易遗漏这一步。如果没有该步，则无法表示初始状态，系统也无法返回停止状态。

4）只有当某一步所有的前级步都是活动步时，该步才有可能变成活动步。如果用无断电保持功能的编程元件代表各步，则 PLC 开始进入 RUN 模式时，各步均处于"0"状态，因此必须有初始化信号，将初始步预置为活动步，否则顺序功能图中永远不会出现活动步，系统将无法工作。

思考与练习

1. 试述 S7-200 系列 PLC 中共有几个定时器？它们的刷新方式有何不同？共有几种类型的定时器？

2. 设计周期为 5s，亮 3s、灭 2s 的灯光报警程序。

实践中常见问题解析

PLC 是工业自动化生产中不可或缺的控制设备，具有操作简单、性能稳定、易于扩展等特点，应用十分广泛。一般来说，PLC 是极其可靠的设备，出故障率很低。因此，我们查找电气故障点，重点要放在 PLC 的外部电气元件上，不要总是怀疑 PLC 硬件或程序有问题，这对快速维修好故障设备、快速恢复生产是十分重要的。

任务四　霓虹灯控制

知识目标

- 熟悉 = =、< =、> =、<、>、<>等比较指令的格式和使用方法。
- 熟悉移位指令的使用方法。
- 熟悉循环左（右）移指令的使用方法。

能力目标

- 能根据霓虹灯控制要求自定义 I/O 分配表，画出霓虹灯控制系统的电路原理图。
- 能够根据电路原理图，独立完成 PLC 接线板的安装与检测。
- 能够根据霓虹灯控制系统要求利用比较指令、传送指令、移位指令完成程序设计与调试。
- 会对所出现的故障进行排查与纠错。

职业能力

- 通过掌握编程相关知识，培养学生的逻辑思维能力。
- 通过连接 PLC 线路，提升学生的动手操作能力。
- 培养学生规范操作、文明生产的安全意识。

任务要求

城市、企业为展现自己的形象和产品，一般会使用霓虹灯来营造氛围，因此常在商业街两旁看到各式各样的霓虹灯广告。霓虹灯的亮灭、闪烁时间及流动方向等的控制可通过 PLC 实现。

本任务的控制系统主要控制八盏霓虹灯按一定规律亮灭。输入程序后可以通过硬件实现霓虹灯的自动闪烁，使灯光效果的变化更为丰富多彩，达到吸引人们注意力的目的（见图 4-1），具体要求：霓虹灯控制系统中包含八盏灯（HL1～HL8），要求按下起动按钮，每隔 1s 先按顺序依次点亮，再依次熄灭，如此循环。按下停止按钮，停止工作。

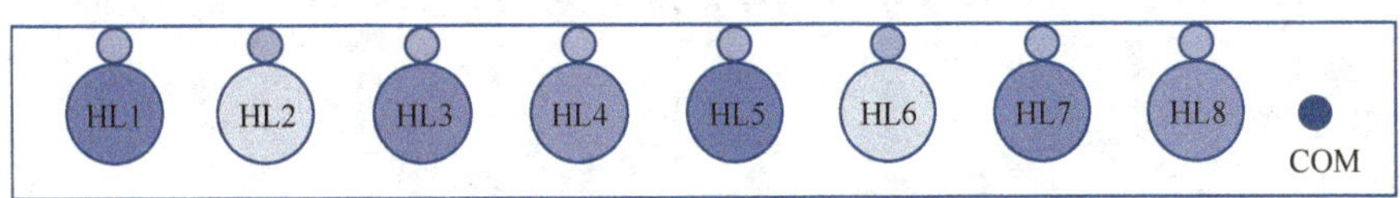

图 4-1　霓虹灯示意

知识准备

一、比较指令说明

比较指令用于两个操作数按一定条件的比较。操作数可以是整数，也可以是实数。在梯形图中用带参数和运算符的触点表示比较指令，当比较条件满足时，触点闭合，否则断开。

比较运算符有==、<=、>=、<、>、<>，分别表示等于、小于或等于、大于或等于、小于、大于、不等于。

比较运算的操作数有字节比较 B（Byte）、整数比较 I（Int）/W（Word）、双字整数比较 D（Double Int/Word）与实数比较 R（Real）等类型，其中字节比较用于无符号整数比较；整数比较、双字比较用于有符号整数比较；实数比较用于有符号双字浮点数比较。

比较触点可以装载，也可以串联和并联。比较指令为上、下限控制提供了极大的方便。

二、比较指令格式

比较指令格式见表 4-1。

表 4-1　比较指令格式

	字节比较	整数比较	双字整数比较	实数比较
梯形图	IN1 ─┤==B├─ IN2	IN1 ─┤<>I├─ IN2	IN1 ─┤<D├─ IN2	IN1 ─┤>=R├─ IN2
装载	LDB=IN1,IN2	LDW<>IN1,IN2	LDD<IN1,IN2	LDR>=IN1,IN2
串联	AB=IN1,IN2	AW<>IN1,IN2	AD<IN1,IN2	AR>=IN1,IN2
并联	OB=IN1,IN2	OW<>IN1,IN2	OD<IN1,IN2	OR>=IN1,IN2

三、比较指令应用举例

【例 4-1】　当计数器 C0 的当前值大于或等于 1000 时，输出线圈 Q0.0 通电（见图 4-2）。

【例 4-2】 应用比较指令，产生断电 6s、通电 4s 的脉冲输出信号（见图 4-3）。

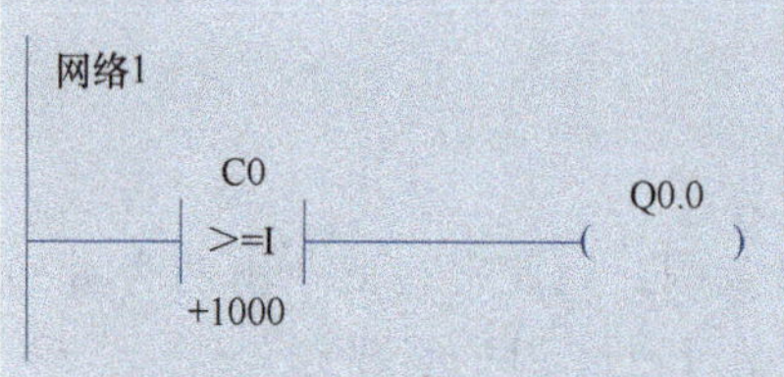

网络1

C0 >=I +1000 Q0.0

图 4-2 【例 4-1】比较指令

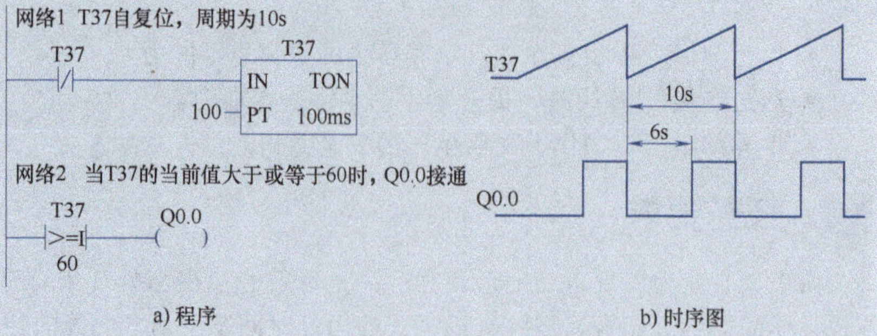

网络1 T37自复位，周期为10s

T37 T37 IN TON 100 PT 100ms

网络2 当T37的当前值大于或等于60时，Q0.0接通

T37 >=I 60 Q0.0

a) 程序

T37 10s 6s Q0.0

b) 时序图

图 4-3 【例 4-2】比较指令

【例 4-3】 应用比较指令，控制准备灯（Q0.1）、警示灯（Q0.2）和绿灯（Q0.3）的亮灭。控制要求：起动后，3~6s 准备灯亮；6~10s 警示灯亮；10s 后绿灯（Q0.0）亮（见图 4-4）。

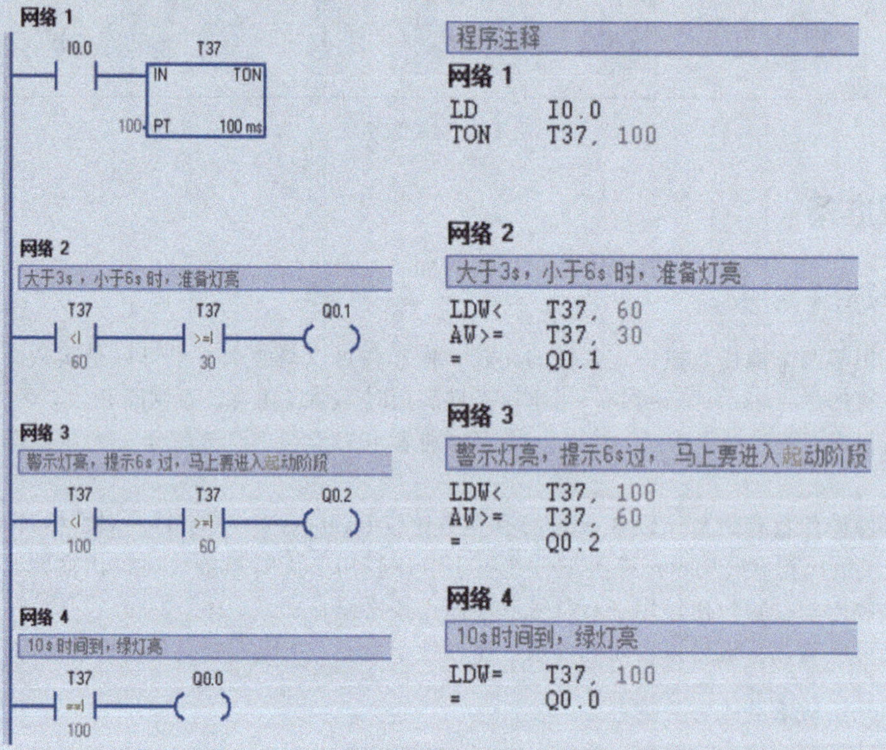

网络 1

I0.0 T37 IN TON 100 PT 100 ms

网络 2

大于3s，小于6s时，准备灯亮

T37 <I 60 T37 >=I 30 Q0.1

网络 3

警示灯亮，提示6s过，马上要进入起动阶段

T37 <I 100 T37 >=I 60 Q0.2

网络 4

10s时间到，绿灯亮

T37 ==I 100 Q0.0

```
程序注释
网络 1
LD      I0.0
TON     T37, 100

网络 2
大于3s，小于6s时，准备灯亮
LDW<    T37, 60
AW>=    T37, 30
=       Q0.1

网络 3
警示灯亮，提示6s过，马上要进入起动阶段
LDW<    T37, 100
AW>=    T37, 60
=       Q0.2

网络 4
10s时间到，绿灯亮
LDW=    T37, 100
=       Q0.0
```

图 4-4 【例 4-3】比较指令

任务分析

根据任务要求可知，霓虹灯控制系统是由八盏指示灯按照一定的规律点亮或熄灭，并不断循环而达到所需的效果。这类工作状态较多的控制要求，可通过基本指令和状态编程实现，但在编写 PLC 程序过程中，尤其是基本指令编程中可能出现重复驱动指示灯的情况，这会使程序步数增加，导致程序不精简。本任务将通过学习功能指令来解决这一问题。

任务实施

1. 准备元器件

完成本任务需要的元器件见表 4-2。

表 4-2　霓虹灯控制系统元器件清单

序号	名称	型号规格	数量	单位	备注
1	安装板	600mm×800mm	1	块	网孔板
2	可编程序控制器	西门子 S7-200 SMART PLC	1	台	
3	导轨	DIN	1	条	
4	空气断路器	DZ47-63	1	个	
5	开关电源	CDKU-S	1	个	
6	按钮	LA4-3H	1	个	
7	指示灯	DC 24V	9	个	
8	端子排	TD-1520	3	个	
9	铜导线	BVR-0. 75mm^2	1	卷	
10	紧固件	M4×20 螺栓 M4×12 螺栓	若干	个	
11	号码管	ϕ4mm 弹簧垫圈 M4 螺母	若干	个	
12	走线槽	TC3025	若干	个	
13	电工工具			套	
14	万用表	MF47	1	个	

2. 布局元器件

根据表 4-2 所列内容准备元器件并检测元器件是否完好，将符合要求的元器件按图 4-5 所示位置安装在网孔板上并固定。

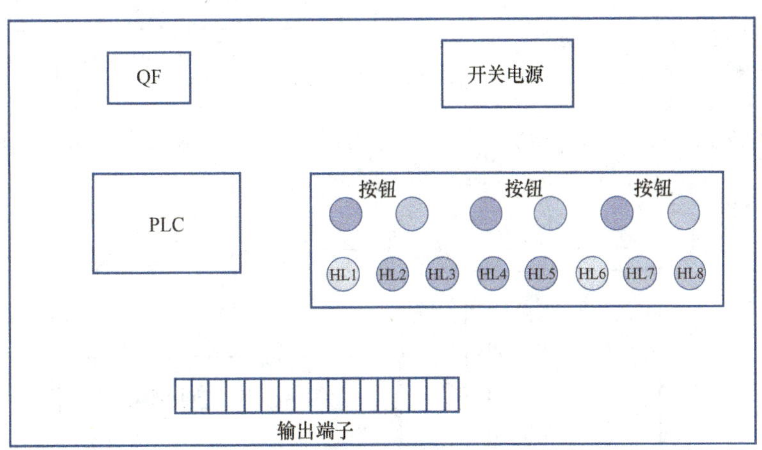

图 4-5　霓虹灯控制系统 PLC 接线板元件布置图

3. 分配输入/输出点

霓虹灯控制系统的 I/O 分配见表 4-3。表中 I0. 0、I0. 1 分别为系统的起动和停止按钮；指示灯 HL1～HL8 分别用 Q0. 0～Q0. 7 来控制。

表 4-3　霓虹灯控制系统 I/O 分配

输入(I)			输出(O)	
输入继电器	输入元件	作用	输出继电器	输出元件
I0. 0	按钮 SB1	起动	Q0. 0	指示灯 HL1
I0. 1	按钮 SB2	停止	Q0. 1	指示灯 HL2
			Q0. 2	指示灯 HL3

（续）

输入(I)			输出(O)	
输入继电器	输入元件	作用	输出继电器	输出元件
			Q0.3	指示灯 HL4
			Q0.4	指示灯 HL5
			Q0.5	指示灯 HL6
			Q0.6	指示灯 HL7
			Q0.7	指示灯 HL8

4. 绘制电气原理图

根据 I/O 分配表，画出 S7-200 SMART PLC 实现霓虹灯控制系统的外部接线图，如图 4-6 所示。

5. 按照电气原理图完成接线

（1）输入端接线（见图 4-7）

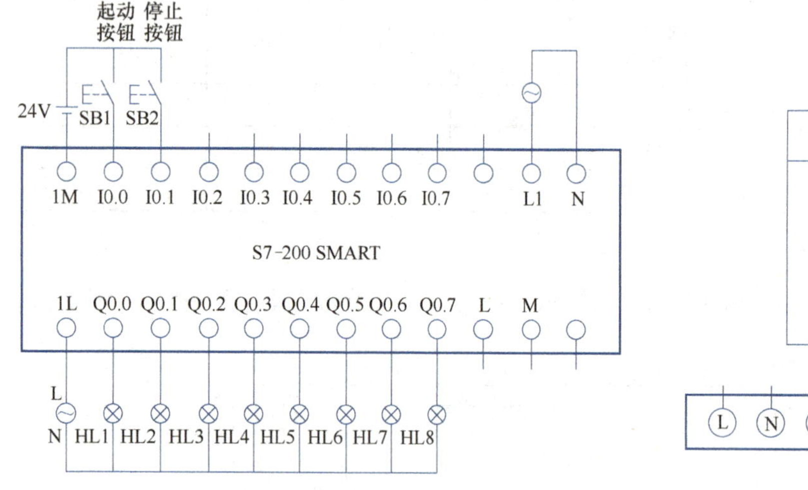

图 4-6 霓虹灯控制系统的 PLC 外部接线

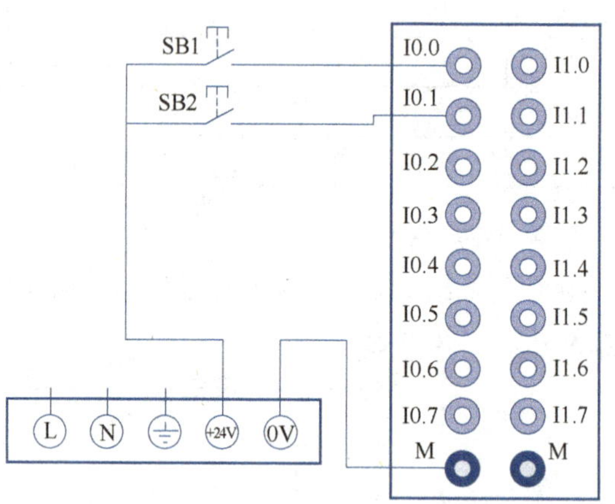

图 4-7 输入端接线示意

（2）输出端接线（见图 4-8）

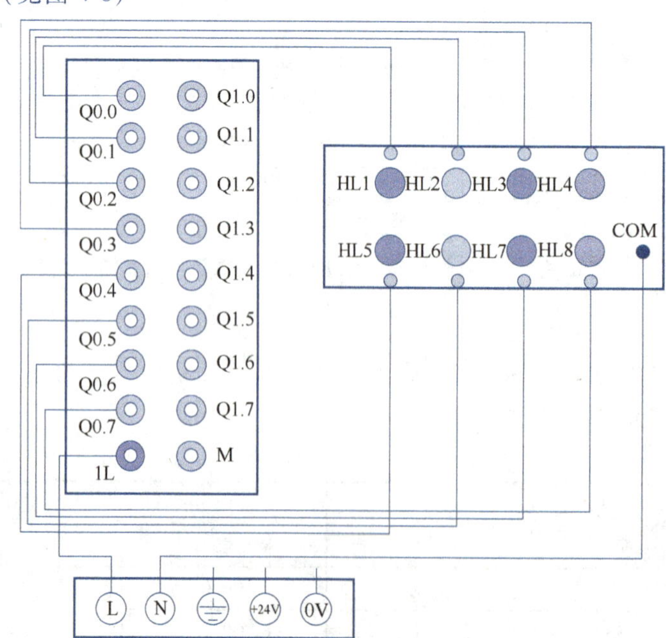

图 4-8 输出端接线示意

6. 编写程序

通过任务要求可知表 4-4 所列八盏灯的工作情况。

表 4-4　霓虹灯的工作情况

灯	时间														
	0~1s	1~2s	2~3s	3~4s	4~5s	5~6s	6~7s	7~8s	8~9s	9~10s	10~11s	11~12s	12~13s	13~14s	14~15s
HL1	亮	亮	亮	亮	亮	亮	亮	亮							
HL2		亮	亮	亮	亮	亮	亮	亮	亮						
HL3			亮	亮	亮	亮	亮	亮	亮	亮					
HL4				亮	亮	亮	亮	亮	亮	亮	亮				
HL5					亮	亮	亮	亮	亮	亮	亮	亮			
HL6						亮	亮	亮	亮	亮	亮	亮	亮		
HL7							亮	亮	亮	亮	亮	亮	亮	亮	
HL8								亮	亮	亮	亮	亮	亮	亮	亮

利用比较指令编写程序，如图 4-9 所示。

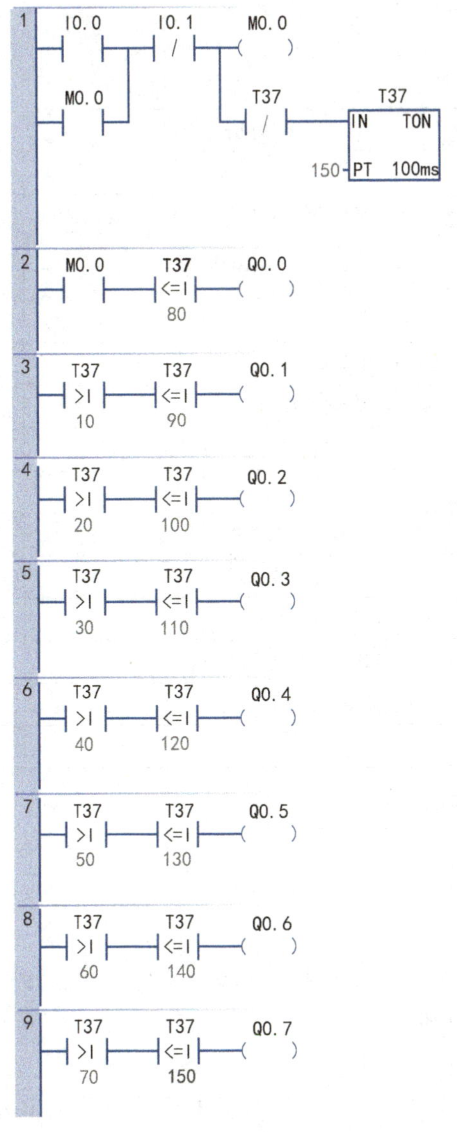

图 4-9　用比较指令编写霓虹灯控制程序

霓虹灯
控制程序

程序说明：

1）按下起动按钮 I0.0，M0.0 输出并自锁，T37 开始计时。

2）T37 时间达到 15s 以后，T37 常闭触点断开，T37 清零。T37 清零以后，T37 常闭触点又接通，T37 又开始正常计时，实现 15s 循环。

3）T37 当前值跟各个灯点亮的时间段做比较，例如 Q0.0 是在 0s 后和 8s 前是亮的；Q0.1 是在 1s 后和 9s 前是亮的；Q0.2 是在 2s 后和 10s 前是亮的……

4）按下停止按钮 I0.1，M0.0 断开，T37 停止计时，所有灯都熄灭。

7. 调试程序

先输入程序并传送到 PLC，然后对程序进行运行和调试，观察是否符合要求。若不符合要求，则检测接线及 PLC 程序，直至按任务要求运行。

任务评价

1. 检查内容

1）检查选择的元器件是否齐全，熟悉各元器件功能及作用。

2）熟悉任务要求和比较指令的编程方法，并列出 PLC 的 I/O 表。

3）熟悉比较指令在霓虹灯控制系统中的编程方法，能熟练应用编程软件编写程序。

4）检查线路安装及程序运行是否合理正确。

2. 评估策略（见表 4-5）

表 4-5　霓虹灯控制任务评价

任务内容	评估内容	评估标准	配分	学生自评	学生互评	教师评价
专业技能	知识点	理解比较指令格式及应用方法	10			
	元件选择与检测	硬件元器件型号选择正确、用万用表检测质量合格	5			
	合理分配 I/O	列出 I/O 端口，准确画出 PLC 控制 I/O 端口接线图	10			
	接线及布线工艺	按照原理图，正确、规范接线	10			
	梯形图设计	根据接线编写梯形图	10			
	程序检查与运行	传送、运行、监控程序	25			
方法	自主学习能力	预习并做好课前准备	5			
	理解、总结能力	准确理解任务要求，善于总结	5			
	创新能力	选用新方法、新工艺效果好	5			
职业素养	团队协作能力	积极参与、小组协作	5			
	语言表达能力	观点表达清楚，展示效果好	5			
	安全操作能力	遵守安全操作规程	5			
合计			100			

知识拓展

一、移位指令

移位指令将数值移入移位寄存器。移位指令包含左移和右移，根据所移位的数的长度又可分为字节型、字型、双字型，如图 4-10 所示。

指令说明：

1）左（右）移指令将输入字节、字、双字数值根据移位位数向左（右）移动，并将结果载入输出对应的存储单元。

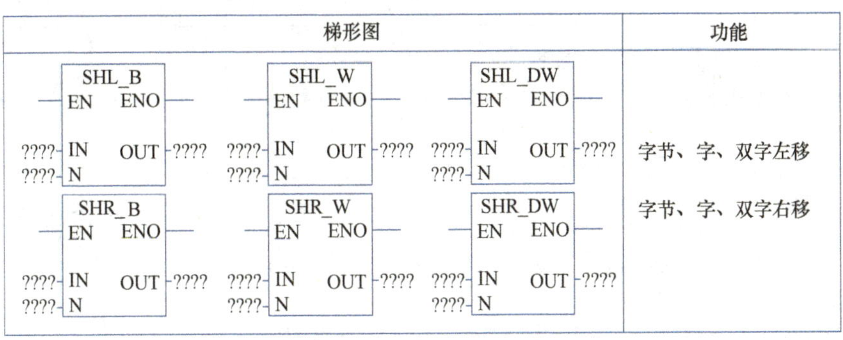

图 4-10　移位指令的格式

2）移位指令对每个移出位补零。

3）如果移动位数（N）大于允许值（对于字节操作，允许值为 8，字操作为 16，双字操作为 32），则指令最多执行一次后，存储器被清零。

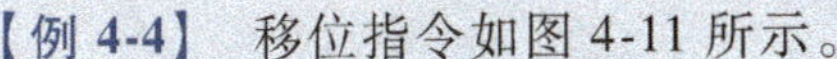

【例 4-4】 移位指令如图 4-11 所示。

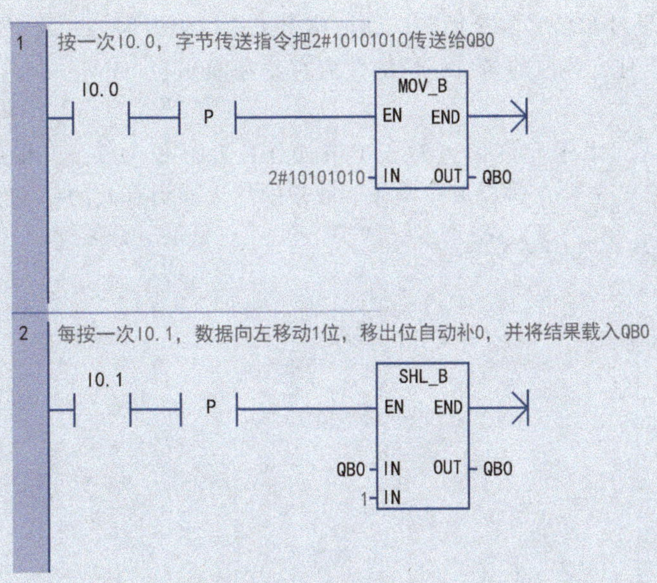

图 4-11　【例 4-4】移位指令

程序说明：

1）按一次 I0.0，字节传送（MOV_B）指令把 2#10101010 传送给 QB0。

2）按一次 I0.1，数据向左移动一位，移出位自动补零，并将结果载入 QB0，QB0 为 2#01010100，如图 4-12 所示。

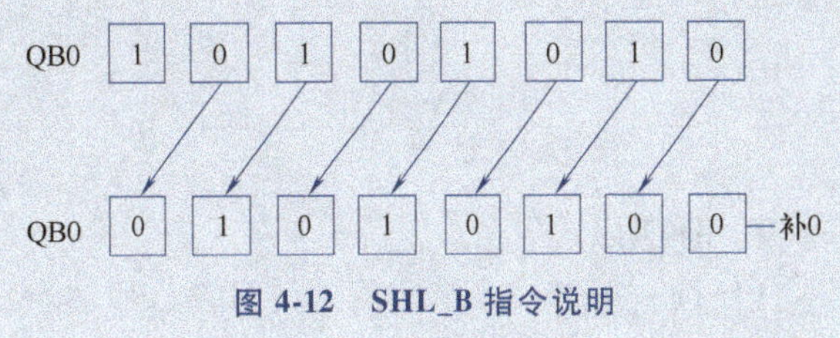

图 4-12　SHL_B 指令说明

二、循环移位指令

循环移位指令是将移位数据存储单元的首尾相连，同时又与溢出标志 SM1.1 连接，SM1.1 用来存放最后一次被移出的位。循环左移和循环右移根据所循环移位的数的长度又可分为字节型、字型、双字型，如图 4-13 所示。

指令说明：

1）循环左（右）移指令将输入字节、字、双字数值根据移位位数向左（右）移动，并将结果载

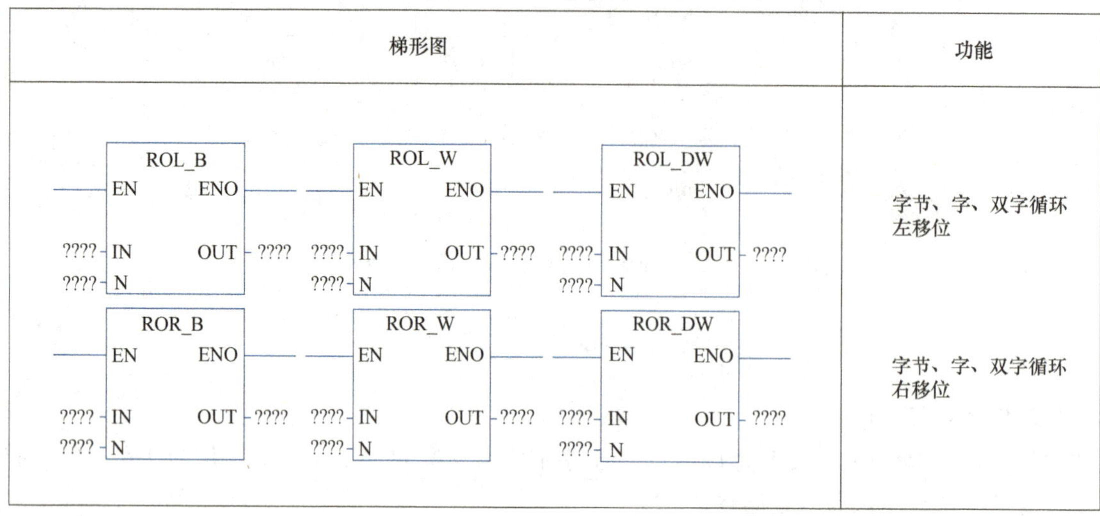

图 4-13 循环移位指令的格式

入输出对应的存储单元。循环移位是一个循环，即被移出来的位将返回另一端空出的位置。

2）执行循环移位指令时，移位的最后一位的数值存放在溢出位 SM1.1 中，若实际移位次数为 0，则零标志位 SM1.0 被置 1。

3）如果移动位数（N）大于允许值（对于字节操作，允许值为 8，字操作为 16，双字操作为 32），则执行循环移位之前要先对 N 进行取模操作。取模的结果即为有效的移位次数。

【例 4-5】 循环移位指令如图 4-14 所示。

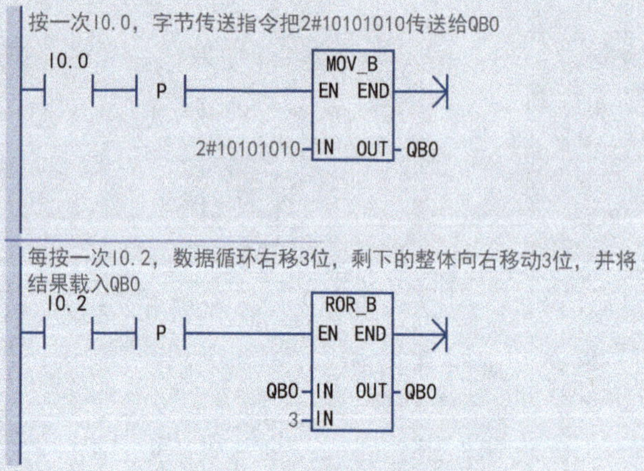

按一次I0.0，字节传送指令把2#10101010传送给QB0

I0.0 P MOV_B EN END

2#10101010 IN OUT QB0

每按一次I0.2，数据循环右移3位，剩下的整体向右移动3位，并将结果载入QB0

I0.2 P ROR_B EN END

QB0 IN OUT QB0

3 IN

图 4-14 【例 4-5】循环移位指令

程序说明：

1）按一次 I0.0，字节传送（MOV_B）指令把 2#10101010 传送给 QB0。

2）按一次 I0.2，数据循环右移三位，剩下的整体向右移动三位，并将结果载入 QB0，QB0 为 2#01010101，如图 4-15 所示。

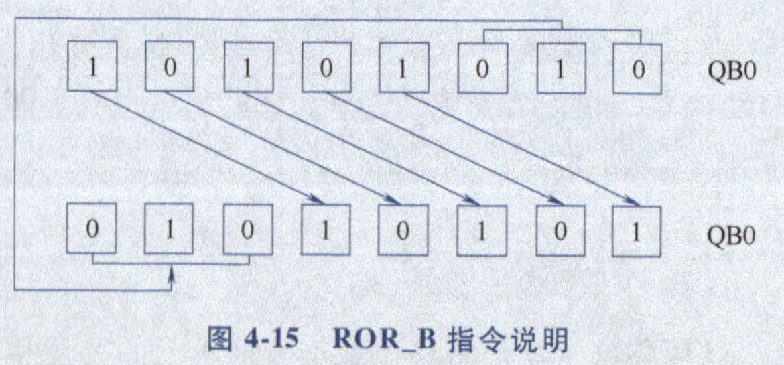

图 4-15 ROR_B 指令说明

三、利用移位指令实现对霓虹灯的控制

按下起动按钮，要求八盏灯（HL1 ~ HL8）从右到左逐个点亮，全部点亮时，再从左到右逐个熄灭。全部熄灭后，再从左到右逐个点亮，全部点亮时，再从右向左逐个熄灭，并不断重复上述过程。

按下停止按钮，停止工作。

1. 程序设计

利用移位指令完成程序设计，如图 4-16 所示。

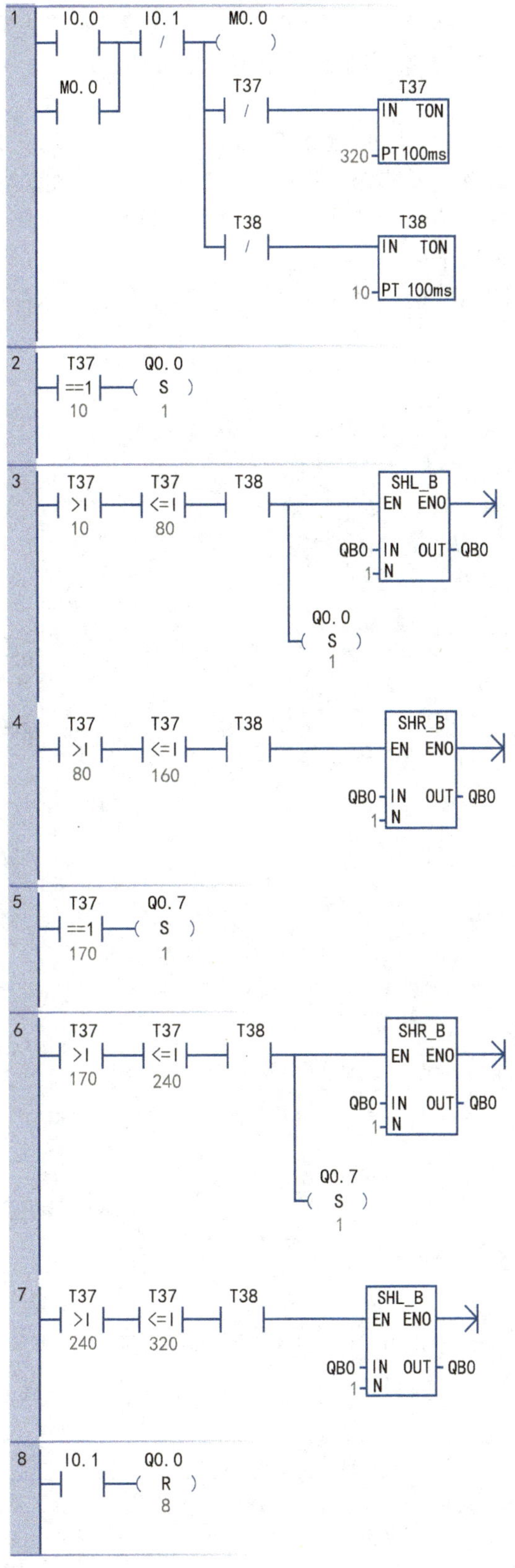

图 4-16　移位指令举例

2. 程序说明

1）按下起动开关，I0.0 常开触点闭合，T37、T38 开始计时，M0.0 得电自锁，T37 每隔 32s 发出一个脉冲即 32s 循环一次，T38 每隔 1s 发出一个脉冲即 1s 循环一次。

2）第 2、3 步程序：T37 计时为 1s 时点亮 Q0.0，T37 计时在大于 1s 小于或等于 8s 之间时，T38 隔 1s 再发一个脉冲，执行一次左移指令，同时 Q0.0 置位，8 盏灯依次点亮，最后全亮。

3）第 4 步程序：T37 计时在大于 8s 小于或等于 16s 之间时，T38 隔 1s 再发一个脉冲，执行一次右移指令，八盏灯依次熄灭，最后全灭。

4）第 5、6 步程序：T37 计时为 17s 时点亮 Q0.7，T37 计时在大于 17s 小于或等于 24s 之间时，T38 隔 1s 再发一个脉冲，执行一次右移指令，同时 Q0.7 置位，八盏灯依次点亮，最后全亮。

5）第 7 步程序：T37 计时在大于 24s 小于或等于 32s 之间时，T38 隔 1s 再发一个脉冲，执行一次左移指令，八盏灯依次熄灭，最后全灭。

6）第 8 步程序：按下停止按钮 I0.1，Q0.0~Q0.7 全部复位，灯全部熄灭。

思考与练习

1. 利用比较指令实现图 4-17 所示的时序图（以 8s 为周期循环）。

2. 利用数据传送指令编写程序实现以下功能。

设有 8 盏灯，当 I0.0 接通时，全部灯亮；当 I0.1 接通时，奇数灯亮；当 I0.2 接通时，偶数灯亮；当 I0.3 接通时，全部灯灭，如图 4-18 所示。

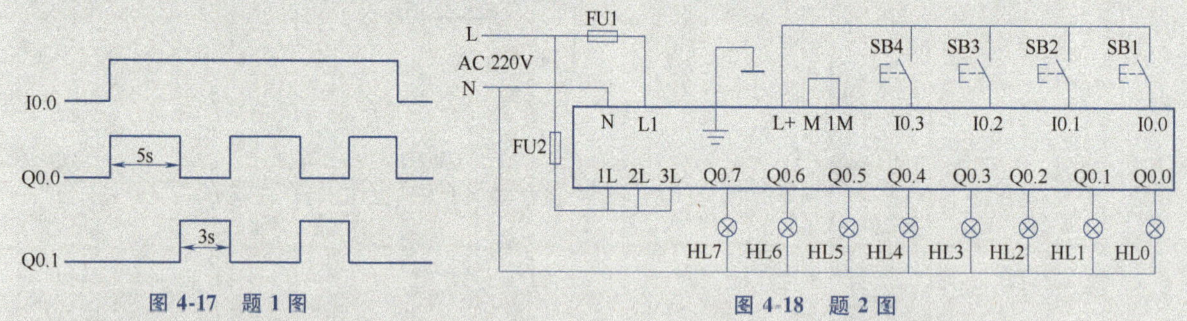

图 4-17 题 1 图

图 4-18 题 2 图

3. 利用比较指令编写程序实现以下功能。

设传送带输送工件，数量为 20 个。连接 I0.0 端子的光电传感器对工件进行计数。当计件数量小于 15 时，指示灯常亮；当计件数量等于或大于 15 时，指示灯闪烁；当计件数量为 20 时，10s 后传送带停止，同时指示灯熄灭，如图 4-19 所示。

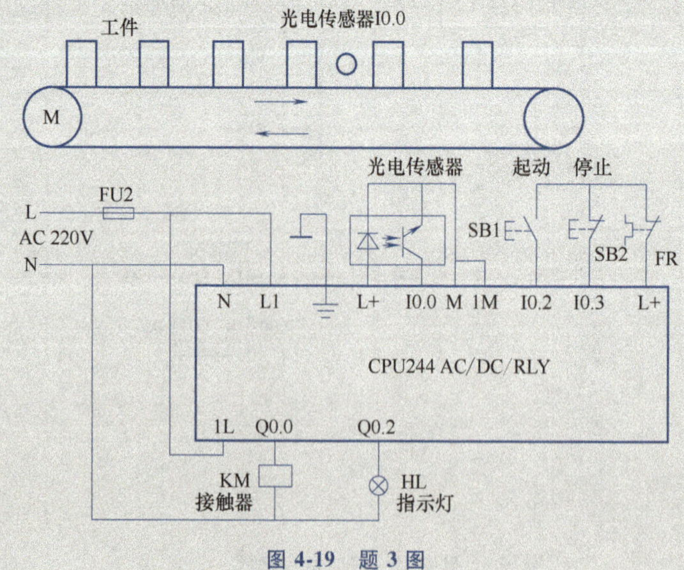

图 4-19 题 3 图

4. 利用移位指令编写程序实现以下功能。

有八盏彩灯，当合上运行开关（SB1）时，八盏彩灯从左向右以 1s 的间隔逐个点亮，并循环。断开运行开关（SB1）时，系统停止工作。

实践中常见问题解析

在 S7-200 SMART PLC 中，使用传送指令和移位指令时，可能会遇到的一些常见问题及其解决方法如下：

（1）指令参数设置错误

1）确保传输的位数和移位的方向正确。

2）检查使用的是正确的传输指令和移位指令。

（2）数据类型不匹配　确保传输的数据类型与目标数据类型相兼容。

（3）溢出/下溢

1）检查数据是否在处理前已经超出预期的范围。

2）使用适当的保护位（如溢出/下溢保护位）来处理溢出/下溢情况。

（4）错误的操作数地址　确保操作数的地址指向正确的数据存储区域。

（5）硬件资源不足　确保有足够的硬件资源（如内存、通信模块等）来执行指令。

解决这些问题通常需要检查程序逻辑、参数设置、硬件资源和系统配置。如果问题复杂，可能需要参考 S7-200 SMART PLC 的用户手册或者联系技术支持。

项目二 功能指令及其应用

任务五 四层电梯控制

知识目标

- 了解垂直升降电梯的结构与工作原理。
- 熟悉曳引机的结构与工作原理。
- 熟悉电磁抱闸制动原理。
- 熟悉自动开、关门系统的电气控制线路及工作原理。
- 熟悉基本逻辑指令 OLD、ALD、EU、ED。

能力目标

- 掌握基本逻辑指令 OLD、ALD、EU、ED 的应用方法。
- 掌握四层电梯控制系统的 PLC 编程方法和技巧。
- 能独立完成四层电梯控制系统的 PLC 外部接线与调试。
- 能应用 PLC 技术实现多层电梯的控制。

职业能力

- 熟知安全与操作规范，能够按照规程、规范、标准和设计要求完成控制系统的安装、接线与调试。
- 能够用仪表对电气设备、元件、线路等进行检测，并对其可靠性、灵敏度等做出正确判断，保证其正常运行。
- 培养学生敬业爱岗、团结协作等良好的职业习惯。

子任务一 曳引机的 PLC 控制

任务要求

两层电梯（曳引机）的控制要求为：1 楼门厅设有向上呼梯按钮 SB1，2 楼门厅设有向下呼梯按钮 SB2。上电后轿厢停于 1 楼，1 楼位置开关 SQ1 接通，1 楼指示灯点亮。当有人在 2 楼按下按钮 SB2 时，轿厢上升，1 楼指示灯熄灭，上升指示灯点亮；升至位置开关 SQ2 时轿厢停止，上升指示灯熄灭，2 楼指示灯点亮。当有人在 1 楼按下按钮 SB1 时轿厢下降，2 楼指示灯熄灭，下降指示灯点亮；降至位置开关 SQ1 时轿厢停止，下降指示灯熄灭，1 楼指示灯点亮。

知识准备

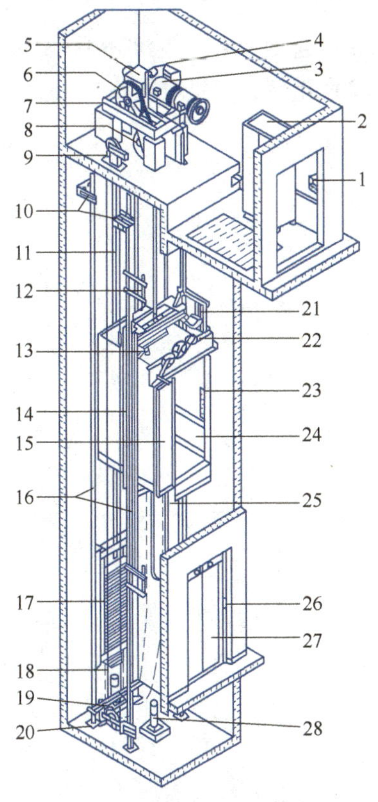

图 5-1　垂直升降电梯的结构

1—电源开关　2—电气控制柜　3—曳引机　4—抱闸　5—减速器　6—曳引轮　7—曳引机机座　8—导向轮　9—限速器　10—导轨支架　11—曳引钢丝绳　12—开关碰铁　13—紧急终端开关　14—轿厢架　15—轿厢门　16—导轨　17—对重装置　18—补偿链　19—补偿链导轮　20—张紧装置　21—井道传感器　22—开门机　23—轿厢内操控面板　24—轿厢壁　25—随行电缆　26—轿厢外呼梯面板　27—厅门　28—缓冲器

电梯是随着高层建筑的兴建而发展起来的一种垂直运输工具。随着科技水平的发展和计算机技术的广泛应用，人们对电梯的安全性的要求越来越高，继电器控制的弱点日渐显露。目前电梯的继电器控制方式已逐渐被 PLC 控制代替。

一、垂直升降电梯的结构和工作原理

垂直升降电梯主要由曳引机、导轨、对重装置、安全装置（如限速器、张紧装置、紧急终端开关和缓冲器等）、信号操控系统、轿厢与厅门等组成，如图 5-1 所示。电梯的工作原理是动力电能通过电气控制线路向曳引机供电，曳引机旋转带动钢丝绳拉动电梯井内的轿厢做上下运动。

二、曳引机的结构与工作原理

曳引机是电梯的动力设备，又称电梯主机，其功能是输送与传递动力使电梯运行，它由电动机、制动器（又称抱闸）、联轴器、减速器、曳引轮、机架和导向轮及附属盘车手轮等组成。曳引钢丝绳通过曳引轮一端连接轿厢，另一端连接对重装置。轿厢与对重装置的重力使曳引钢丝绳压紧并在曳引轮槽内产生摩擦力。电动机转动时带动曳引轮转动，驱动钢丝绳，拖动轿厢和对重装置做相对运动，即轿厢上升、对重装置下降，对重装置上升、轿厢下降。因此，轿厢在井道中沿导轨上、下往复运行，执行垂直运送任务。为使轿厢与对重装置各自沿井道中的导轨运行而不相蹭，会在曳引机上设置导向轮使二者分开。

根据驱动电动机的类型，可将曳引机分为直流曳引机和交流曳引机两类。图 5-2 所示为交流电动机正、反转控制电气原理，其中 KM1 控制电动机的正转，KM2 控制电动机的反转。

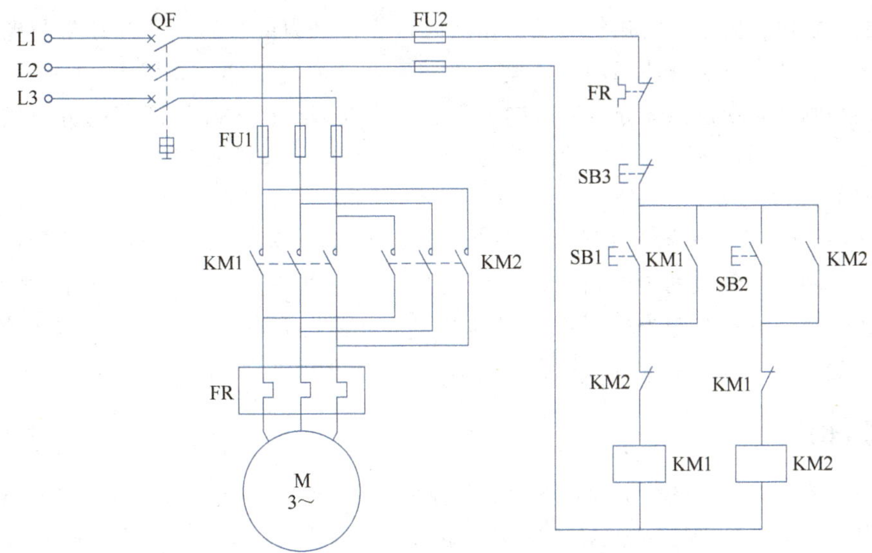

图 5-2　交流电动机正、反转控制电气原理

电路工作原理如下。

1）起动：合上电源开关 QF。

2）正转：

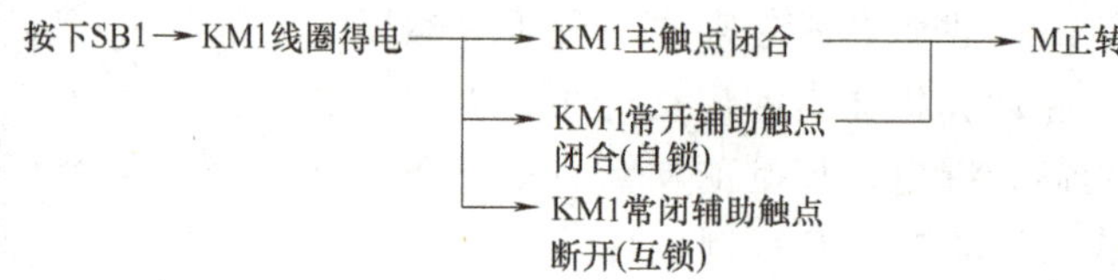

3）正转停止：

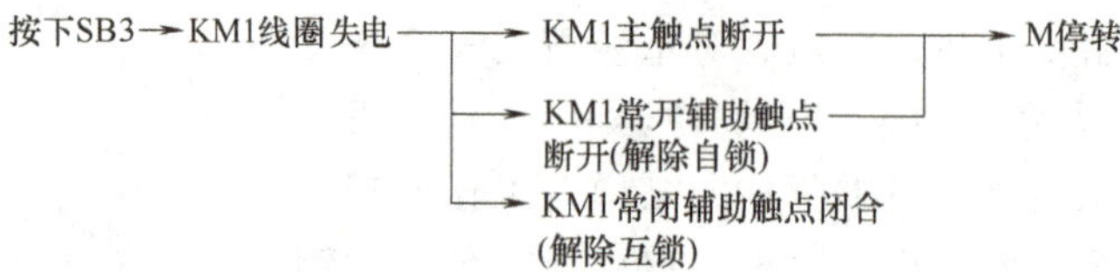

4）反转：

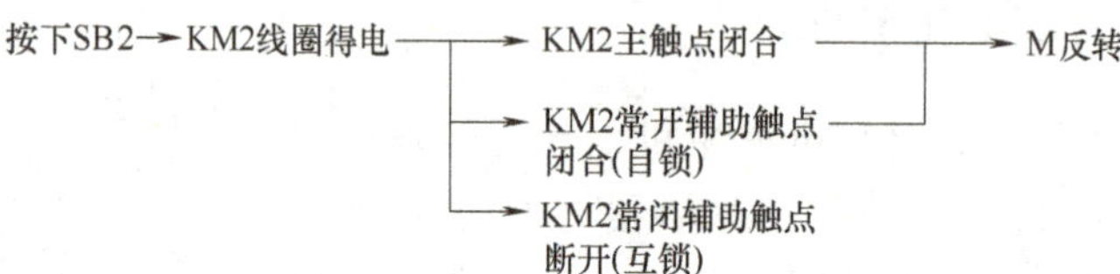

5）反转停止：

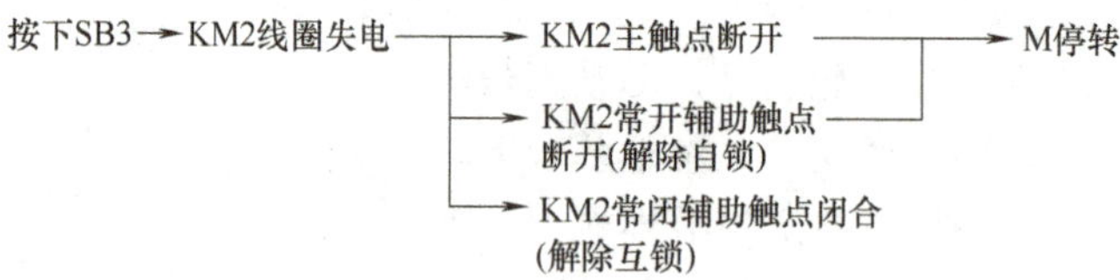

三、曳引机的制动控制

制动器是电梯重要的安全装置，是保证电梯安全运行的重要装置之一。制动器的作用是让运行中的电梯在断电时确保轿厢停止运动。电梯停止运行时，制动器应能保证在125%的额定载荷情况下，使轿厢保持静止（位置不变）。

电梯采用的是机电摩擦型常闭式制动器，制动时依靠机械力的作用，使制动带与曳引轮摩擦而产生制动力矩；运行时依靠电磁力使制动器松闸，因此又称电磁制动器。如图 5-3 所示，电磁制动器主要由制动电磁铁和闸瓦制动器两部分组成，制动电磁铁由铁心、衔铁和线圈三部分组成；闸瓦制动器包括闸轮、闸瓦、杠杆和弹簧等，其中的闸轮与电动机装在同一根转轴上。

制动原理如下：

合上电源开关 QF，当接触器 KM1（或 KM2）线圈得电时，KM1（或 KM2）主触点闭合，电动机接通电源的同时，制动电磁铁的线圈得电，衔铁吸合，克服弹簧的拉力使制动器的闸瓦与闸轮分离，电动机正常运转。当接触器线圈失电或断开电源开关，电动机失电，同时制动电磁铁的线圈也失电，衔铁在弹簧拉力的作用下与铁心分开，制动器的闸瓦下落并紧紧抱住闸轮，电动机停止转动。

任务分析

电梯的上、下运行动作由曳引机的正、反转控制实现。当曳引机正转时，接触器 KM1 工作，轿厢向上运动；当曳引机反转时，接触器 KM2 工作，轿厢向下运动。根据电梯的实际运行要求，电梯在上行过程中不能直接切换到下行，必须到达 2 楼平层后才能响应 1 楼呼叫，反之亦然。

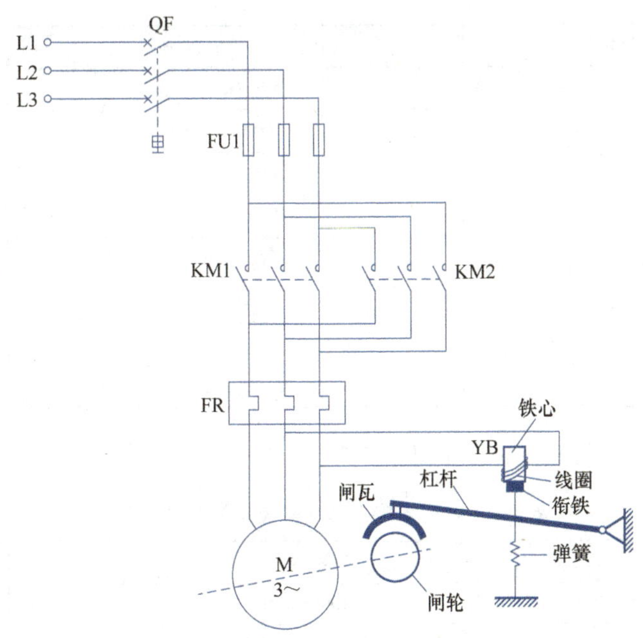

图 5-3　电磁抱闸制动器制动控制电气原理

任务实施

1. 准备元器件

1）单台电梯控制柜器材清单见表 5-1。

表 5-1　单台电梯控制柜器材清单

序号	器材名称	器材规格或型号	数量	单位
1	控制柜	800mm×600mm×1800mm	1	台
2	西门子 PLC	6ES7288-1SR60-0AA0	1	台
3	漏电保护器	4P/10A	1	个
4	空气开关	2P/6A	1	个
5	中间继电器	ARM4F-L/DC 24V	2	个
6	底座	PYF014A	2	个
7	交流接触器	LC1-D0610M5N	2	个
8	热继电器底座	LA7-D1064	1	个
9	热继电器	LR2-D1305N(2.5~4A)	1	个
10	相序保护继电器	XJ3-S	1	个
11	变压器	WDT	1	个
12	可调电阻器	50W/50Ω	1	个
13	保险丝座	RT14-20	5	个
14	开关电源	S-100-24	1	个
15	整流桥堆	KBPC610	1	个
16	急停按钮	C11	1	个
17	二位旋钮	D11A	1	个
18	接线端子排	RST 系列弹簧端子	1	个
19	钮子开关	KN32	48	个

（续）

序号	器材名称	器材规格或型号	数量	单位
20	插座	YD48K42Z	1	个
		YD40J31Z	1	个
		YD28K10Z	1	个
21	线路板	功能板	1	块
		继电器板	1	块
		电源板	1	块
22	电源线	4.5m	1	根
23	走线槽	35mm×35mm	6	个

2）单台高仿真电梯实物模型器材清单见表5-2。

表5-2 单台高仿真电梯实物模型器材清单

序号	器材名称	器材规格或型号	数量	单位
1	结构钢架	1000mm×900mm×2500mm	1	个
2	层门装置	370mm×310mm	4	套
3	轿门装置	370mm×310mm	1	套
4	轿架	700mm×600mm×160mm	1	个
5	安全钳	—	1	个
6	导靴	—	4	个
7	抱闸	—	1	套
8	对重装置	50kg	1	套
9	召唤盒	80mm×55mm×230mm	4	个
10	操作箱	100mm×55mm×260mm	1	个
11	空心导轨	TK3/2.5m	2	个
12	曳引机	YJ90	1	台
13	直流电动机	ZGB60FMi27.8/DC 24V/rpm:130	1	台
14	永磁感应器	YG-1	10	个
15	双稳态磁保开关	KCB-1	1	个
16	环形磁钢		8	个
17	限位开关	VM3-03N-40-U56	9	个
18	行程开关	JW2A-11H/L7H	2	个
19	接线端子排	TB-1510L	2	个
20	电梯按钮	DS-3	1	套
21	电梯锁	DS-3	1	个
22	钮子开关	KN32	1	个
23	走线槽	50mm×50mm	2.5	个
24	航空插座	YD48K42Z	1	个
		YD40J31Z	1	个
		YD28K10Z	1	个
25	航空电缆	48芯2m、31芯2m、10芯2m	各1	根
26	滑轮	L-023	10	个
27	钢丝绳夹头	U-3	2	个
		U-8	8	个

（续）

序号	器材名称	器材规格或型号	数量	单位
28	钢丝绳	ϕ6×3.4m	2	根
		ϕ3×12m	1	根
29	风扇	DC 24V	1	个
30	指示灯	DC 24V/10W	1	个
31	门安全传感器	对射式	3	个

3）配套工具清单见表 5-3。

表 5-3 曳引机的 PLC 控制系统配套工具清单

序号	名称	主要组成器件	数量	单位
1	电路连接工具	螺钉旋具、剥线钳、电工钳、尖嘴钳、斜口钳、试电笔、活动扳手、内外六角扳手等	1	套
2	检查工具	便携式万用表	1	个

2. 分配输入/输出点

根据任务要求分析可知，本任务的 I/O 分配见表 5-4。

表 5-4 曳引机的 PLC 控制系统 I/O 分配

输入(I)		输出(O)	
设备	端口编号	设备	端口编号
1 楼向上呼梯按钮 SB1	I0.0	1 楼指示灯 HL1	Q0.0
2 楼向下呼梯按钮 SB2	I0.1	2 楼指示灯 HL2	Q0.1
1 楼位置开关 SQ1	I0.2	电梯上行指示灯 HL3	Q0.2
2 楼位置开关 SQ2	I0.3	电梯上行指示灯 HL4	Q0.3
热继电器 FR	I0.4	轿厢上行控制 KM1	Q0.4
		轿厢下行控制 KM2	Q0.5

3. 绘制电气原理图

本任务的 PLC 外部接线如图 5-4 所示。

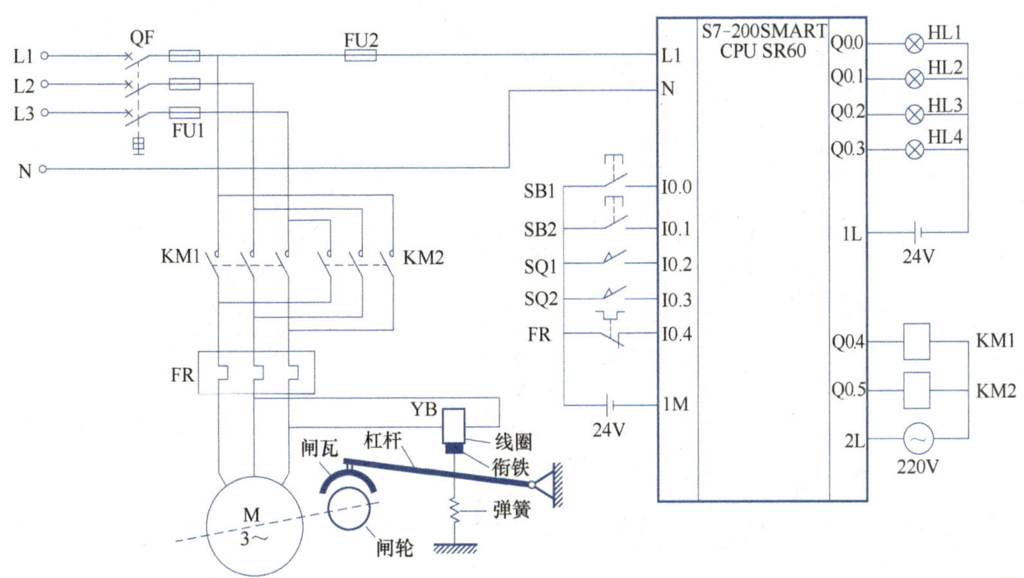

图 5-4 2 层电梯（曳引机）的 PLC 外部接线

4. 设置通信

1）检查硬件连接，若 PLC 上面的 LINK 灯常亮则表示连接成功。

2）检查计算机 IP 与 PLC 的 IP 是否在同一个网段。计算机 IP 地址的前三个字节与 CPU 的 IP 地址一致，后一个字节一般在 1~254，避免与网络中其他设备的 IP 地址重复。

3）打开编程软件，修改 PLC 类型。

4）单击“通信”按钮，选择网络接口，建立连接。

5. 编写程序

当有人在 2 楼按下 SB2（I0.1）时，曳引机正转，电梯上行；当有人在 1 楼按下按钮 SB1（I0.0）时，曳引机反转，电梯下行。具体程序如图 5-5 所示，考虑到 SM0.1、SB1 和 SB2 的时效性，程序中分别对应使用了 M0.0、M0.1 和 M0.2 辅助实现其功能。另外，设计中加入了互锁和过载保护，以确保曳引机的运行安全。

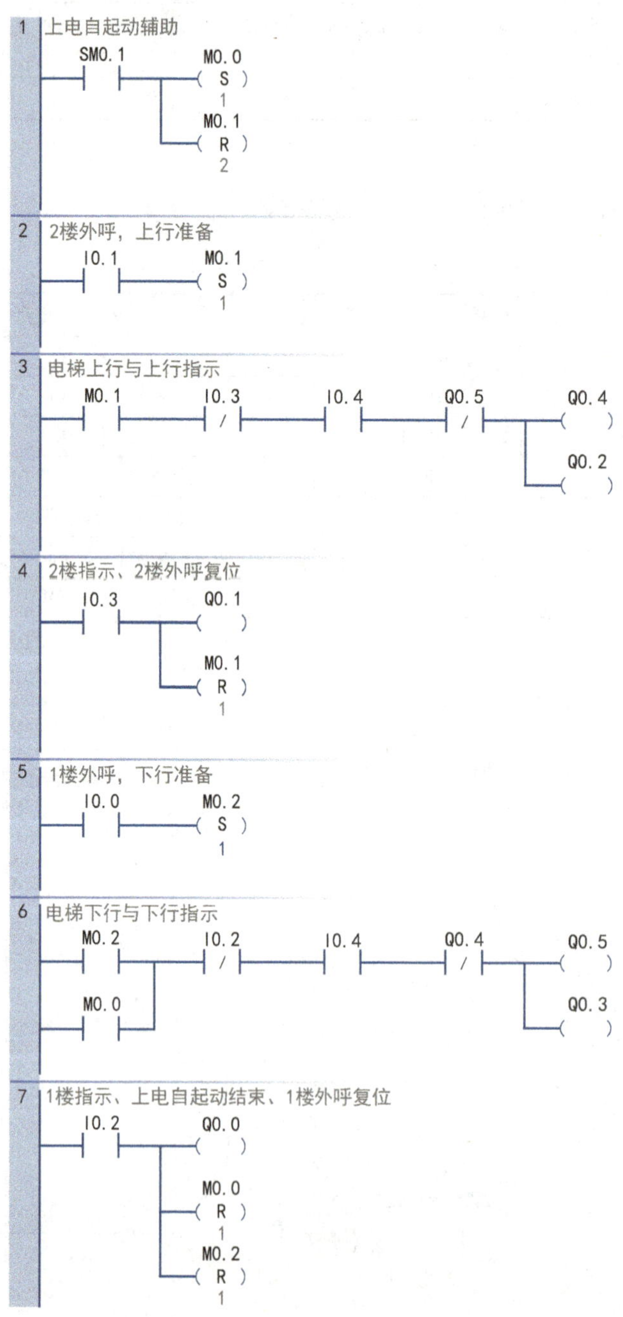

图 5-5 两层电梯（曳引机）PLC 控制梯形图

曳引机控制程序

需要注意的是，在图 5-4 所示的外部接线中 I0.4 连接的是热继电器的常闭触点，因此在梯形图中 I0.4 应使用常开触点，在程序监控中可观察到 I0.4 的常开触点在正常状态下处于接通状态。

6. 下载程序、运行系统

先输入程序并传送到 PLC，然后对程序进行运行和调试，观察程序是否符合控制要求。若不符合要求，则检查接线及 PLC 程序，直至电梯按要求运行。

具体调试过程如下。

1）上电自起动：上电后观察轿厢是否停于 1 楼，1 楼位置开关 SQ1 接通，1 楼指示灯点亮。

2）电梯上升：按下 2 楼外呼向下按钮 SB2，轿厢上升，1 楼指示灯熄灭，上升指示灯点亮；升至 SQ2 时轿厢停止，上升指示灯熄灭，2 楼指示灯点亮。

3）电梯下降：按下 1 楼外呼向上按钮 SB1，轿厢下降，2 楼指示灯熄灭，下降指示灯点亮；降至 SQ1 时轿厢停止，下降指示灯熄灭，1 楼指示灯点亮。

在调试过程中要注意的是，当电梯上升时按 SB1，电梯应继续上升到 2 楼时停止，然后开始下降；当电梯下降时按 SB2，电梯应继续下降到 1 楼时停止，然后开始上升。

7. 分析 PLC 的工作过程

1）上电自起动：PLC 上电瞬间 SM0.1 接通，M0.0 置位，M0.1 和 M0.2 复位。若轿厢不在 1 楼，I0.2 处于复位状态，M0.0 常开触点闭合，Q0.3 和 Q0.5 输出得电，电梯下降；当轿厢到达 1 楼平层时，I0.2 动作，I0.2 常闭触点断开，Q0.3 和 Q0.5 输出断电复位，轿厢停止下降，I0.2 常开触点闭合，Q0.0 输出得电，M0.0 复位。

2）电梯上升：按下 2 楼外呼向下按钮时，I0.1 动作，M0.1 置位，M0.1 常开触点闭合，为电梯上升做好准备。若当前电梯正在下降，Q0.5 输出处于得电动作状态，此时 Q0.5 常闭触点断开，Q0.2 和 Q0.4 输出无法得电，直到下降停止，Q0.5 输出断电，Q0.5 常闭触点恢复闭合，Q0.2 和 Q0.4 输出才能得电，电梯开始上升。若当前电梯处于 2 楼平层位置，I0.3 处于动作状态，此时 I0.3 常闭触点断开，Q0.2 和 Q0.4 输出无法得电；I0.3 常开触点闭合，Q0.1 输出得电，M0.1 复位，呼叫取消，电梯静止不动。当电梯处于静止状态且未处于 2 楼平层位置时，Q0.2 和 Q0.4 输出立即得电，电梯上升，当上升到 2 楼平层位置时，I0.3 动作，Q0.2 和 Q0.4 输出断电，Q0.1 输出得电，M0.1 复位，2 楼呼叫结束，电梯停止上升。

3）电梯下降过程与上升过程类似，可参考电梯上升过程自行分析。

任务评价

1. 检查内容

1）检查选择的元器件是否正常，熟悉各元器件功能及作用。

2）熟悉电气控制原理图，并列出 PLC 的 I/O 分配表。

3）检查电气线路安装是否合理及曳引机运行情况。

2. 评估策略（见表 5-5）

表 5-5 曳引机的 PLC 控制任务评价

任务内容	评估内容	评估标准	配分	学生自评	学生互评	教师评价
专业技能	知识点	理解电路控制要求及原理	10			
	元件选择与检测	硬件元器件型号选择正确、用万用表检测质量合格	5			
	合理分配 I/O	列出 I/O 端口，准确画出 PLC 控制 I/O 端口接线图	5			
	接线及布线工艺	按照原理图，正确、规范接线	10			
	梯形图设计	根据控制要求编写梯形图	20			
	程序检查与调试	传送、监控、调试程序	20			

（续）

任务内容	评估内容	评估标准	配分	学生自评	学生互评	教师评价
方法	自主学习能力	预习并做好课前准备	5			
	理解、总结能力	准确理解任务要求，善于总结	5			
	创新能力	选用新方法、新工艺效果好	5			
职业素养	团队协作能力	积极参与、小组协作	5			
	语言表达能力	观点表达清楚，展示效果好	5			
	安全操作能力	遵守安全操作规程	5			
合计			100			

子任务二　门电动机的PLC控制

任务要求

1楼门厅设有向上呼梯按钮，2楼门厅设有向下呼梯按钮。轿厢内设置了1/2楼内选楼层按钮和轿厢开/关门按钮，轿厢门设置了开门限位和关门限位信号。

1）上电后轿厢停于1楼，1楼平层开关SQ1接通，1楼指示灯点亮，轿厢门打开，延时5s后自动关闭。

2）当有人在2楼按下向下呼梯按钮时，轿厢上升，1楼指示灯熄灭，上升指示灯点亮；升至位置开关SQ2时轿厢停止，上升指示灯熄灭，2楼指示灯点亮，轿厢门打开。

3）当有人在1楼按下向上呼梯按钮时，轿厢下降，2楼指示灯熄灭，下降指示灯点亮；降至SQ1时轿厢停止，下降指示灯熄灭，1楼指示灯点亮，轿厢门打开。

4）电梯在运行中或轿厢未处于平层位置时，开门和关门按钮均不起作用，电梯已处于平层位置且轿厢停止运行后，按开门按钮轿厢开门，按关门按钮轿厢关门，若不按关门按钮，则开门5s后轿厢自动关门，电梯必须在电梯门完全关闭后才能运行。

知识准备

电梯门的作用是封闭每层电梯入口和轿厢入口，目的是保障安全，防止人跌落电梯井道或被井道设备伤害。

一、电梯门系统的组成

电梯门系统含门电动机和门机控制系统，是电梯的重要设备部件。门系统有层门（厅门）和轿厢门两部分。轿厢门（含门电动机、控制器、门刀等）安装在轿厢上，随轿厢一起上下移动，是主动门；层门安装在每层电梯的出入口处，是被动门。依据需要，井道在每层楼可设置一个或两个出入口，层门数与层站出入口相对应，每个层门均设有机械和电气联锁装置，确保层门打开时电梯不能运行。

二、电梯门系统的工作原理

电梯的门电动机是安装在轿厢门上的控制电梯门打开和关闭的传动装置。目前市场上普遍存在三种形式的电动机：永磁同步门电动机、交流门电动机和直流门电动机。图5-6所示为直流门电动机自动开关门系统电气原理。电梯门关闭时，继电器KA2得电动作，当门关闭至门宽度的2/3时，限位开关SQ1动作，电阻R2被短接一部分，流过R2中的电流增大，流过限流电阻R中的电流也随之增大，R两端的电压降上升，使得电动机MD电枢端电压下降。MD的转速随着端电压的降低而降低，关门速度减慢。当电梯门继续关闭直至限位开关SQ2动作时，电阻R2的大部分被短接，R上的电压降再次上升，MD的电枢端电压再次下降，MD的转速更低，关门速度更慢，直至电梯门完全关闭，关门限位开关动作，KA2 失电复位，MD 通过 R1 和 R2（SQ2 仍处于被接通状态，R2 阻值很小）进行快速能耗制动，迅速停车，至此关门过程结束。

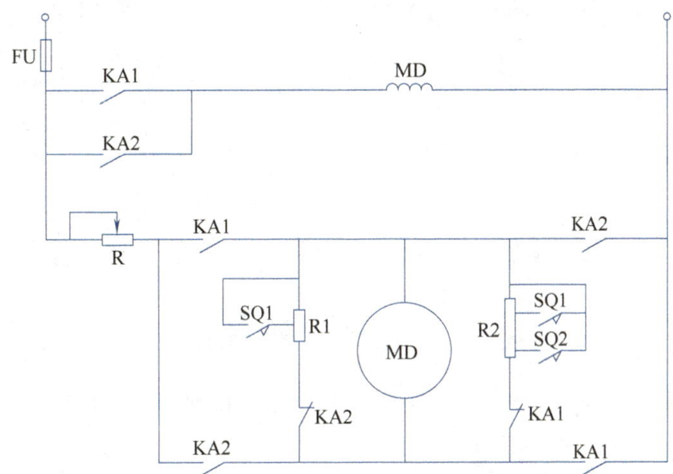

图 5-6　直流门电动机自动开关门系统电气原理图

电梯开门过程由继电器 KA1 控制，其原理与上述关门过程基本一致。

三、PLC 基本逻辑指令

1. 或块指令

或块（OLD）指令是串联电路块的并联连接指令。两个或两个以上的接点串联连接的电路称为串联电路块。串联电路块并联连接时，分支开始用 LD、LDN 指令，分支结束用 OLD 指令，如图 5-7 所示。

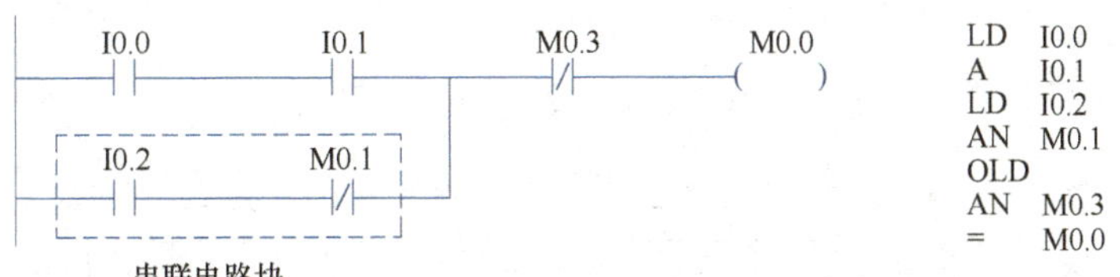

图 5-7　或块指令的应用

2. 与块指令

与块（ALD）指令是并联电路块的串联连接指令。两个或两个以上的接点并联连接的电路称为并联电路块，分支电路并联电路块与前面电路串联连接时，分支的起点用 LD、LDN 指令，并联电路结束后，使用 ALD 指令与前面电路串联连接，如图 5-8 所示。

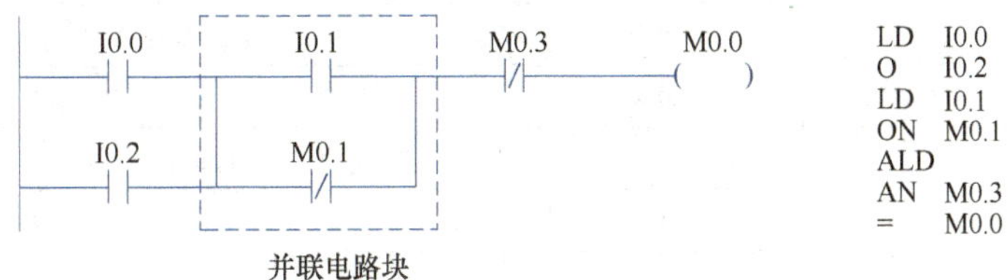

图 5-8　与块指令的应用

3. 边沿脉冲指令

上升沿脉冲（EU）指令的作用是检测指定位元件的上升沿（即 OFF 到 ON 变化），产生一个扫描周期的脉冲，其指令格式为：┤P├。

下降沿脉冲（ED）指令的作用是检测指定位元件的下降沿（即 ON 到 OFF 变化），产生一个扫描周期的脉冲，其指令格式为：┤N├。

边沿脉冲指令的动作时序图如图 5-9 所示。

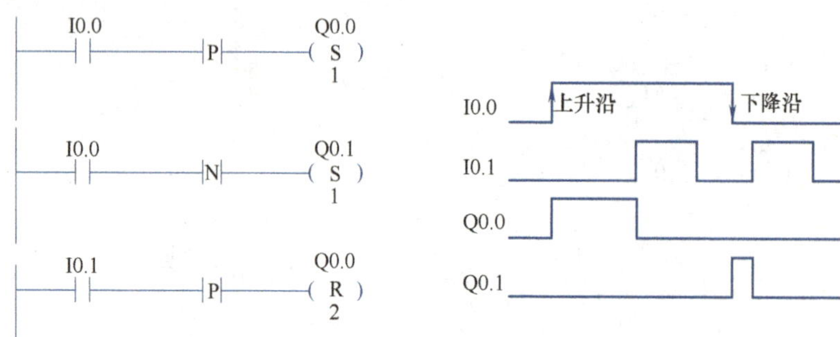

图 5-9 边沿脉冲指令的动作时序图

OLD、ALD、EU 和 ED 指令均为无目标元件指令，其步长都为一个程序步。

任务分析

电梯的上、下运行由曳引机正、反转拖动，正转时接触器 KM1 工作，反转时接触器 KM2 工作。轿厢和厅门的开与关通过门电动机的正转与反转控制实现，开门由继电器 KA1 控制，关门由继电器 KA2 控制。在电梯运行中或轿厢未处于平层位置时，开门和关门按钮均不起作用，电梯必须在电梯门完全关闭后才能运行。

任务实施

1. 准备元器件

器材清单见表 5-1~表 5-3。

2. 分配输入/输出点

根据任务要求分析可知，本任务的 I/O 分配见表 5-6。

表 5-6 门电动机的 PLC 控制系统 I/O 分配

输入(I)		输出(O)	
设备	端口编号	设备	端口编号
1 楼向上呼梯按钮 SB1	I0. 0	1 楼指示灯 HL1	Q0. 0
2 楼向下呼梯按钮 SB2	I0. 1	2 楼指示灯 HL2	Q0. 1
内选 1 楼按钮 SB3	I0. 2	电梯上行指示灯 HL3	Q0. 2
内选 2 楼按钮 SB4	I0. 3	电梯上行指示灯 HL4	Q0. 3
开门按钮 SB5	I0. 4	开门控制 KA1	Q0. 4
关门按钮 SB6	I0. 5	关门控制 KA2	Q0. 5
热继电器 FR	I0. 6	轿厢上行控制 KM1	Q1. 0
1 楼平层开关 SQ1	I0. 7	轿厢下行控制 KM2	Q1. 1
2 楼平层开关 SQ2	I1. 0		
开门限位 SQ3	I1. 1		
关门限位 SQ4	I1. 2		

3. 绘制电气原理图

两层电梯控制系统的 PLC 外部接线如图 5-10 所示，本任务提供的门电动机为 24V 直流电动机，中间继电器的额定电压为 DC 24V。

4. 设置通信

1）检查硬件连接，若 PLC 上面的 LINK 灯常亮则表示连接成功。

2）检查计算机 IP 与 PLC 的 IP 是否在同一个网段。计算机 IP 地址的前三个字节同 CPU 的 IP 地址一致，后一个字节一般在 1~254，避免与网络中其他设备的 IP 地址重复。

3）打开编程软件，修改 PLC 类型。

4）单击“通信”按钮，选择网络接口，建立连接。

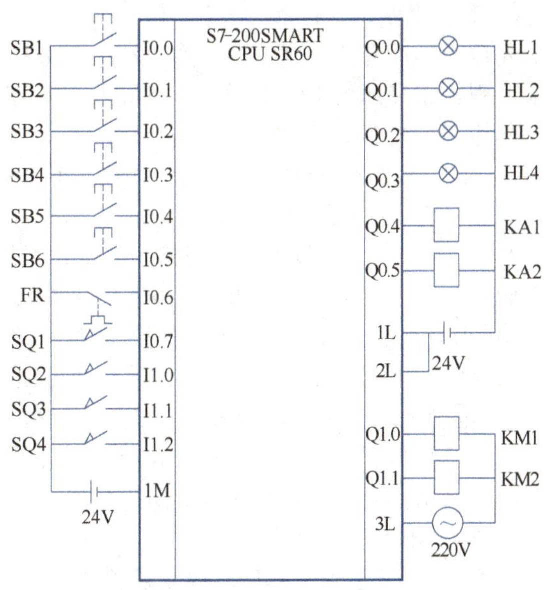

图 5-10　两层电梯控制系统的 PLC 外部接线

5. 编写程序

为确保电梯运行安全，在上电时应检查电梯门是否关闭，确认门关闭后轿厢才能开始上行或下行。图 5-11 为电梯门电动机的 PLC 控制程序，其中 M0.0 是上电自动检测电梯门是否关闭的辅助继电器。曳引机和指示灯的 PLC 控制程序可参考图 5-5 所示程序设计完成。

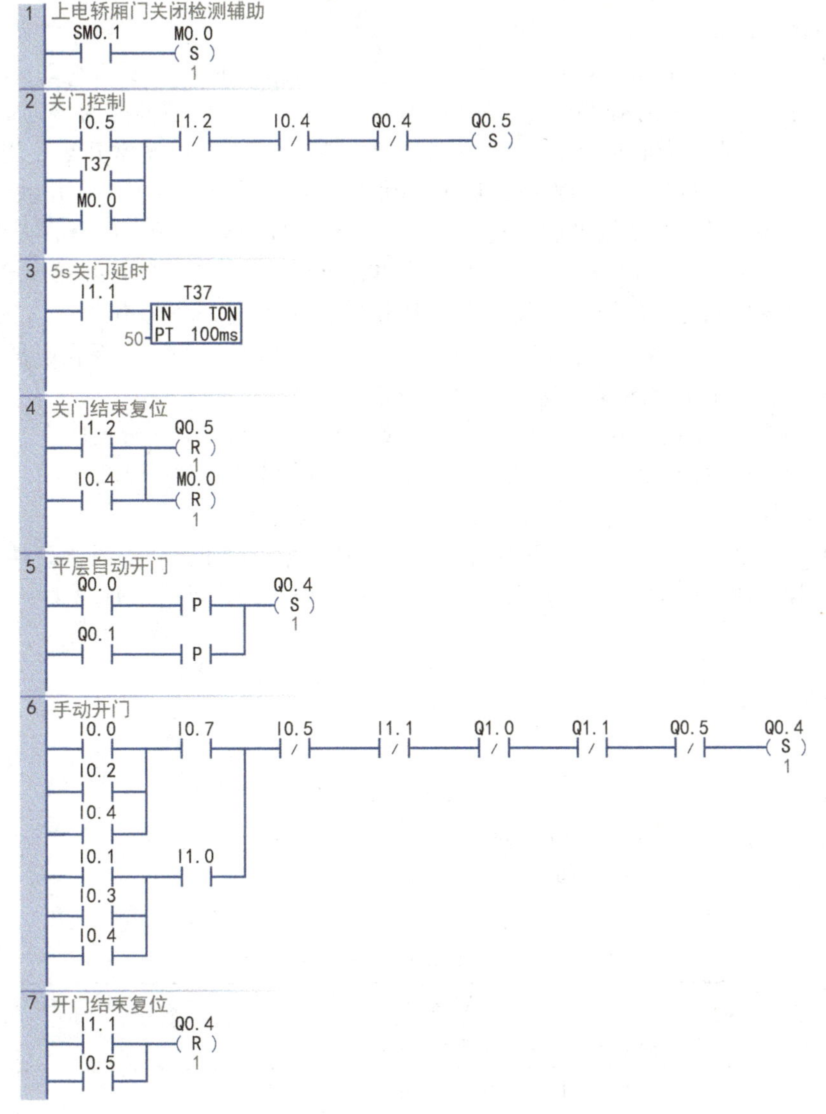

图 5-11　电梯门电动机的 PLC 控制程序

电梯门电动机控制程序

6. 下载程序、运行系统

先输入程序并传送到PLC，然后对程序进行运行和调试，观察程序是否符合控制要求。若不符合要求，则检查接线及PLC程序，直至电梯按要求运行。

具体调试过程如下。

1）上电后观察：电梯门关闭，轿厢停于1楼，1楼平层开关SQ1接通，1楼指示灯点亮，轿厢门打开，延时5s后自动关闭。

2）当有人在2楼按下向下呼梯按钮时，轿厢上升，1楼指示灯熄灭，上升指示灯点亮；升至SQ2时轿厢停止，上升指示灯熄灭，2楼指示灯点亮，轿厢门打开。

3）当有人在1楼按下向上呼梯按钮时，轿厢下降，2楼指示灯熄灭，下降指示灯点亮；降至SQ1时轿厢停止，下降指示灯熄灭，1楼指示灯点亮，轿厢门打开。

4）电梯在运行中或轿厢未处于平层位置时，开门和关门按钮均不起作用，电梯已处于平层位置且轿厢停止运行后，按开门按钮轿厢开门，按关门按钮轿厢关门，若不按关门按钮，则开门5s后轿厢自动关门，电梯必须在电梯门完全关闭后才能运行。

7. 分析PLC工作过程

图5-11中门电动机的PLC控制过程如下。

1）上电检测：PLC上电瞬间，SM0.1接通，M0.0置位，M0.0常开触点闭合。若轿厢门未关闭，则I1.2处于复位状态，Q0.5输出得电，电梯关门。当关门限位I1.2动作时，I0.2常闭触点断开，Q0.5输出断电复位，关门结束，I1.2常开触点闭合，M0.0复位。

2）开门控制：（自动）当电梯运动到1楼（或2楼）平层位置时，1楼（或2楼）指示灯对应的Q0.0（或Q0.1）输出得电，程序监测到Q0.0（或Q0.1）常开触点由断开变为接通时，Q0.4输出置位，电梯自动开门。（手动）当电梯处于1楼平层位置时，I0.7动作，I0.7常开触点闭合，此时按下1楼向上呼梯按钮、内选1楼按钮或开门按钮，I0.0、I0.2或I0.4动作，对应的常开触点闭合，Q0.4输出置位，电梯开门；当电梯处于2楼平层位置时，I1.0动作，I1.0常开触点闭合，此时按下2楼向下呼梯按钮、内选2楼按钮或开门按钮，I0.1、I0.3或I0.4动作，对应的常开触点闭合，Q0.4输出置位，电梯开门。当电梯门到达开门限位或按下关门按钮时，I1.1或I0.5动作，I1.1或I0.5常开触点闭合，Q0.4输出复位，开门结束。当I1.1动作时，T37开始计时5s。为了确保在电梯运行中开门按钮失效，手动开门控制程序中串联连接了Q1.0和Q1.1常闭触点。

3）关门控制：按下关门按钮或T37延时5s时间到，I0.5或T37常开触点闭合，Q0.5输出置位，电梯关门。当电梯门到达关门限位或按下开门按钮时，I1.2或I0.4动作，I1.2或I0.4常开触点闭合，Q0.5输出复位，关门结束。

在关门控制Q0.5输出的程序段中未添加电梯上下行时按关门按钮无效的限制条件，是因为电梯门必须完全关闭后电梯才能执行上下行动作，即关门限位必须处于动作状态，I1.2常闭触点处于断开状态，Q0.5无法置位。

任务评价

1. 检查内容

1）检查选择的元器件是否正常，熟悉各元器件功能及作用。

2）熟悉电气控制原理图，并列出PLC的I/O分配表。

3）检查电气线路安装是否合理及两层电梯运行情况。

2. 评估策略（见表5-7）

表5-7 门电动机的PLC控制任务评价

任务内容	评估内容	评估标准	配分	学生自评	学生互评	教师评价
专业技能	知识点	理解电路控制要求及原理	10			
	元件选择与检测	硬件元器件型号选择正确、用万用表检测质量合格	5			

（续）

任务内容	评估内容	评估标准	配分	学生自评	学生互评	教师评价
专业技能	合理分配 I/O	列出 I/O 端口，准确画出 PLC 控制 I/O 端口接线图	5			
	接线及布线工艺	按照原理图，正确、规范接线	10			
	梯形图设计	根据控制要求编写梯形图	20			
	程序检查与调试	传送、监控、调试程序	20			
方法	自主学习能力	预习并做好课前准备	5			
	理解、总结能力	准确理解任务要求，善于总结	5			
	创新能力	选用新方法、新工艺效果好	5			
职业素养	团队协作能力	积极参与、小组协作	5			
	语言表达能力	观点表达清楚，展示效果好	5			
	安全操作能力	遵守安全操作规程	5			
合计			100			

子任务三　四层电梯的 PLC 控制

任务要求

四层电梯内外呼梯信号如图 5-12 所示，在每层楼的门厅均设置外呼梯信号，1 楼厅门外设置了向上呼梯信号，2 楼和 3 楼设置了向上、向下两个呼梯信号，4 楼设置了向下呼梯信号。轿厢内设置 1～4 楼内选楼层信号和轿厢开/关门信号。每一层楼均需设置一个平层信号用于轿厢的平层位置停靠。考虑到电梯运行安全，在 1 楼和 4 楼分别设置了轿厢下限位和上限位信号，轿厢门设置了开门限位和关门限位信号。

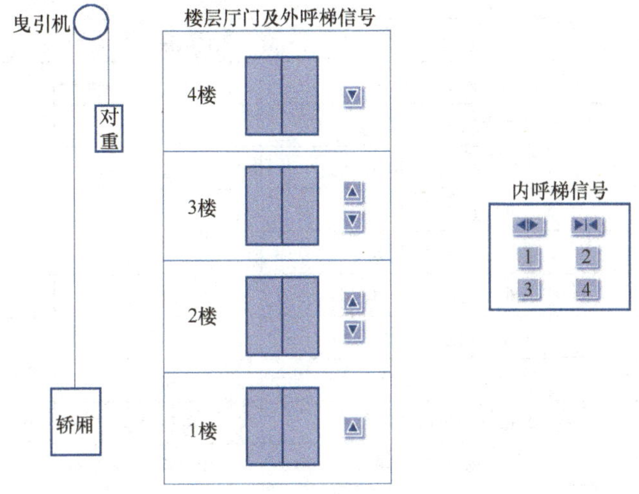

图 5-12　四层垂直升降电梯模拟控制系统

具体控制要求如下：

1）电梯初始运行时，若轿厢门未关闭，则发出关门信号，直至轿厢门完全合上。若轿厢未处于任意平层位置，则电梯自动下降到最近的平层位置。

2）当有外呼（或内呼）电梯信号到来时，轿厢响应该呼梯信号。到达该楼层时，轿厢停止运行，轿厢门打开，延时 5s 后自动关闭。

3）在轿厢运行（上升或下降）途中，任何反方向（下降或上升）的外呼梯信号均不响应。但如果反方向外呼梯信号前无其他内、外呼梯信号需要处理时，则电梯响应该外呼梯信号。例如，电梯轿厢在 1 楼，将要运行到 3 楼，在运行过程中可以响应 2 楼向上的外呼梯信号，但不响应 2 楼向下的外呼梯信号。当电梯到达 3 楼，如果 4 楼没有任何呼梯信号，则电梯可以响应 3 楼向下的外呼梯信号。否则，电梯将继续运行至 4 楼，然后向下运行响应 3 楼向下的外呼梯信号。

4）电梯具有最远反向外呼梯功能。例如，电梯轿厢在 1 楼，同时有 2 楼、3 楼、4 楼向下外呼梯信号，则电梯轿厢先运行到 4 楼，响应 4 楼向下的外呼梯信号。

5）电梯在运行中或轿厢未处于平层位置时，开门和关门按钮均不起作用，电梯已平层且轿厢停止运行后，按开门按钮轿厢开门，按关门按钮轿厢关门，若不按关门按钮，则开门 5s 后轿厢自动关门，电梯必须在电梯门完全关闭后才能运行。

6）轿厢外呼、内选以及平层信号均有指示灯显示。例如，电梯轿厢在 1 楼，将要运行到 4 楼，此时有 2 楼向上的外呼梯信号和 2 楼向下的外呼梯信号。当到达 2 楼时，向上的外呼指示灯熄灭，向下的外呼指示灯则保持亮的状态。

任务分析

电梯的垂直升、降通过曳引电动机的正、反转控制实现，其中，正转由接触器 KM1 控制，反转由接触器 KM2 控制。轿厢和厅门的开与关通过 24V 直流门电动机的正转与反转控制实现，开门由继电器 KA1 控制，关门由继电器 KA2 控制。曳引机与门电动机不能同时工作，电梯的上下行不能同时工作，电梯门的开与关也不能同时工作，电梯各个动作的切换必须在某一平层时完成。

任务实施

1. 准备元器件

器材清单见表 5-1~表 5-3。

2. 分配输入/输出点

由任务要求分析可知，本任务的 I/O 分配见表 5-8。

表 5-8 四层电梯的 PLC 控制系统 I/O 分配

输入(I)		输出(O)	
设备	端口编号	设备	端口编号
1 楼外呼向上按钮 SB1	I0.0	1 楼外呼向上指示灯 HL1	Q0.0
2 楼外呼向下按钮 SB2	I0.1	2 楼外呼向下指示灯 HL2	Q0.1
2 楼外呼向上按钮 SB3	I0.2	2 楼外呼向上指示灯 HL3	Q0.2
3 楼外呼向下按钮 SB4	I0.3	3 楼外呼向下指示灯 HL4	Q0.3
3 楼外呼向上按钮 SB5	I0.4	3 楼外呼向上指示灯 HL5	Q0.4
4 楼外呼向下按钮 SB6	I0.5	4 楼外呼向下指示灯 HL6	Q0.5
轿厢开门按钮 SB7	I0.6	轿厢开门控制 KA1	Q0.6
轿厢关门按钮 SB8	I0.7	轿厢关门控制 KA2	Q0.7
内选 1 楼按钮 SB9	I1.0	内选 1 楼指示灯 HL7	Q1.0
内选 2 楼按钮 SB10	I1.1	内选 2 楼指示灯 HL8	Q1.1
内选 3 楼按钮 SB11	I1.2	内选 3 楼指示灯 HL9	Q1.2
内选 4 楼按钮 SB12	I1.3	内选 4 楼指示灯 HL10	Q1.3
轿厢下降限位控制信号开关 SQ1	I1.4	轿厢上行控制 KM1	Q1.4
1 楼平层信号开关 SQ2	I1.5	轿厢下行控制 KM2	Q1.5
2 楼平层信号开关 SQ3	I1.6		
3 楼平层信号开关 SQ4	I1.7		
4 楼平层信号开关 SQ5	I2.0		
轿厢上升限位控制信号开关 SQ6	I2.1		
轿厢开门限位信号开关 SQ7	I2.2		
轿厢关门限位信号开关 SQ8	I2.3		

3. 绘制电气原理图

四层电梯控制系统的 PLC 外部接线如图 5-13 所示。

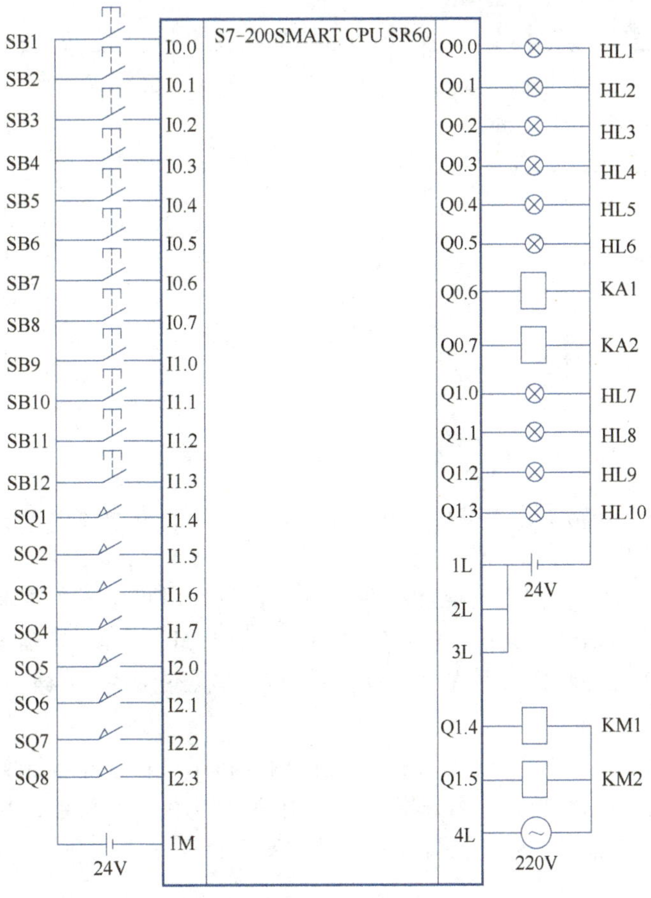

图 5-13　四层电梯控制系统的 PLC 外部接线

4. 设置通信

1）检查硬件连接，若 PLC 上面的 LINK 灯常亮则表示连接成功。

2）检查计算机 IP 与 PLC 的 IP 是否在同一个网段。计算机 IP 地址的前三个字节与 CPU 的 IP 地址一致，后一个字节一般在 1~254 之间，避免与网络中其他设备的 IP 地址重复。

3）打开编程软件，修改 PLC 类型。

4）单击“通信”按钮，选择网络接口，建立连接。

5. 编写程序

根据四层电梯运行控制要求，可以把程序分解成以下几个部分：

1）上电检测。上电后要求系统自动检测电梯门是否关闭，是否处于某一平层位置，若是则电梯静止待命，否则自动按要求调整，其程序如图 5-14 所示，图中 M1.0 为初始状态关门辅助继电器，M1.1 为初始时下行辅助继电器。

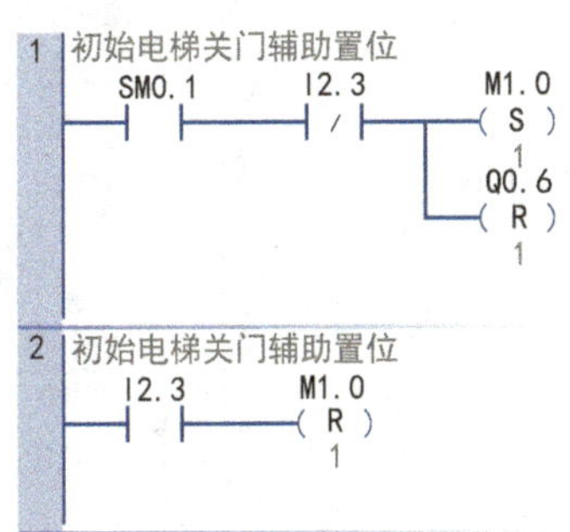

图 5-14　系统初始状态 PLC 控制梯形图

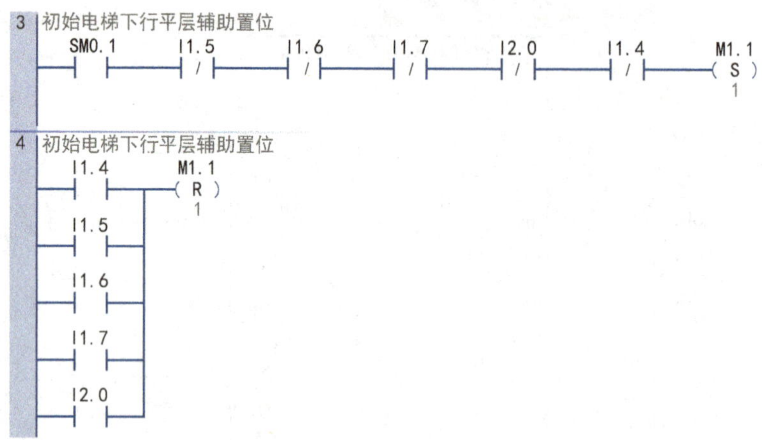

四层电梯控制程序

图 5-14 系统初始状态 PLC 控制梯形图（续）

2）各楼层上下外呼电梯指示。当电梯未处于平层位置或运行方向与该楼层外呼梯方向相反时，该楼层呼梯灯保持常亮；当电梯已处于平层位置且运行方向与该楼层外呼梯方向一致时，呼梯灯熄灭。其梯形图如图 5-15 所示，因指示灯只有亮和灭两种状态，编程时可根据其控制条件，采用起-保-停电路的编程方法完成相应输出信号的编程，可利用电梯上行辅助 M0.0 和下行辅助 M0.1 的常开与常闭触点构成的串联连接支路实现外呼梯信号在电梯反向运行时的状态保持，1 楼和 4 楼无须判断电梯是否反向运行。

3）轿厢内部选层指示。按下内选楼层后，对应的内选指示灯在电梯运行期间保持常亮，直到电梯到达相应楼层时，对应的指示灯熄灭。内选指示灯控制程序如图 5-16 所示，采用起-保-停电路设计实现其功能，起动信号为内选信号，停止信号为对应楼层平层信号。

图 5-15 外呼梯指示灯 PLC 控制梯形图

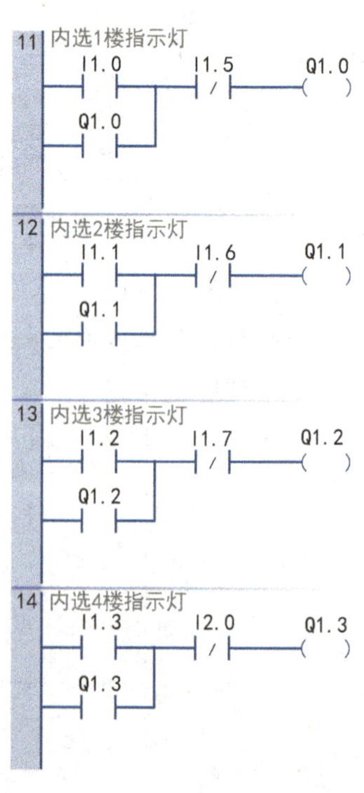

图 5-16 轿厢内选指示灯 PLC 控制梯形图

4）轿厢开、关门控制。电梯在上、下行过程中，收到任意一个楼层的内选或外呼梯信号时，轿厢均需完成平层及开、关门动作，程序如图 5-17 和图 5-18 所示。轿厢的开、关门由门电动机的正、反转控制实现，在编程过程中应有互锁保护。由于在电梯运行过程中轿厢门不能打开，因此在开门程序中也应设置必要的保护。

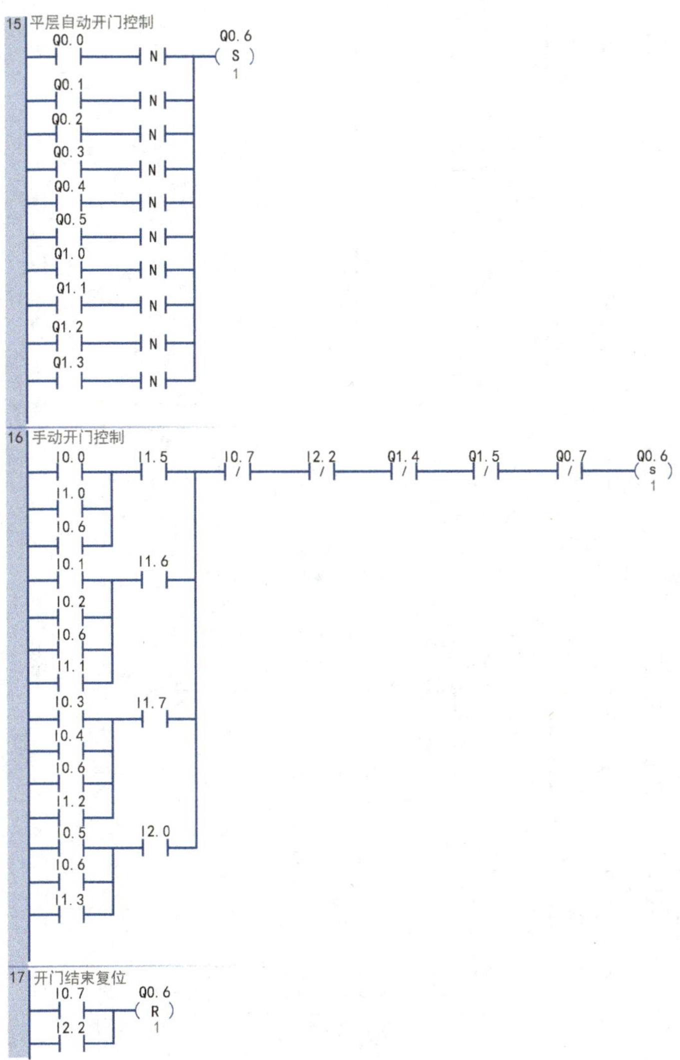

图 5-17　轿厢开门 PLC 控制梯形图

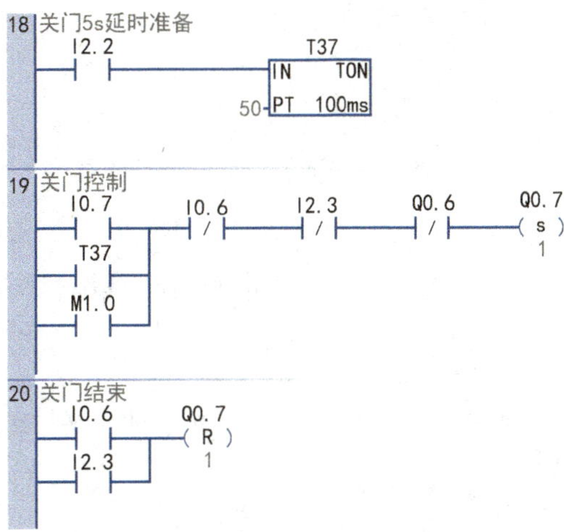

图 5-18　轿厢关门 PLC 控制梯形图

5）电梯上、下行控制。电梯具有最远反向外呼梯功能，因此在编程时应考虑呼梯信号作用的先后顺序。电梯的上、下行通过曳引机的正、反转控制拖动，在编程过程中需加入互锁保护。图 5-19 所示为电梯上行 PLC 控制梯形图，图 5-20 所示为电梯下行 PLC 控制梯形图。

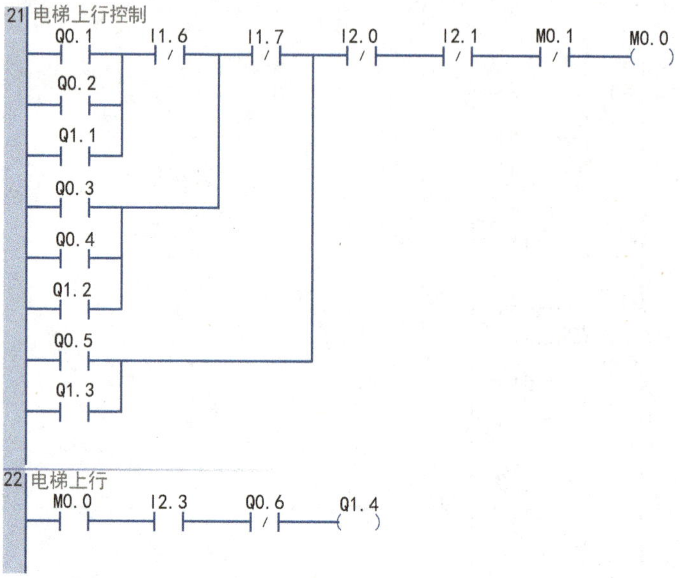

图 5-19　电梯上行 PLC 控制梯形图

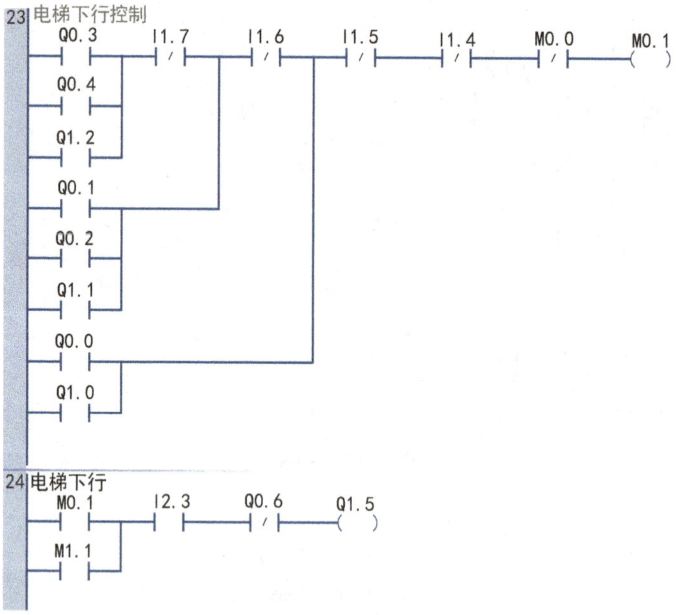

图 5-20　电梯下行 PLC 控制梯形图

6. 下载程序、运行系统

先输入程序并传送到 PLC，然后对程序进行运行和调试，观察程序是否符合控制要求。若不符合要求，则检查接线及 PLC 程序，直至电梯按要求运行。

具体调试过程如下。

1）PLC 上电后观察电梯门是否完全合上，轿厢是否处于某一平层位置。

2）内呼电梯信号功能调试。

①按下开门按钮，轿厢门打开；按下关门按钮，轿厢门关闭。

②按下内选 1 楼按钮，若轿厢不在 1 楼，内选 1 楼指示灯点亮，电梯下行。电梯下降到 1 楼后，

内选 1 楼指示灯熄灭，轿厢门自动打开，延时 5s 后关闭。若轿厢在 1 楼，则内选 1 楼指示灯不亮，但轿厢门会自动打开，延时 5s 后关闭。

③按下内选 2、3、4 楼按钮，内选 2、3、4 楼指示灯点亮。轿厢先向上运行至 2 楼，内选 2 楼指示灯熄灭，轿厢门打开，延时 5s 后关闭；接着轿厢运行至 3 楼，内选 3 楼指示灯熄灭，轿厢门打开，延时 5s 后关闭；然后轿厢运行至 4 楼，内选 4 楼指示灯熄灭，轿厢门打开，延时 5s 后关闭。

电梯未处于某平层位置或在上下行过程中，按开门与关门按钮，轿厢门均无任何反应。

3）最远反向呼梯功能调试。

① 按下 1、2、3 楼外呼向上按钮，1、2、3 楼外呼向上指示灯点亮。电梯先下行至 1 楼，1 楼外呼向上指示灯熄灭，轿厢门打开，延时 5s 后关闭；接着轿厢运行至 2 楼，2 楼外呼向上指示灯熄灭，轿厢门打开，延时 5s 后关闭；然后轿厢运行至 3 楼，3 楼外呼向上指示灯熄灭，轿厢门打开，延时 5s 后关闭。

② 按下 2、3、4 楼外呼向下按钮，2、3、4 楼外呼向下指示灯点亮。电梯先上行至 4 楼，4 楼外呼向下指示灯熄灭，轿厢门打开，延时 5s 后关闭；接着轿厢运行至 3 楼，3 楼外呼向下指示灯熄灭，轿厢门打开，延时 5s 后关闭；然后轿厢运行至 2 楼，2 楼外呼向下指示灯熄灭，轿厢门打开，延时 5s 后关闭。

4）反向信号不响应功能调试。

① 按下 3 楼外呼向上按钮、3 楼外呼向下按钮和 4 楼外呼向下按钮，3 楼外呼向上、3 楼外呼向下和 4 楼外呼向下指示灯点亮。电梯先运行到 3 楼，3 楼外呼向上指示灯熄灭，轿厢门打开，延时 5s 后关闭；接着轿厢运行至 4 楼，4 楼外呼向下指示灯熄灭，轿厢门打开，延时 5s 后关闭；然后轿厢运行至 3 楼，3 楼外呼向下指示灯熄灭，轿厢门打开，延时 5s 后关闭。

② 按下 2 楼外呼向上按钮、2 楼外呼向下按钮和 1 楼外呼向上按钮，2 楼外呼向上、2 楼外呼向下和 1 楼外呼向上指示灯点亮。电梯先运行到 2 楼，2 楼外呼向下指示灯熄灭，轿厢门打开，延时 5s 后关闭；接着轿厢运行至 1 楼，1 楼外呼向上指示灯熄灭，轿厢门打开，延时 5s 后关闭；然后轿厢运行至 2 楼，2 楼外呼向上指示灯熄灭，轿厢门打开，延时 5s 后关闭。

5）轿厢极限位信号调试。

① 按下内选 4 楼按钮，电梯上行。在电梯上行过程中按下轿厢上升限位控制信号开关，电梯立即停止上行。

② 按下内选 1 楼按钮，电梯下行。在电梯下行过程中按下轿厢下降限位控制信号开关，电梯立即停止下行。

7. 分析 PLC 工作过程

1）上电检测。PLC 上电瞬间，SM0.1 接通。

若轿厢门未关闭，则 I2.3 处于复位状态，Q0.6 复位，不执行开门动作；M1.0 置位，M1.0 常开触点闭合，Q0.7 输出置位，电梯关门。当关门限位 I2.3 动作时，I2.3 常开触点闭合，M1.0 复位，Q0.7 输出断电复位，关门结束。

若电梯不在下降限位位置或任一平层位置，即 I1.4～I2.0 全部处于复位状态，则 M1.1 置位，M1.1 常开触点闭合，Q1.5 输出得电，电梯下行。当 I1.4～I2.0 中任意一个信号动作，对应常开触点闭合，M1.1 复位，Q1.5 输出断电，电梯停止下行。

2）各楼层上下外呼电梯指示。

① 按下 1 楼外呼向上按钮时，I0.0 常开触点闭合，Q0.0 输出得电，Q0.0 常开触点闭合，1 楼外呼向上指示灯点亮并保持。当电梯到达 1 楼平层位置时，I1.5 动作，I1.5 常闭触点断开，Q0.0 输出断电，Q0.0 常开触点复位，1 楼外呼向上指示灯熄灭。

② 按下 2 楼外呼向下按钮时，I0.1 常开触点闭合，Q0.1 输出得电，Q0.1 常开触点闭合，2 楼外呼向下指示灯点亮并保持。因电梯有最远反向呼梯功能，若外呼前电梯在 1 楼，此时 2、3、4 楼均有

人按下外呼向下按钮，则电梯先上升到4楼平层，经过2楼时M0.0处于得电状态，M0.0常开触点闭合，因此即使I1.6动作，Q0.1输出仍处于得电状态，2楼外呼向下指示灯保持亮的状态，直至电梯下降到2楼，此时I1.6动作，M0.0断电，M0.0常开触点复位，I1.6常闭触点断开，Q0.1输出断电，Q0.1常开触点复位，2楼外呼向下指示灯熄灭。

③ 按下2楼外呼向上按钮时，I0.2常开触点闭合，Q0.2输出得电，Q0.2常开触点闭合，2楼外呼向上指示灯点亮并保持。因电梯的最远反向呼梯功能，若1楼有人按下外呼向上按钮，则电梯先下降到1楼平层，经过2楼时M0.1处于得电状态，M0.1常开触点闭合，因此即使I1.6动作，Q0.2输出仍处于得电状态，2楼外呼向上指示灯保持亮的状态，直至电梯上升到2楼，此时I1.6动作，M0.1断电，M0.1常开触点复位，I1.6常闭触点断开，Q0.2输出断电，Q0.2常开触点复位，2楼外呼向上指示灯熄灭。

④ 3楼外呼向下与外呼向上指示灯的工作过程与2楼相似，可自行分析。

⑤ 按下4楼外呼向下按钮时，I0.5常开触点闭合，Q0.5输出得电，Q0.5常开触点闭合，4楼外呼向下指示灯点亮并保持。当电梯到达4楼平层时，I2.0动作，I2.0常闭触点断开，Q0.5输出断电，Q0.5常开触点复位，4楼外呼向下指示灯熄灭。

3）轿厢内部选层指示。按下内选1楼按钮时，I1.0动作，I1.0常开触点闭合，Q1.0输出得电，Q1.0常开触点闭合，内选1楼指示灯点亮并保持。当电梯到达一楼平层时，I1.5动作，I1.5常闭触点断开，Q1.0输出断电，Q1.0常开触点复位，内选1楼指示灯熄灭。

内选2、3、4楼指示灯的工作过程与内选1楼指示灯相似，可自行分析。

4）轿厢开门控制。

① 自动开门：当1~4楼任意一盏外呼指示灯（Q0.0~Q0.5）或内选指示灯（Q1.0~Q1.3）熄灭时，┤N├指令检测到该指示灯输出的下降沿信号后瞬时接通，Q0.6输出置位，电梯门打开。

② 手动开门：

当电梯在1楼平层时，I1.5动作，I1.5常开触点闭合。按下1楼外呼向上按钮、内选1楼按钮或开门按钮时，I0.0、I1.0或I0.6动作，对应常开触点闭合，Q0.6输出置位，电梯门打开。

当电梯在2楼平层时，I1.6动作，I1.6常开触点闭合。按下2楼外呼向下/向上按钮、内选2楼按钮或开门按钮时，I0.1/I0.2、I1.1或I0.6动作，对应常开触点闭合，Q0.6输出置位，电梯门打开。

当电梯在3楼平层时，I1.7动作，I1.7常开触点闭合。按下3楼外呼向下/向上按钮、内选3楼按钮或开门按钮时，I0.3/I0.4、I1.2或I0.6动作，对应常开触点闭合，Q0.6输出置位，电梯门打开。

当电梯在4楼平层时，I2.0动作，I2.0常开触点闭合。按下4楼外呼向下按钮、内选4楼按钮或开门按钮时，I0.5、I1.3或I0.6动作，对应常开触点闭合，Q0.6输出置位，电梯门打开。

若电梯在上行/下行，则Q1.4/Q1.5输出处于得电状态，Q1.4/Q1.5的常闭触点断开，Q0.6不能置位，电梯不执行开门动作。若电梯正在关门，则I0.7动作或Q0.7输出处于得电状态，I0.7或Q0.7的常闭触点断开，电梯也不执行开门动作。若电梯门已完全打开，则I2.2动作，I2.2常闭触点断开，电梯门无动作。

③ 开门结束：当I2.2或I0.7动作时，I2.2或I0.7的常开触点闭合，Q0.6输出复位，开门结束。

5）关门控制。

① 自动关门：当I2.2动作时，定时器T37开始5s计时，计时时间到，T37常开触点闭合，Q0.7输出置位，电梯关门。

② 手动关门：按下关门按钮，I0.7动作，I0.7常开触点闭合，Q0.7输出置位，电梯关门。

若I0.6动作或Q0.6输出处于得电状态，I0.6或Q0.6的常闭触点断开，Q0.7输出不能置位，电梯不执行关门动作。若电梯门已完全关闭，则I2.3动作，I2.3的常闭触点断开，电梯门无动作。

③ 关门结束：当I2.3或I0.6动作时，I2.3或I0.6的常开触点闭合，Q0.7输出复位，关门结束。

6）电梯上行控制。电梯门已完全关闭，I2.3动作，I2.3常开触点闭合，且无开门操作，Q0.6常闭触点处于复位状态时，电梯才能执行上行或下行动作。

当2楼外呼向下、向上或内选指示灯亮时，Q0.1、Q0.2或Q1.1输出得电，Q0.1、Q0.2或Q1.1的常开触点闭合，M0.0得电，M0.0常开触点闭合，Q1.4输出得电，电梯上行。到达2楼平层位置时，I1.6动作，I1.6常闭触点断开，M0.0断电，M0.0常开触点复位，Q1.4输出断电，电梯停止上行。

当3楼外呼向下、向上或内选指示灯亮时，Q0.3、Q0.4或Q1.2输出得电，Q0.3、Q0.4或Q1.2的常开触点闭合，M0.0得电，M0.0常开触点闭合，Q1.4输出得电，电梯上行。到达3楼平层位置时，I1.7动作，I1.7常闭触点断开，M0.0断电，M0.0常开触点复位，Q1.4输出断电，电梯停止上行。

当4楼外呼向下或内选指示灯亮时，Q0.5或Q1.3输出得电，Q0.5或Q1.3常开触点闭合，M0.0得电，M0.0常开触点闭合，Q1.4输出得电，电梯上行。到达4楼平层位置时，I2.0动作，I2.0常闭触点断开，M0.0断电，M0.0常开触点复位，Q1.4输出断电，电梯停止上行。

上行过程中，4楼外呼或内选信号优先于3楼信号，3楼信号优先于2楼信号。

7）电梯下行控制。当3楼外呼向下、向上或内选指示灯亮时，Q0.3、Q0.4或Q1.2输出得电，Q0.3、Q0.4或Q1.2的常开触点闭合，M0.1得电，M0.1常开触点闭合，Q1.5输出得电，电梯下行。到达3楼平层位置时，I1.7动作，I1.7常闭触点断开，M0.1断电，M0.1常开触点复位，Q1.5输出断电，电梯停止下行。

当2楼外呼向下、向上或内选指示灯亮时，Q0.1、Q0.2或Q1.1输出得电，Q0.1、Q0.2或Q1.1的常开触点闭合，M0.1得电，M0.1常开触点闭合，Q1.5输出得电，电梯下行。到达2楼平层位置时，I1.6动作，I1.6常闭触点断开，M0.1断电，M0.1常开触点复位，Q1.5输出断电，电梯停止下行。

当1楼外呼向上或内选指示灯亮时，Q0.0或Q1.0输出得电，Q0.0或Q1.0常开触点闭合，M0.1得电，M0.1常开触点闭合，Q1.5输出得电，电梯下行。到达1楼平层时，I1.5动作，I1.5常闭触点断开，M0.1断电，M0.1常开触点复位，Q1.5输出断电，电梯停止下行。

下行过程中，1楼外呼或内选信号优先于2楼信号，2楼信号优先于3楼信号。

任务评价

1. 检查内容

1）检查选择的元器件是否正常，熟悉各元器件功能及作用。

2）熟悉电气控制原理图，并列出PLC的I/O分配表。

3）检查电气线路安装是否合理及4层电梯运行情况。

2. 评估策略（见表5-9）

表5-9 四层电梯控制任务评价

任务内容	评估内容	评估标准	配分	学生自评	学生互评	教师评价
专业技能	知识点	理解电路控制要求及原理	10			
	元件选择与检测	硬件元器件型号选择正确、用万用表检测质量合格	5			
	合理分配I/O	列出I/O端口，准确画出PLC控制I/O端口接线图	5			
	接线及布线工艺	按照原理图，正确、规范接线	10			
	梯形图设计	根据控制要求编写梯形图	20			
	程序检查与调试	传送、监控、调试程序	20			
方法	自主学习能力	预习并做好课前准备	5			
	理解、总结能力	准确理解任务要求，善于总结	5			
	创新能力	选用新方法、新工艺效果好	5			

（续）

任务内容	评估内容	评估标准	配分	学生自评	学生互评	教师评价
职业素养	团队协作能力	积极参与、小组协作	5			
	语言表达能力	观点表达清楚，展示效果好	5			
	安全操作能力	遵守安全操作规程	5			
合计			100			

知识拓展

随着我国城市化发展的持续推进，电梯的质量越发受到重视。为满足使用者的需求，电梯技术在安全、便捷、舒适及个性化等方面不断推陈出新，其中超高速、环保、节能、物联网与无线传输等技术日益凸显，成为当下电梯技术的重点发展方向，其作用在于有效降低电梯运行成本，减少电梯运行能耗，提升电梯使用的便捷性与安全性。

作为电梯驱动部件的曳引机，其能耗占到电梯耗电量的80%以上。目前，随着我国节能环保事业的推进以及永磁同步曳引机技术的不断完善，永磁同步无齿轮曳引机正在逐步替代传统曳引机。在未来的电梯市场上，拥有低廉的价格、优良的运行质量的带传动曳引机极有可能替代永磁同步无齿轮曳引机成为新的主流。

思考与练习

请按照任务要求设计三层电梯的PLC控制系统，要求如下：

1）电梯开始运行后，轿厢内风扇和照明灯始终保持工作状态。电梯自动检测轿厢门是否处于关闭状态，确认完全关闭后，电梯自动下降到1楼待命。电梯在运行过程中数码显示当前所在楼层。

2）当有内选或外呼电梯信号到来时，电梯响应该信号。到达该楼层时，电梯停止运行，延时1s后轿厢门打开，等待6s自动关闭。若有人在电梯门中间，则门自动打开。

3）在电梯运行过程中，任何与电梯运行方向相反的外呼电梯信号均不响应，但如果反向外呼信号前无其他内选或外呼电梯信号等待处理时，则电梯响应该外呼信号。

4）电梯应具有最远反向外呼响应功能。例如电梯在1楼，现同时有2楼和3楼外呼向下电梯信号，则电梯先上行到3楼，响应3楼的外呼向下电梯信号。

5）电梯运行期间或未处于任意平层位置时，开门与关门按钮均不起作用。电梯处于平层位置且电梯停止运行后，按开门按钮电梯门打开，按关门按钮电梯门关闭。

6）电梯设有报警系统，按下报警按钮，报警器响5s后自动关闭。

7）电梯超载时，超载指示灯点亮，电梯门自动打开，关门按钮不起作用，电梯禁止上下行。

实践中常见问题解析

1）电梯最远反向外呼响应出错。例如，单独按下2、3、4楼外呼向下按钮时，电梯正常运行。若电梯初始位置在1楼，同时按下2、3、4楼外呼向下按钮，电梯上行至2楼后停止。

产生此现象的原因应当是电梯上行控制程序中楼层呼叫顺序前后颠倒了。如图5-21所示，触点越少的线路，限制条件越少，优先级别越高。当4楼的外呼指示Q0.5或内选指示Q1.3输出得电时，对应的常开触点接通，M0.0得电，此时的通电线路中不包含I1.6与I1.7对应的常闭触点，I1.6和I1.7无法对M0.0进行断电控制，导致Q0.1～Q0.4和Q1.1～Q1.2常开触点对应的请求全部失效，因此4楼呼梯信号级别最高。若同时按下2、3、4楼外呼向下按钮，电梯上行至2楼后停止，说明2楼内/外呼信号级别高于3楼和4楼，可检查虚线部分内容的前后顺序是否正确。电梯下行过程中呼叫优先顺序错误的检查方法与电梯上行过程基本一致。

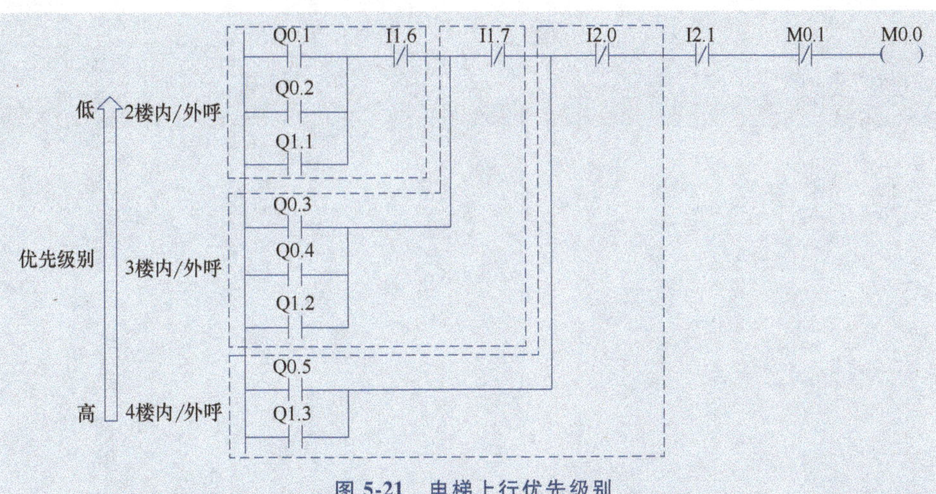

图 5-21　电梯上行优先级别

2）外呼指示灯显示出错。例如，单独按下 2、3、4 楼外呼向下按钮时，电梯正常运行。若电梯初始位置在 1 楼，同时按下 2、3、4 楼外呼向下按钮，电梯经过 2 楼时，2 楼外呼向下指示灯熄灭，电梯则继续上行至 4 楼停止。

产生此现象的原因可能是在 2 楼外呼向下指示灯控制程序段内出现了图 5-22b～d 这 3 种错误程序。

图 5-22a 所示为正确控制程序段，电梯进入 2 楼平层时，I1.6 会动作，I1.6 常闭触点断开，无法为 Q0.1 输出提供通电路径，因此在 I1.6 常闭触点两端并联 M0.0 常开触点和 M0.1 常闭触点构成的串联分支，为 Q0.1 输出提供第二条通电路径。在电梯上升时，M0.0 得电，M0.1 复位，M0.0 常开触点闭合，M0.1 常闭触点闭合，Q0.1 输出保持得电状态；当电梯下降时，M0.0 复位，M0.1 得电，M0.0 常开触点复位，M0.1 常闭触点断开，Q0.1 输出在电梯 2 楼平层时无通电路径，正常断电。

图 5-22b、c 中电梯上行过程 M0.0 处于得电状态，M0.0 常闭触点断开，M0.1 处于失电状态，M0.1 触点无动作，因此 M0.0 和 M0.1 触点所在支路也无法为 Q0.1 输出提供通电路径，Q0.1 在电梯路过 2 楼平层时断电，自保持解除，当电梯离开 2 楼平层时无法再次得电。图 5-22d 中 I1.6 常闭触点与 Q0.1 输出直接串联，当电梯经过 2 楼时，I1.6 动作，I1.6 常闭触点断开，Q0.1 输出断电，自保持解除，因此电梯离开 2 楼平层时 Q0.1 也无法再次得电。

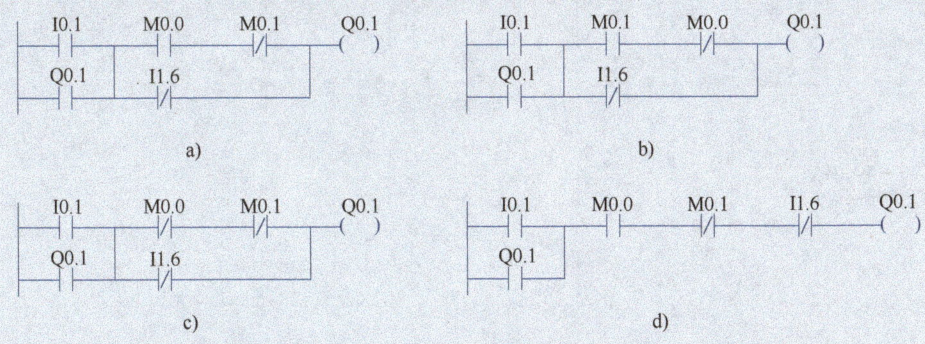

图 5-22　2 楼外呼向下指示灯控制程序

3）电梯静止且未处于任意楼层的平层位置时，按开门按钮可以开门。此问题会给乘客带来危险，在编程时必须把限制条件补充完整，避免出现安全事故。

观察图 5-23 所示程序可以发现，只要电梯和电梯门静止不动、不按关门按钮且不在开门限位，即 Q1.4、Q1.5、Q0.7、I0.7 和 I2.2 常闭触点均处于复位状态，开门按钮动作，I0.6 常开触点闭合，Q0.6 输出即可得电。

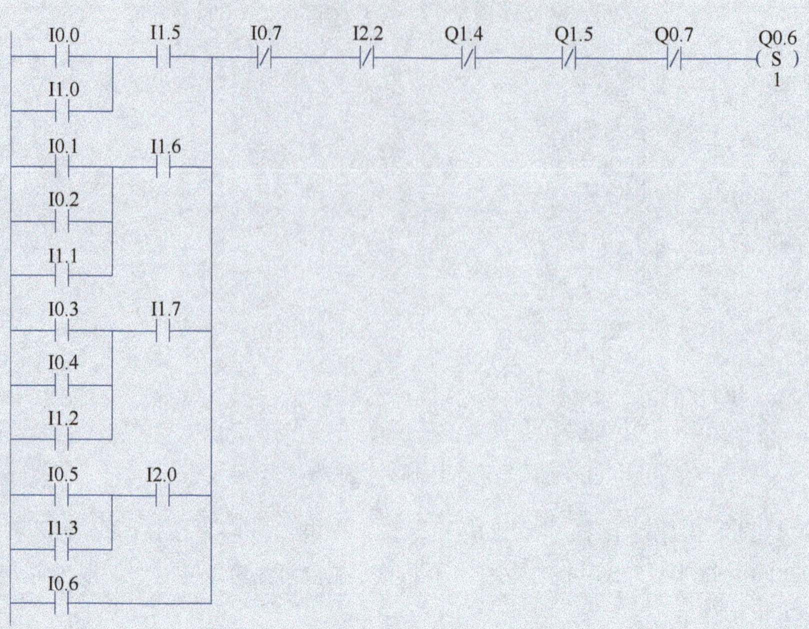

图 5-23 电梯开门问题程序

若要满足开门按钮必须在轿厢处于某一平层位置时才能起作用这个要求，在开门信号 I0.6 到 Q0.6 输出的这条线路中必须增加所有平层信号，以确保 I0.6 的正确使用。如图 5-24 所示，把 I0.6 放到每一层楼与对应外呼和内选输入信号并联连接，则 I0.6 到 Q0.6 输出的四条线路分别受到 1~4 楼四个平层信号的控制，即开门按钮必须在轿厢处于某一平层位置时才能起作用。

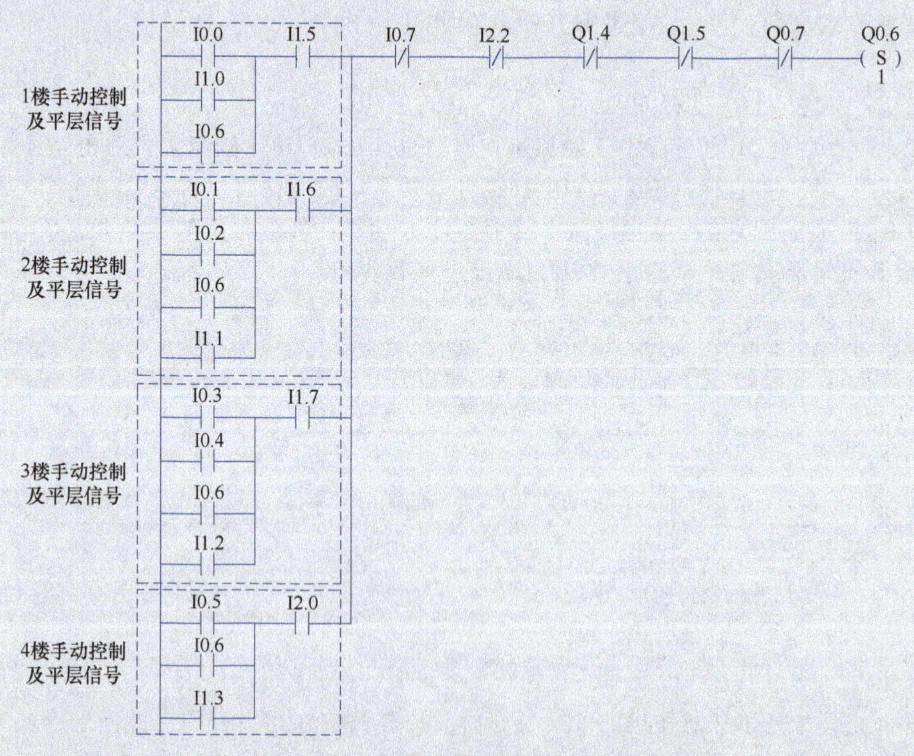

图 5-24 电梯手动开门程序

在编程时还应注意程序的可读性要强，符号表的符号与地址填写清楚，同类型的输出程序按顺序编写，每个程序段都写好注释，方便调试与排除故障。

任务六　地下停车场车辆控制

知识目标

- 掌握计数器指令、七段译码指令的程序设计方法。
- 掌握地下停车场车辆控制系统程序的设计、安装及调试方法。

能力目标

- 能进行 PLC 地址分配和硬件电路的设计。
- 能灵活选用编程方法，对地下停车场车辆控制系统进行设计、安装及调试。
- 通过组内的分工协作、角色扮演培养团队意识，锻炼组织管理和沟通协作能力。
- 通过小组间协作和竞争，在培养竞争意识的同时提高合作创新能力以及分析和解决问题的能力。

职业能力

- 通过自主探究，查找资料、查阅手册，锻炼思维能力、学习能力，提高独立思考和获得知识的能力。
- 通过模拟的实践操作，熟悉岗位操作过程，加强安全意识、规范意识，培养综合职业素养和职业能力。
- 通过完成地下停车场车辆控制系统任务，增强自主学习意识和成就感。
- 从地下停车场车辆控制系统入手介绍新技术的发展，培养学生关注技术更新和终身学习的意识。

任务要求

某地下停车场共 16 个停车位，由入口检测器、出口检测器、道闸管理系统、尚有车位指示灯、车位已满指示灯等部分组成。如图 6-1 所示，在入口处装设一传感器，用来检测车辆驶入停车场的数目；在出口处装设一传感器，用来检测车辆驶出停车场的数目；有车位时，入口闸栏将门开启让车辆进入，并有指示灯显示尚有车位；车位已满时，则有一指示灯显示车位已满，且入口闸栏不能开启；用七段数码显示管显示目前停车场共有几辆车。

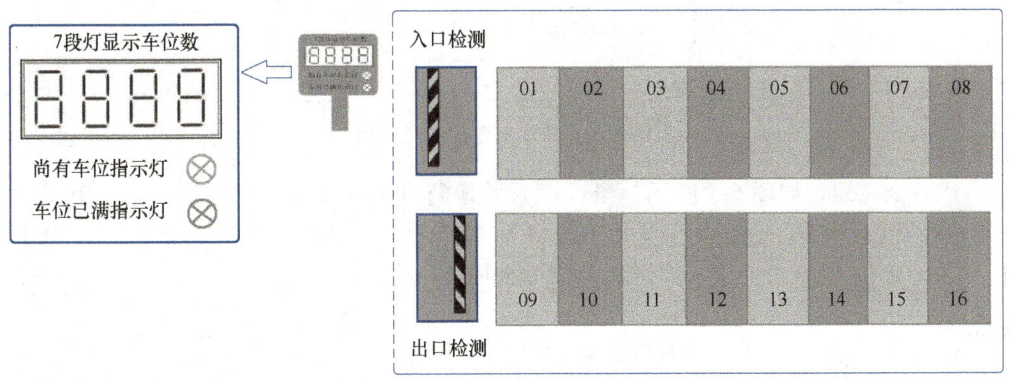

图 6-1　某地下停车场车辆控制系统示意图

知识准备

一、计数器指令

1. 计数器的组成及分类

计数器利用输入脉冲上升沿累计脉冲个数，其主要由一个 16 位的预置值寄存器、一个 16 位的当前值寄存器和一位状态位组成。当前值寄存器用以累计脉冲个数，当计数器当前值大于或等于预置值时，状态位置为 1。S7-200 系列 PLC 有三类计数器：CTU（增计数器）、CTD（减计数器）、CTUD（增减计数器）。

2. 计数器的指令格式（见表 6-1）

表 6-1　计数器的指令格式

指令格式	CTU	CTD	CTUD
梯形图	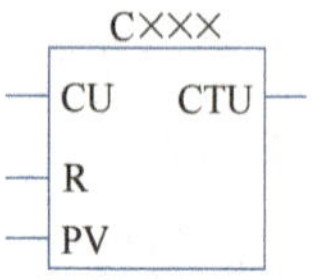 C××× CU CTU R PV	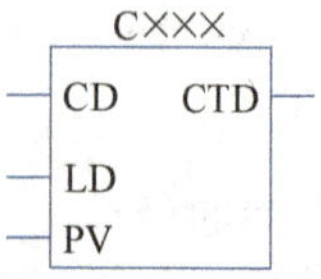 C××× CD CTD LD PV	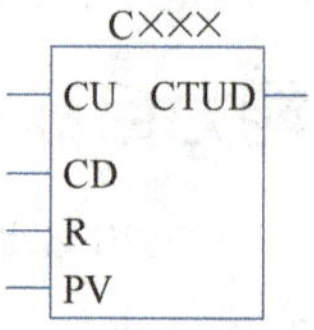 C××× CU CTUD CD R PV
指令表	CTU C×××,PV	CTD C×××,PV	CTUD C×××,PV

3. 计数器指令的应用

（1）CTU 指令应用　设 I0.0 为计数脉冲输入端，I0.1 为复位端，当计数值为 5 时，输出端 Q0.1 通电，梯形图和指令表如图 6-2 所示，时序图如图 6-3 所示。

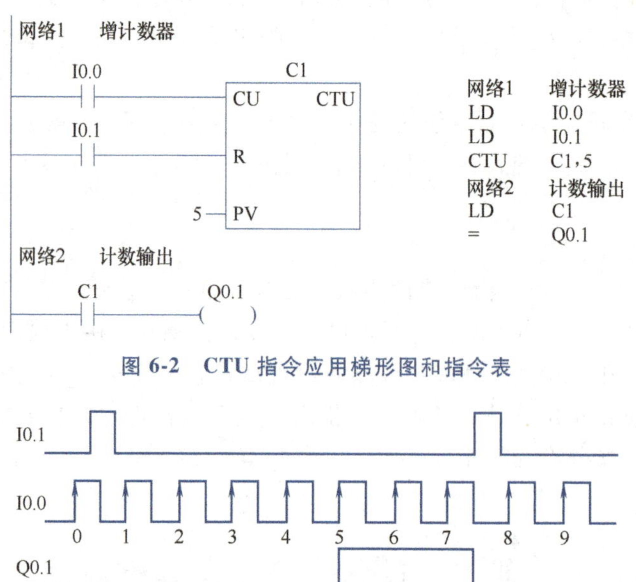

图 6-2　CTU 指令应用梯形图和指令表

图 6-3　CTU 指令应用时序图

（2）CTD 指令应用　如图 6-4 所示，当程序开始运行（利用 SM0.1 初始化）或 I0.1 常开触点闭合时，设定值被装载，C3 自动复位。当 I0.0 常开触点闭合时，C3 开始减计数，当 I0.0 常开触点第三次闭合时，C3 被置位，Q0.1 通电。时序图如图 6-5 所示。

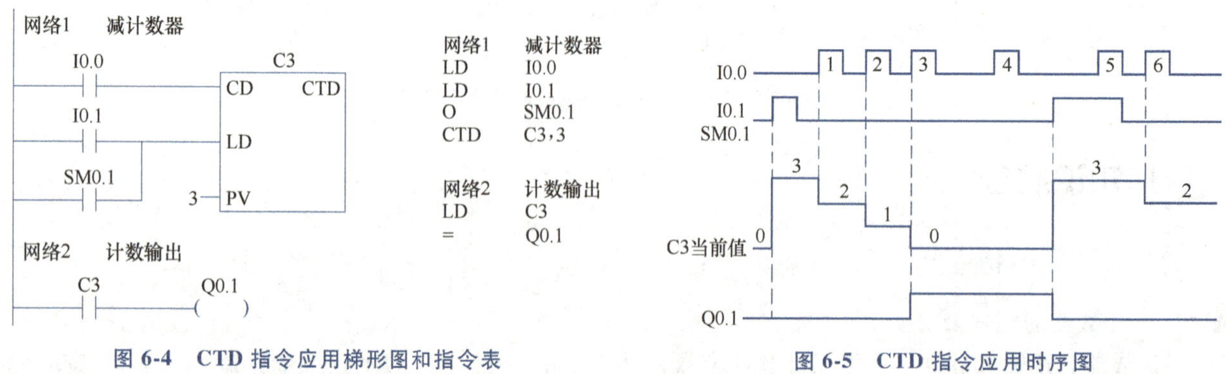

图 6-4　CTD 指令应用梯形图和指令表

图 6-5　CTD 指令应用时序图

（3）CTUD 指令应用　如图 6-6 所示，I0.0 接增计数端，I0.1 接减计数端，I0.2 接复位端。在当前值大于或等于 4 时，C10 置位，Q0.1 通电；在当前值小于 4 或 I0.2 接通时，C10 复位，Q0.1 断电。时序图如图 6-7 所示。

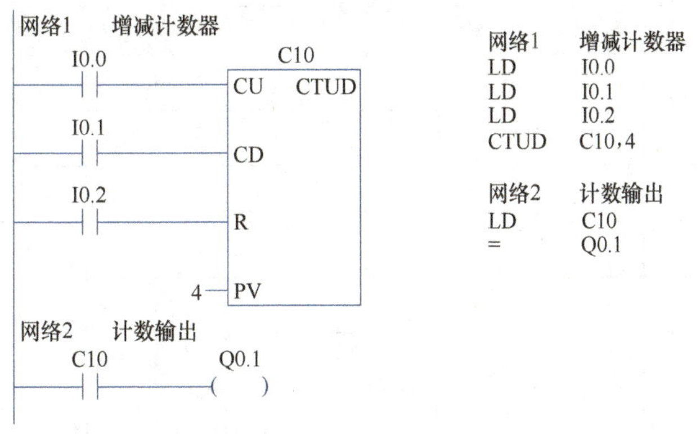

图 6-6　CTUD 指令应用梯形图和指令表

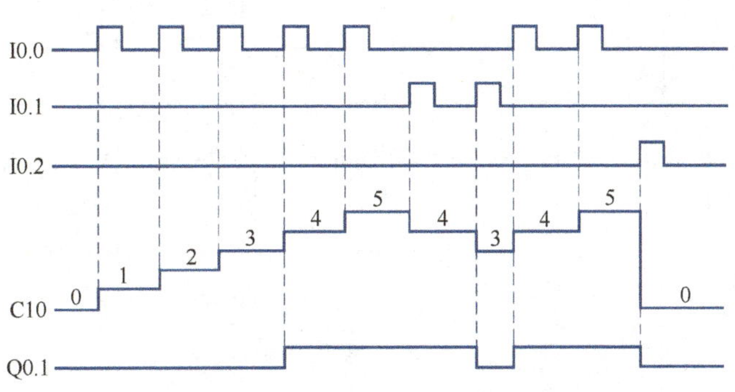

图 6-7　CTUD 指令应用时序图

二、七段数码管

数码管是一种半导体发光器件，可分为七段数码管和八段数码管，区别在于八段数码管比七段数码管多一个用于显示小数点的发光二极管（LED）单元 DP（Decimal Point），其基本单元是发光二极管。七段数码管是基于发光二极管封装的显示器件，分为共阳极和共阴极两种结构，如图 6-8 所示。

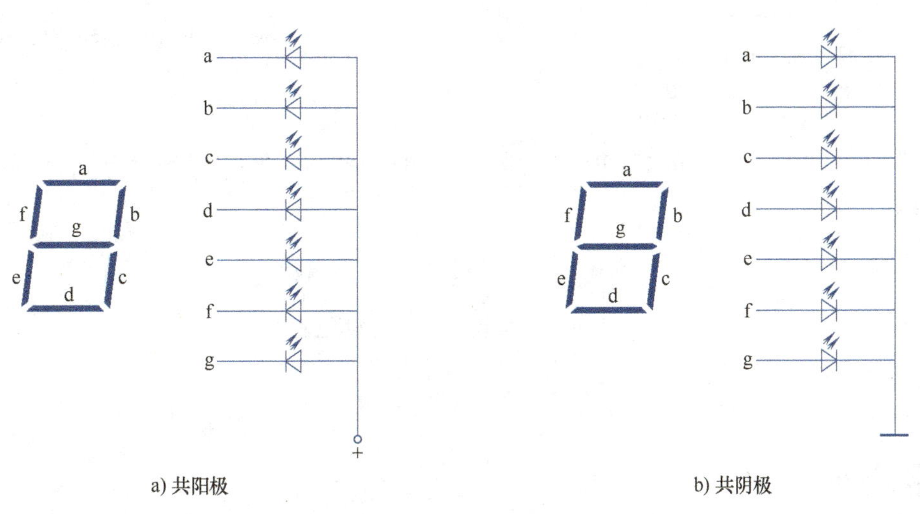

图 6-8　七段数码管

七段数码管显示代码见表 6-2。

表 6-2　七段数码管显示代码

十进制数码		七段显示电平							七段显示码
数码	显示图形	g	f	e	d	c	b	a	
0	0	0	1	1	1	1	1	1	16#3F
1	1	0	0	0	0	1	1	0	16#06
2	2	1	0	1	1	0	1	1	16#5B
3	3	1	0	0	1	1	1	1	16#4F
4	4	1	1	0	0	1	1	0	16#66
5	5	1	1	0	1	1	0	1	16#6D
6	6	1	1	1	1	1	0	1	16#7D
7	7	0	1	0	0	1	1	1	16#27
8	8	1	1	1	1	1	1	1	16#7F
9	9	1	1	0	1	1	1	1	16#6F

七段译码（SEG）指令将输入字节 16#0～F 转换成七段显示码，指令格式如图 6-9 所示。图 6-10 所示为 SEG 指令的应用程序。

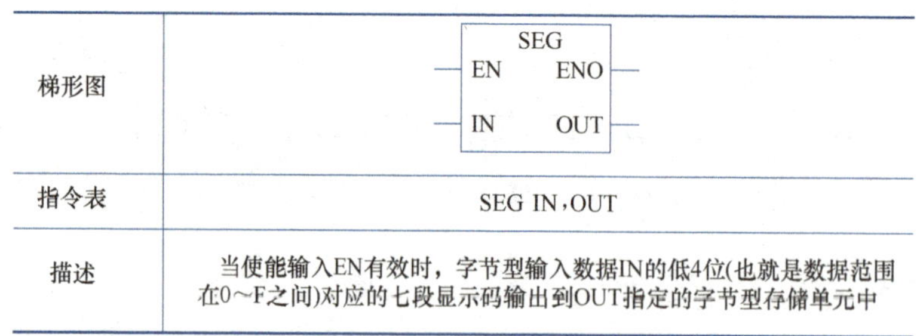

梯形图	SEG EN　ENO IN　OUT
指令表	SEG IN,OUT
描述	当使能输入EN有效时，字节型输入数据IN的低4位(也就是数据范围在0～F之间)对应的七段显示码输出到OUT指定的字节型存储单元中

图 6-9　SEG 指令格式

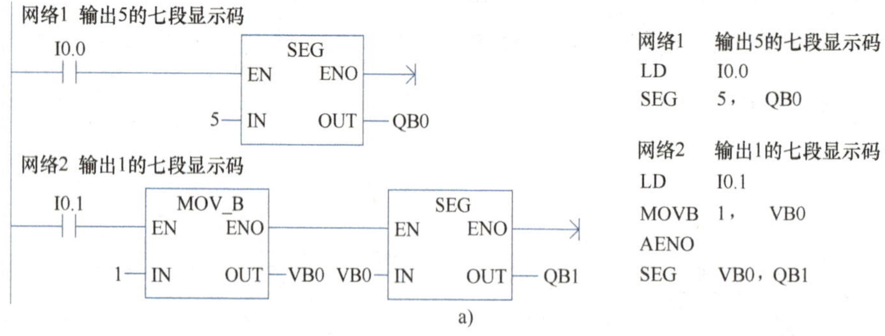

a)

	地址	格式	当前值
1	QB0	二进制	2#0110 1101
2	QB1	二进制	2#0000 0110

b)

图 6-10　SEG 指令的应用程序

任务分析

1）停车场由起动开关控制，停车场启用时先对所有用到的存储单元进行清零，并且停车场车位数目由数码管显示。

2）车辆驶入停车场时，经过传感器 1，此时若车辆未停满，闸栏向上打开，当达到上限位时，闸栏打开停止，同时车辆进入停车场，经过传感器 2，闸栏向下关闭，达到下限位时，闸栏停止关闭，同时计数器 A 加 1。

3）车辆驶出停车场时，先经过传感器 2，闸栏向上打开，当达到上限位时停止打开，车辆出闸时再经过传感器 1，闸栏向下关闭，当达到下限位时，闸栏停止动作，计数器 B 减 1（计数器 B 的初始值由计数器 A 送来）。若只经过一个传感器则计数器不动作。

4）停车场容量为 16，若停车场还有车位则尚有车位指示灯亮，若停车场已满则车位已满指示灯亮并且七段数码管显示此时停车场停车数量。

5）若同时有车辆相对驶入停车场和驶出停车场（即驶入车辆经过传感器 1，驶出车辆经过传感器 2），应避免误计数。

任务实施

1. 准备元器件

1）本次设计要求需要有起动按钮、停止按钮、两个行程开关（闸栏上限位和下限位）和两个传感器（入口和出口），共六个输入接口；两个指示灯（车位已满和尚有车位）、三相异步电动机正反转、两个七段显示数码管，共 18 个输出接口，所以选用 CPU226 DC/DC/DC（24 输入/16 输出）并扩展一个 EM223（8 输入/8 输出）模块满足控制要求。

2）对于驶入和驶出停车场车辆的数目，可以采用两个计数器来实现计数，即一个增计数器和一个减计数器；闸栏的打开与关闭可以用电动机的正转与反转来实现，并用指示灯显示停车场是否已经停满；当车位已满时应设计使闸栏关闭，禁止车辆驶入停车场；用七段数码管来显示目前停车场中车辆的数目。硬件系统组成如图 6-11 所示。

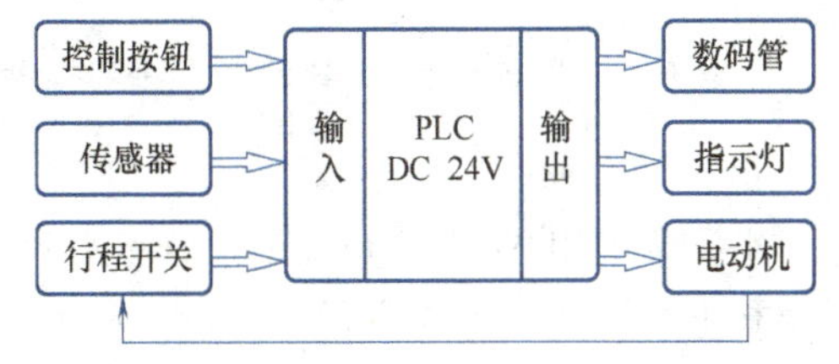

图 6-11 硬件系统组成示意

2. 分配输入/输出点

控制系统变量有输入信号和输出信号两种类别：

1）输入信号：起动、停止按钮；入口传感器；出口传感器；闸栏上限位（行程开关）；闸栏下限位（行程开关）。

2）输出信号：闸栏开启（电动机正转）；闸栏关闭（电动机反转）；车位已满指示灯；尚有车位指示灯；七段数码管 1 显示（Q0.0~Q0.6）；七段数码管 2 显示（Q1.0~Q1.6）。

地下停车场车辆控制系统 I/O 分配见表 6-3。

表 6-3 地下停车场车辆控制系统 I/O 分配

输入(I)		输出(O)	
设备	端口编号	设备	端口编号
起动按钮(SB1)	I0.0	闸栏打开(KM1)	Q2.0
停止按钮(SB2)	I0.1	闸栏关闭(KM2)	Q2.1
入口传感器(SP1)	I0.2	车位已满指示灯 HL1	Q2.2
出口传感器(SP2)	I0.3	尚有车位指示灯 HL2	Q2.3
闸栏上限位(SQ1)	I0.4	七段数码管 1 显示	Q0.0~Q0.6
闸栏下限位(SQ2)	I0.5	七段数码管 2 显示	Q1.0~Q1.6

3. 绘制电气原理图

停车场控制系统的 PLC 外部接线如图 6-12 所示，图中，I0.0、I0.1 是系统的总开关，入口传感器接 I0.2 输入端，出口传感器接 I0.3 输入端。HL1 是尚有车位指示灯，HL2 是车位已满指示灯，KM1 是电动机正转的继电器线圈，KM2 是电动机反转的继电器线圈，Q0.0～Q0.6 接七段数码管 1，Q1.0～Q1.6 接七段数码管 2。

停车场控制系统的主电路原理如图 6-13 所示，当 QF 闭合，KM1 闭合 KM2 断开时电动机正转，闸栏打开，车辆可驶入；当 KM2 闭合 KM1 断开时电动机反转，闸栏关闭，车辆不可通过。

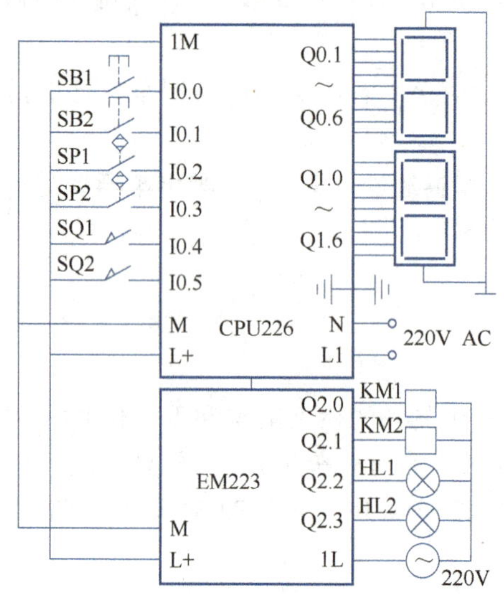

图 6-12　停车场控制系统的 PLC 外部接线

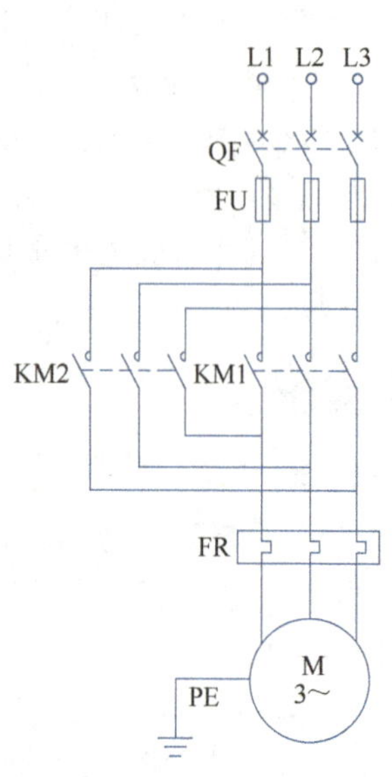

图 6-13　停车场控制系统的主电路原理图

4. 编写程序

本系统采用 STEP7 MicroWIN SP4（S7-200）V4.0 软件编程并调试，程序分为三部分：主程序、子程序和中断程序，子程序有三部分，分别表示车辆进入、车辆出去和车辆同时出入。中断程序由三个子程序控制，当条件满足时立即执行关门或者开门，计数器也执行相应动作，如图 6-14 所示。

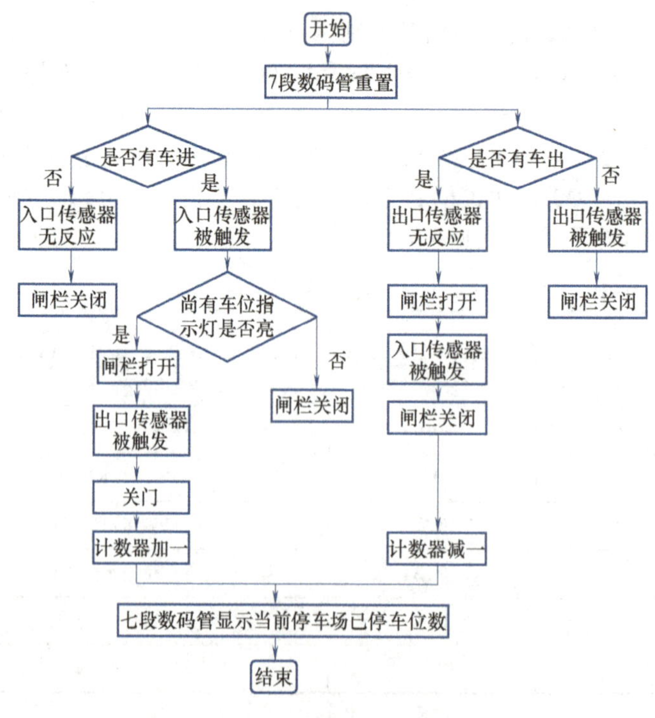

图 6-14　控制程序流程图

地下停车场
车辆控制程序

(1) 主程序（见图 6-15）

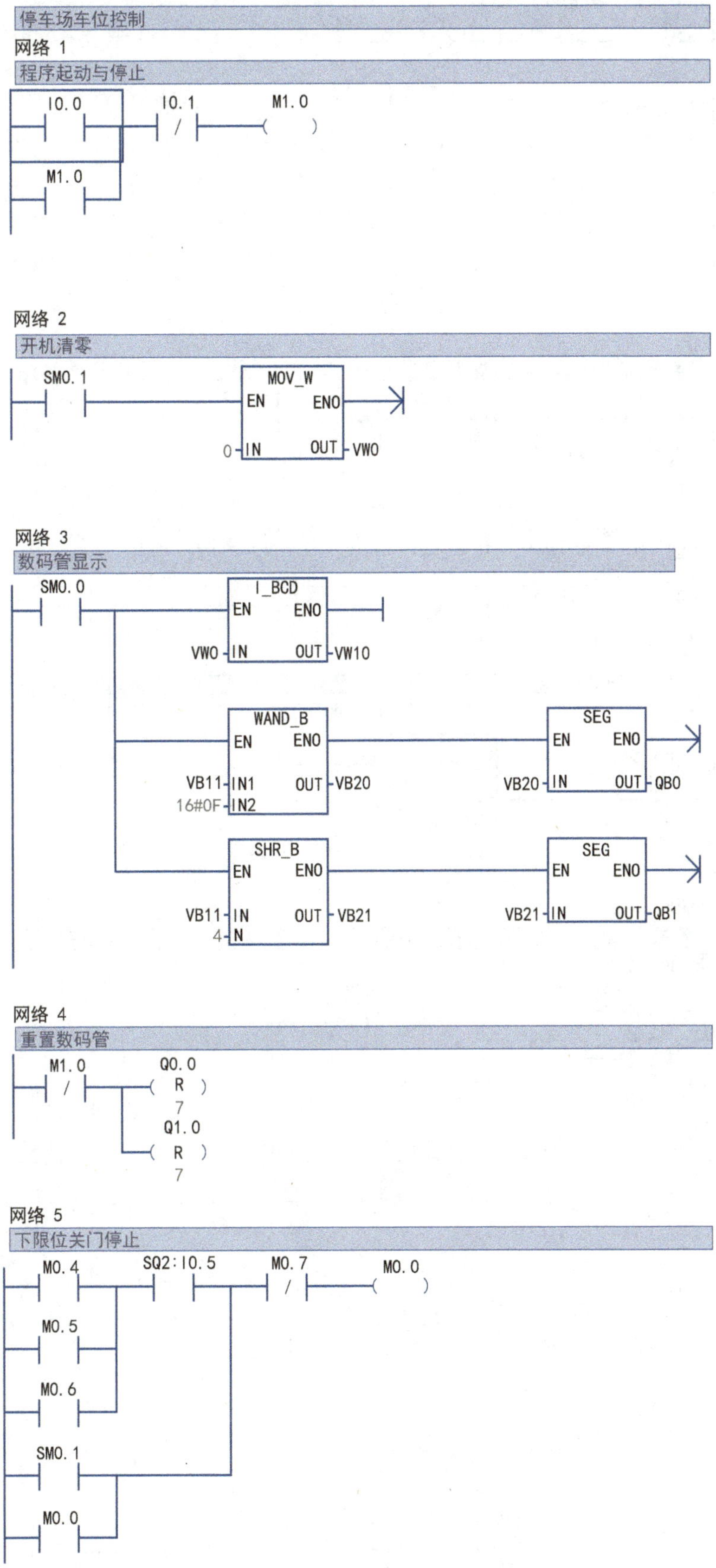

图 6-15　主程序

网络 6

尚有车位和车位已满指示灯

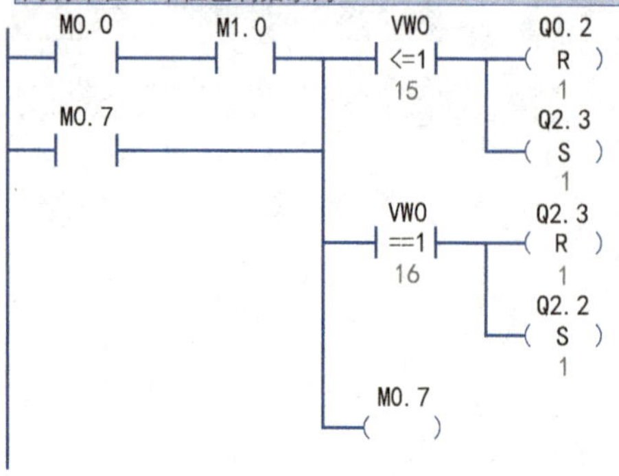

M0.0　M1.0　VW0 <=I 15　Q0.2 R 1

M0.7　Q2.3 S 1

VW0 ==I 16　Q2.3 R 1

Q2.2 S 1

M0.7

网络 7

车辆进入闸栏打开并调用子程序

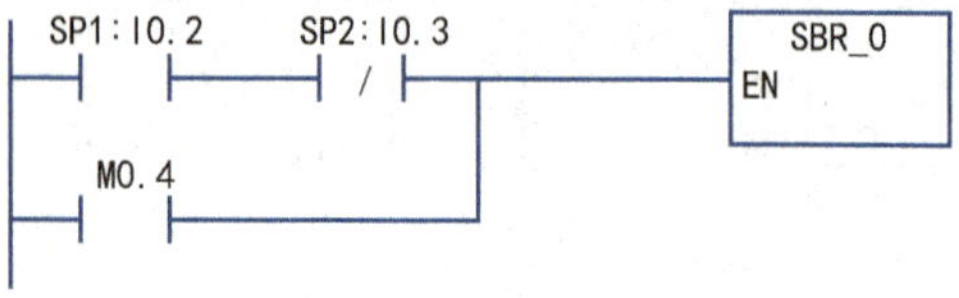

SP1:I0.2　SP2:I0.3　SBR_0 EN

M0.4

符号	地址	注释
SP1	I0.2	入口传感器
SP2	I0.3	出口传感器

网络 8

同时有车辆进入和离开调用子程序

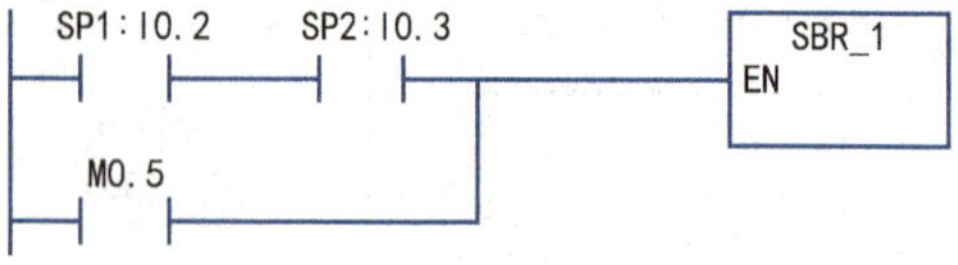

SP1:I0.2　SP2:I0.3　SBR_1 EN

M0.5

网络 9

车辆离开调用子程序

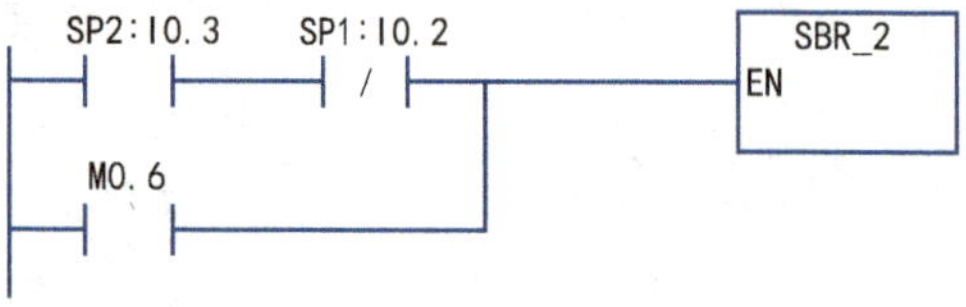

SP2:I0.3　SP1:I0.2　SBR_2 EN

M0.6

符号	地址	注释
SP1	I0.2	入口传感器
SP2	I0.3	出口传感器

网络 10

电动机正转开门

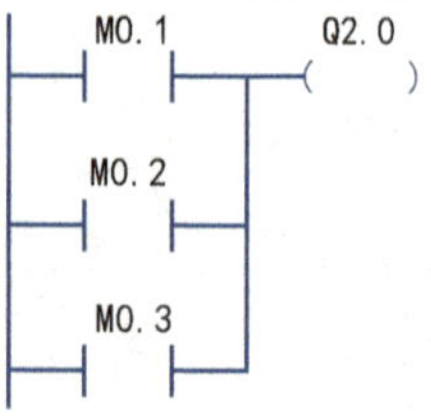

M0.1　Q2.0

M0.2

M0.3

图 6-15　主程序（续）

（2）子程序（见图 6-16）

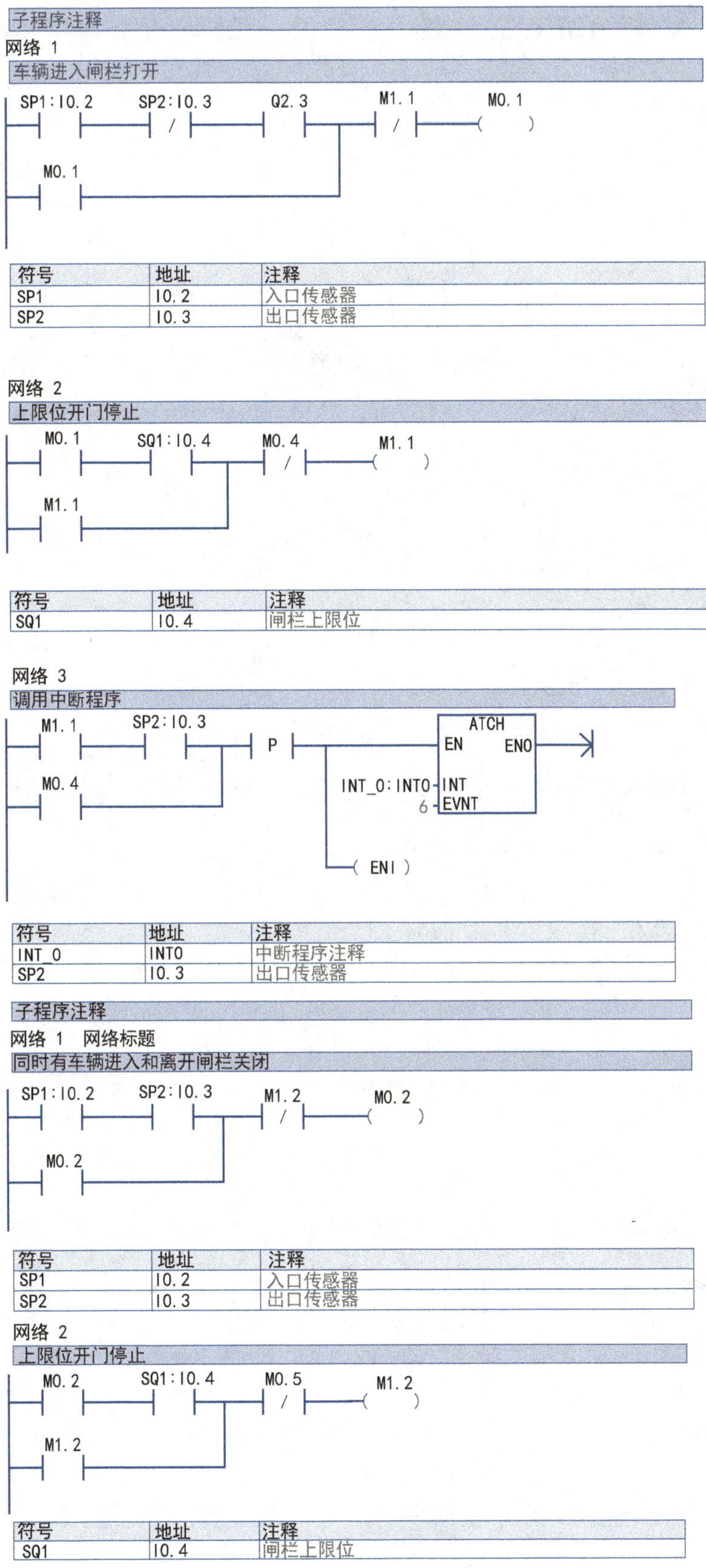

图 6-16　子程序

网络 3

关门同时计数值不变

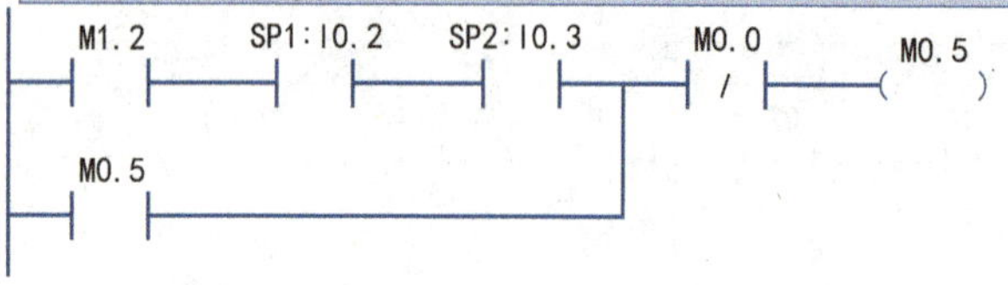

M1.2 SP1:I0.2 SP2:I0.3 M0.0 M0.5

M0.5

符号	地址	注释
SP1	I0.2	入口传感器
SP2	I0.3	出口传感器

子程序注释

网络 1 网络标题

车辆离开闸栏关闭

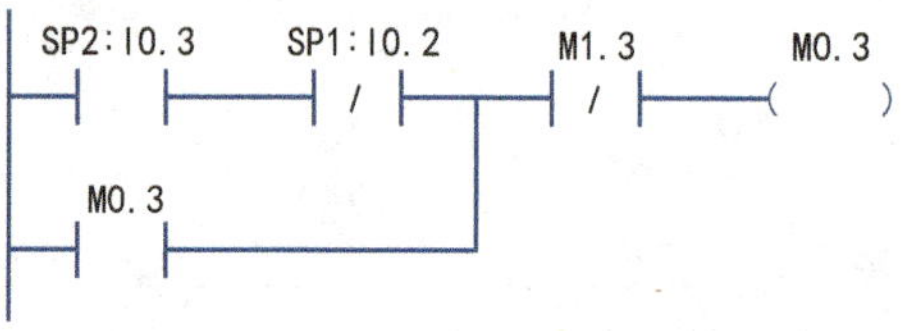

SP2:I0.3 SP1:I0.2 M1.3 M0.3

M0.3

符号	地址	注释
SP1	I0.2	入口传感器
SP2	I0.3	出口传感器

网络2

上限位开门停止

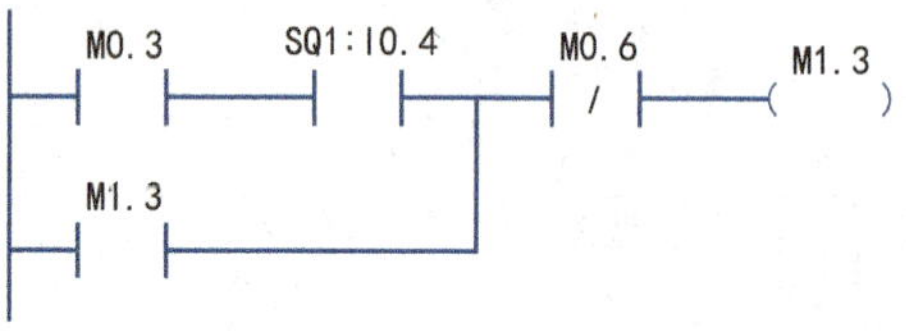

M0.3 SQ1:I0.4 M0.6 M1.3

M1.3

符号	地址	注释
SQ1	I0.4	闸栏上限位

网络 3

调用中断程序

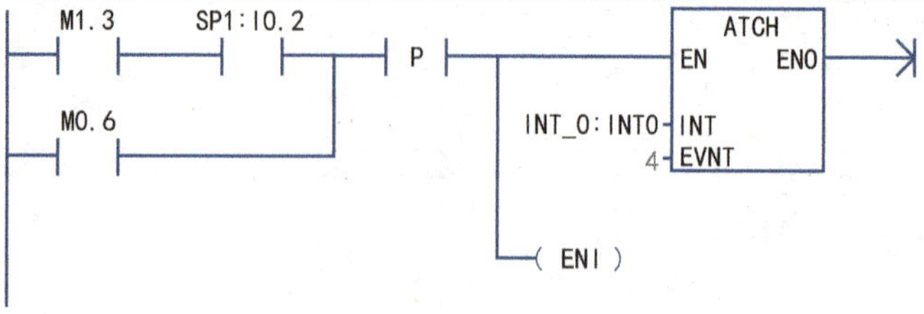

M1.3 SP1:I0.2 P ATCH EN ENO

M0.6 INT_0:INT0 INT 4 EVNT

ENI

符号	地址	注释
INT_0	INT0	中断程序注释
SP1	I0.2	入口传感器

图 6-16 子程序（续）

（3）中断程序（见图 6-17）

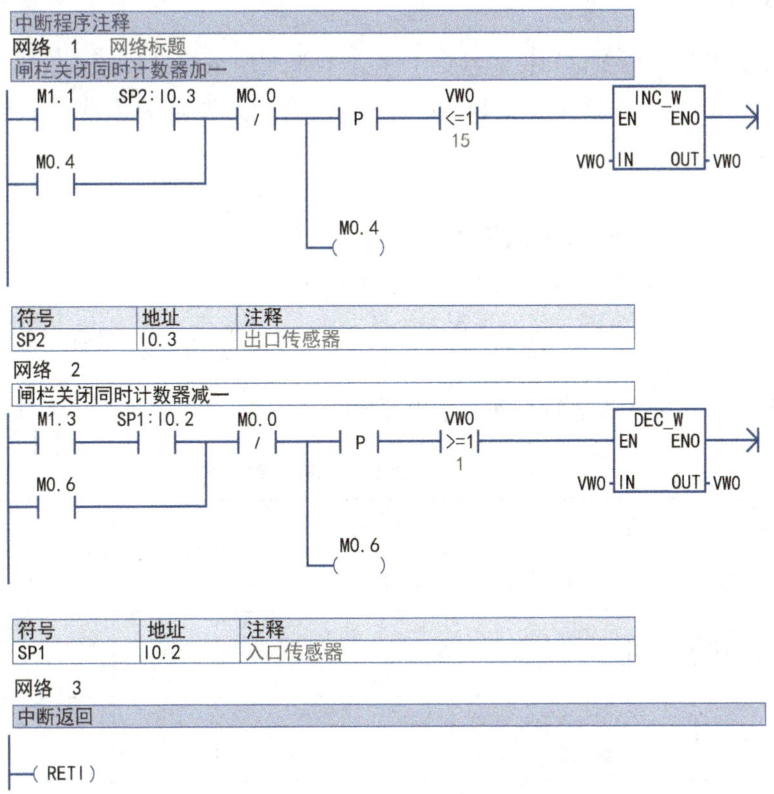

图 6-17　中断程序

5. 分析 PLC 工作过程

根据任务要求可画出车辆驶入停车场的时序图，如图 6-18 所示；车辆驶出停车场的时序图如图 6-19 所示；车辆同时出入停车场的时序图如图 6-20 所示。

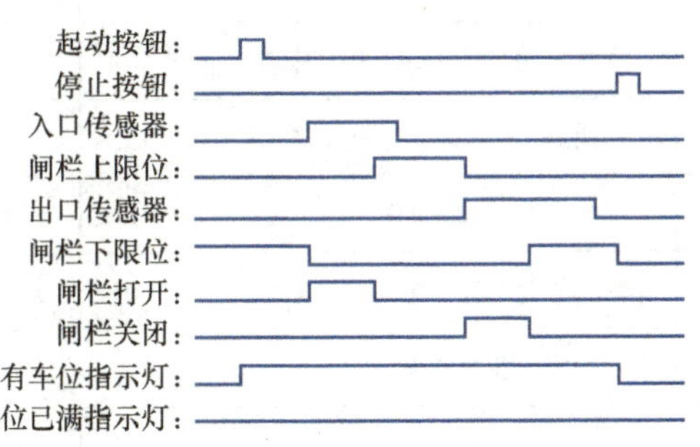

图 6-18　车辆驶入停车场的时序图

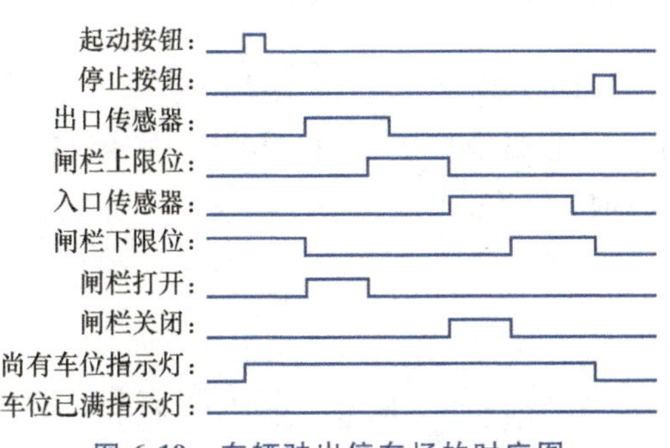

图 6-19　车辆驶出停车场的时序图

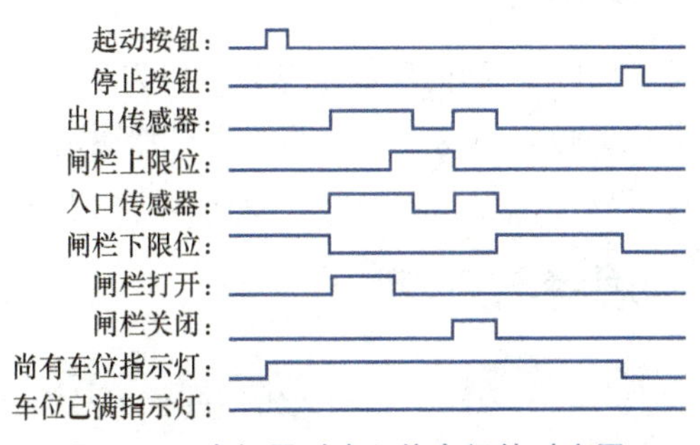

图 6-20　车辆同时出入停车场的时序图

任务评价

组内成员协调完成工作，在强化知识的基础上建立工业现场系统设计的概念，设计完成后，各组之间互评并由教师给予评定，其评定标准以 PLC 职业资格能力要求为依据，使学生初步建立工程概念。

1. 检查内容

1）检查选择的元器件是否齐全，熟悉各元器件功能及作用。

2）熟悉电气控制原理图，并列出 PLC 的 I/O 分配表。

3）检查电气线路安装是否合理及运行情况。

2. 评估策略（见表 6-4）

请根据在本任务中的实际表现进行自评及小组评价。

表 6-4 地下停车场车辆控制任务评价

任务内容	评估内容	评估标准	配分	学生自评	学生互评	教师评价
专业技能	知识点	理解电路控制要求及原理	10			
	元件选择与检测	硬件元器件型号选择正确、用万用表检测质量合格	5			
	合理分配 I/O	列出 I/O 端口，准确画出 PLC 控制 I/O 端口接线图	10			
	接线及布线工艺	按照原理图，正确、规范接线	10			
	梯形图设计	根据接线编写梯形图	10			
	程序检查与运行	传送、运行、监控程序	25			
方法	自主学习能力	预习并做好课前准备	5			
	理解、总结能力	准确理解任务要求，善于总结	5			
	创新能力	选用新方法、新工艺效果好	5			
职业素养	团队协作能力	积极参与、小组协作	5			
	语言表达能力	观点表达清楚，展示效果好	5			
	安全操作能力	遵守安全操作规程	5			
合计			100			

知识拓展

基于 PLC 控制的智能停车场还可以进行很多的扩展，例如可以加上一些传感器用来指示停车场中空闲车位的位置，这样可以给车主更加明确的提示，也可以加上温度控制模块，用于监控停车场的温度，还可以加上消防控制的一些模块，当发生火灾时，能及时灭火等。

思考与练习

若是由于异常原因（例如停电）导致显示的停车场剩余车位数目不准确，此时需要手动增加或减少剩余车位数目以便调整到准确数据，如何实现此功能？

实践中常见问题解析

随着人们生活水平的提高，私家车越来越多，而停车场的建设速度远远低于车辆增加的速度，而且，我国现阶段的停车场还是主要通过专职人员进行管理，需要花费大量的人力和时间。针对现有的停车管理存在的问题，采用先进的、科学的、合理的设计方法，建立一套基于 PLC 的车辆出入库管理系统，以最大限度地提高停车场的使用率，实现车辆出入库控制、数量统计、安全监控过程的自动化，尤为必要。停车场管理系统重点要做到准确指示车辆进出，车辆进入时给予司机准确的车位数量，车辆进入后，记录车辆总数，车辆离开时，减少车辆总数。车辆进出指示可完全由 PLC 作为中央控制处理，停车场空位数指示可利用价格较不高的数码管显示。

任务七 工业机械手顺序控制

知识目标

- 熟悉机械手顺序控制系统的原理。
- 掌握 S7-200 SMART PLC 运动向导的配置方法。
- 掌握基本运动指令 AXISx_CTRL、AXISx_MAIN、AXISx_GOTO、AXISx_RSEEK 的应用。

能力目标

- 掌握 S7-200 SMART PLC 编程软件的使用。
- 能根据接线图完成机械手顺序控制系统的 PLC 外部接线。
- 能够完成触摸屏与 S7-200 SMART PLC 之间的通信。

职业能力

- 通过实际操作了解工厂完成项目所需注意的事项。
- 能够应用 S7-200 SMART PLC 进行编程以及通信。
- 能够应用 S7-200 SMART PLC 实现机械手的顺序控制。
- 培养学生的安全意识。
- 培养学生的团队合作能力和严谨的工作作风。

任务要求

图 7-1 所示为刹车盘自动搬运生产线示意图，整个生产线由三条辊道和一台桁架机械手组成，机

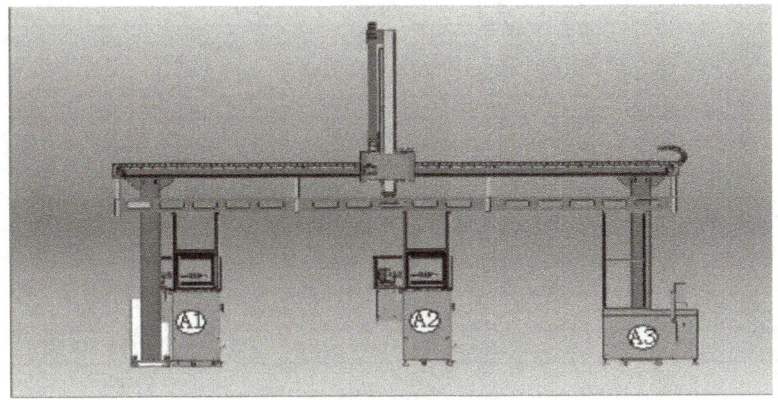

图 7-1 刹车盘自动搬运生产线示意图

床生产的成品流入 A1 和 A2 辊道中，由桁架机械手分别从 A1 和 A2 辊道搬运到 A3 辊道中，再由 A3 辊道流到下道工序继续加工。控制要求为：按下循环起动按钮后，当上序成品零件到达 A1 辊道取料位置时，A1 辊道感应开关亮起，机械手从 A1 辊道取料送至 A3 辊道放料；当上序成品零件到达 A2 辊道取料位置时，A2 辊道感应开关亮起，机械手从 A2 辊道取料送至 A3 辊道放料。按下循环停止按钮，机械手结束本次循环到达初始位置后停止运行。

知识准备

在设计 PLC 控制系统之前，先了解西门子 S7-200 SMART PLC 运动向导和 AXISx_CTRL、AXISx_MAIN、AXISx_GOTO、AXISx_RSEEK 等指令的应用。

1. S7-200 SMART PLC 运动向导

首先打开编程软件 STEP7-Micro/WIN SMART，如图 7-2 所示。

在“工具”菜单项下单击“运动”按钮，如图 7-3 所示。

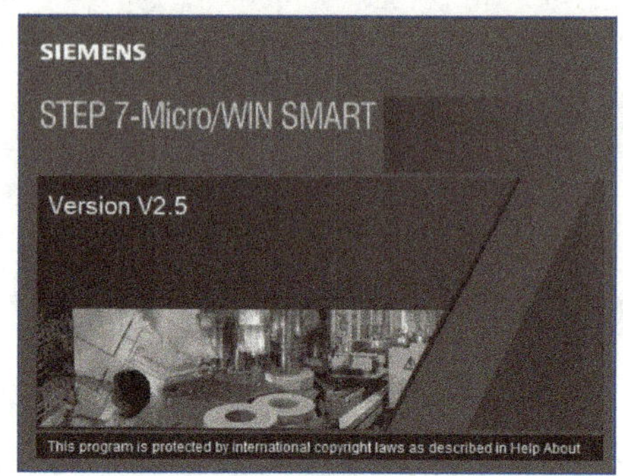

图 7-2 打开编程软件

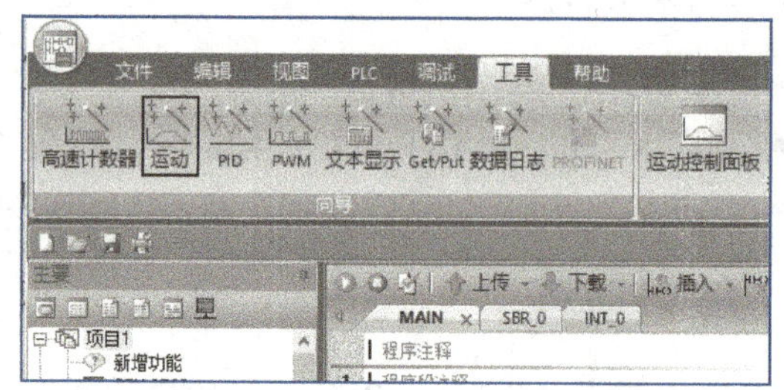

图 7-3 单击“运动”按钮

在打开的对话框中设置“轴 0”运动参数，如图 7-4～图 7-9 所示。

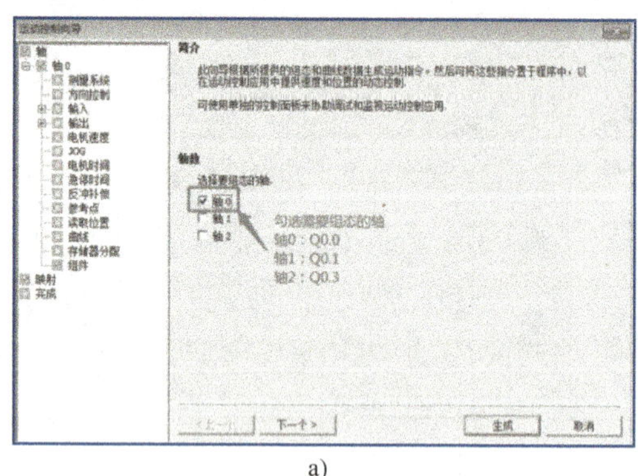

a)

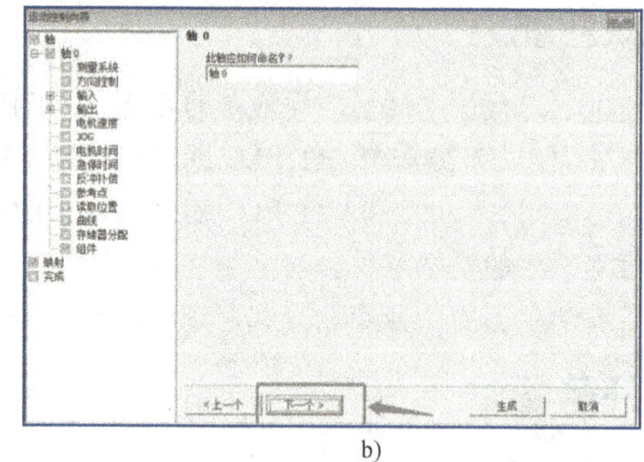

b)

图 7-4 配置“轴 0”运动参数步骤 1、2

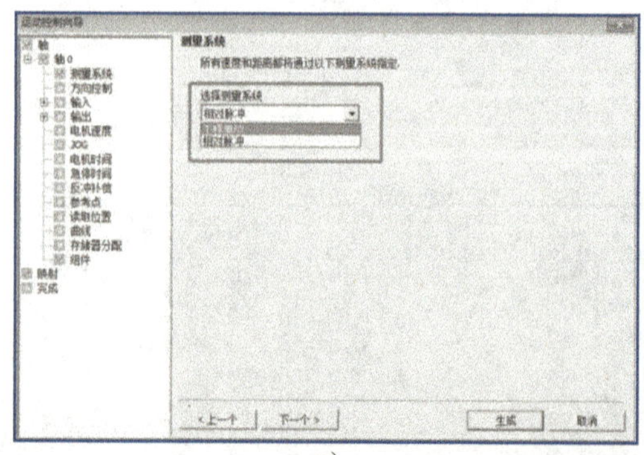

a)

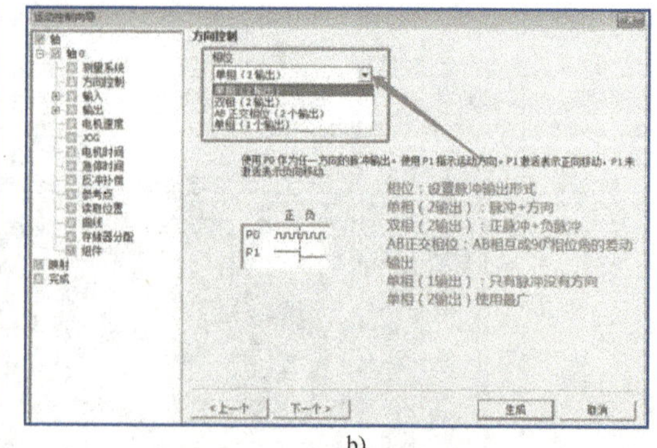

b)

图 7-5 设置“轴 0”运动参数步骤 3、4

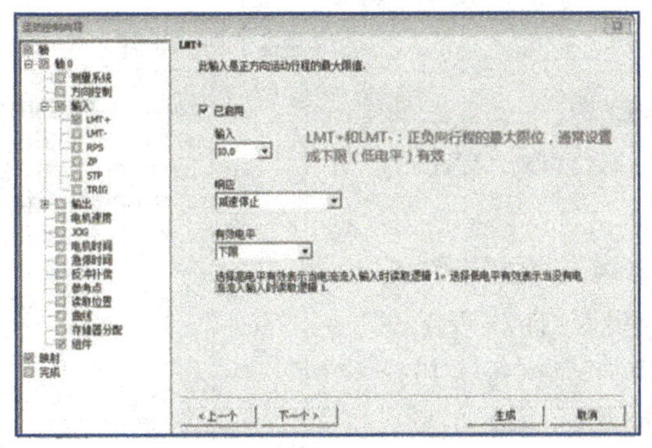

a)

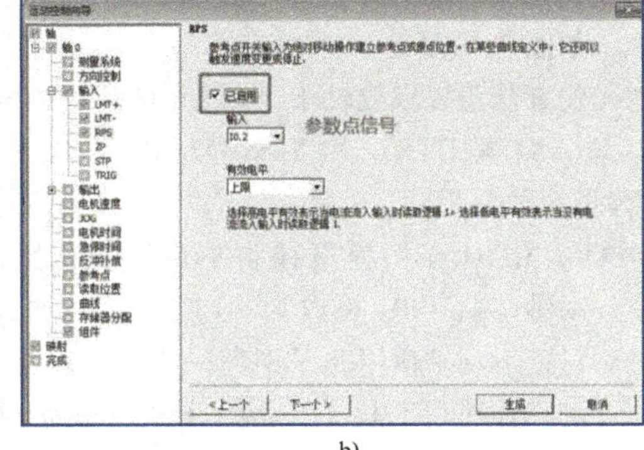

b)

图 7-6　配置“轴 0”运动参数步骤 5、6

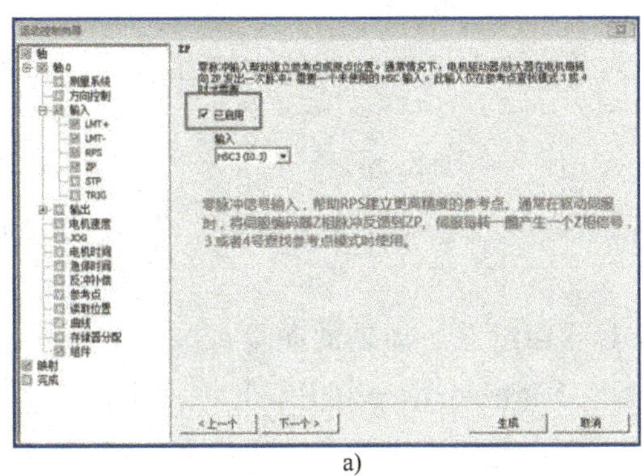

a)

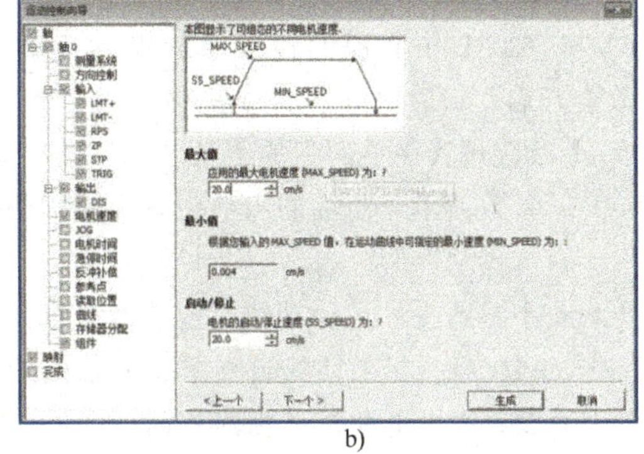

b)

图 7-7　配置“轴 0”运动参数步骤 7、8

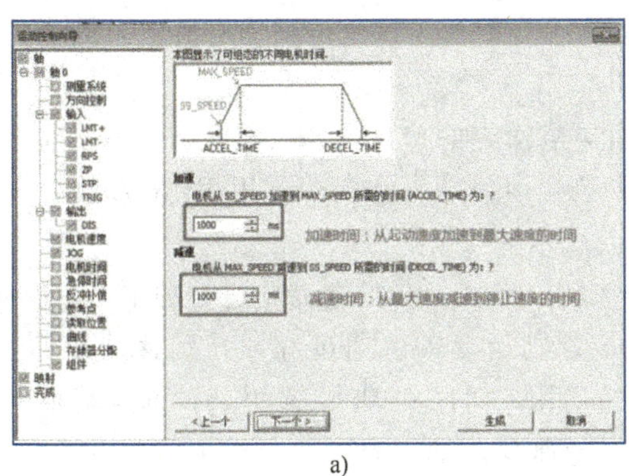

a)

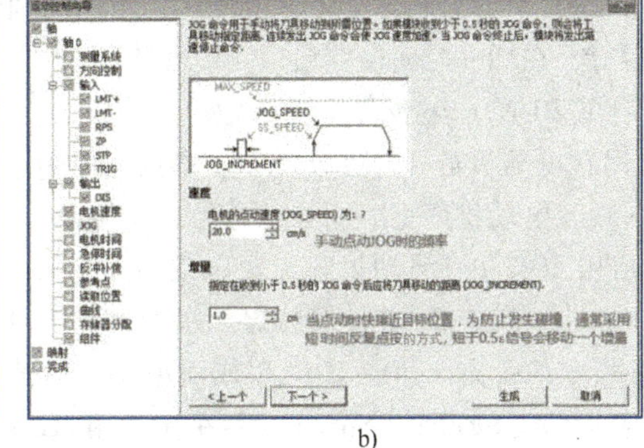

b)

图 7-8　配置“轴 0”运动参数步骤 9、10

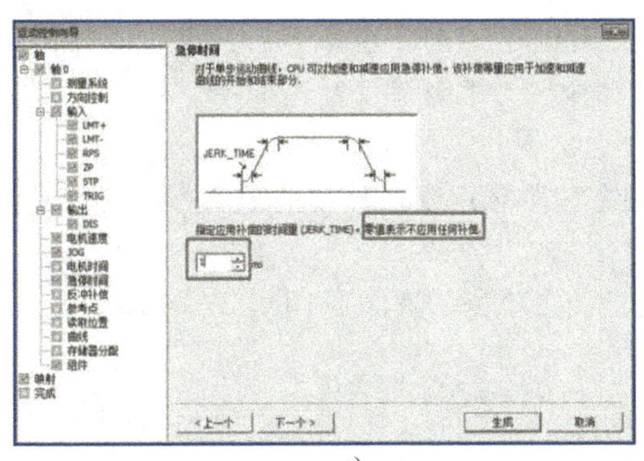

a)

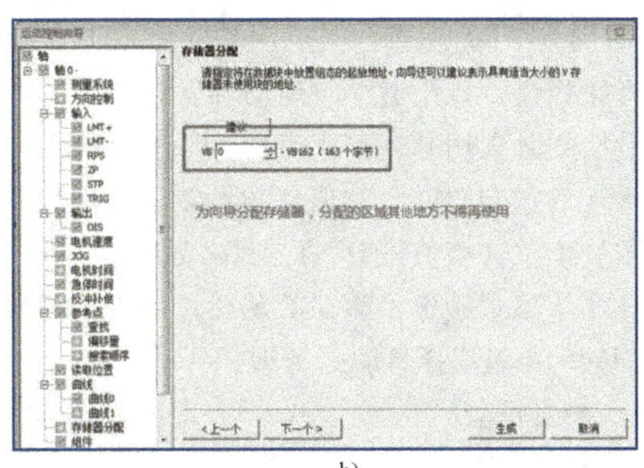

b)

图 7-9　配置“轴 0”运动参数步骤 11、12

以上设置完成后单击“生成”按钮，即可生成轴 0（X 轴）对应的子例程，如图 7-10 所示。

用同样的方法可以完成轴 1（Z 轴）的运动向导配置。

2. 认识 AXISx_CTRL、AXISx_MAIN、AXISx_GOTO、AXISx_RSEEK 等指令的应用

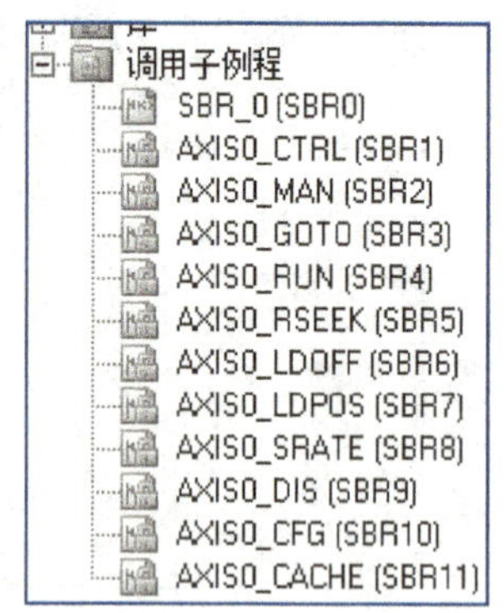

图 7-10 生成轴 0（X 轴）对应的子例程

1）AXISx_CTRL 子例程（控制）启用和初始化运动轴，方法是自动命令运动轴每次 CPU 更改为 RUN 模式时加载组态/曲线表。在项目中只对每条运动轴使用此子例程一次，并确保程序会在每次扫描时调用此子例程。使用 SM0.0（始终开启）作为 EN 参数的输入。

① MOD_EN 参数必须开启，才能启用其他运动控制子例程向运动轴发送命令。如果 MOD_EN 参数关闭，则运动轴将中止进行中的任何指令并执行减速停止。

② AXISx_CTRL 子例程的输出参数提供运动轴的当前状态。当运动轴完成任意一个子例程时，Done 参数会开启。

③ Error 参数包含该子例程的结果。

④ C_Pos 参数表示运动轴的当前位置。根据测量单位，该值是脉冲数（DINT）或工程单位数（REAL）。

⑤ C_Speed 参数提供运动轴的当前速度。如果针对脉冲组态运动轴的测量系统，C_Speed 是一个 DINT 值（脉冲数/s）；如果针对工程单位组态测量系统，C_Speed 是一个 REAL 值（工程单位数/s）。

⑥ C_Dir 参数表示电动机的当前方向：

信号状态 0 = 正向

信号状态 1 = 反向

2）AXISx_MAIN 子例程（手动模式）将运动轴置为手动模式。这允许电动机沿正向或负向按不同的速度运行，在同一时间仅能启用 RUN、JOG_P 或 JOG_N 参数之一。

① 启用 RUN（运行/停止）参数会命令运动轴加速至指定的速度（Speed 参数）和方向（Dir 参数）。可以在电动机运行时更改 Speed 参数，但 Dir 参数必须保持为常数。禁用 RUN 参数会命令运动轴减速，直至电动机停止。

② 启用 JOG_P（点动正向旋转）或 JOG_N（点动反向旋转）参数会命令运动轴正向或反向点动。如果 JOG_P 或 JOG_N 参数保持启用的时间短于 0.5s，则运动轴将通过脉冲指示移动 JOG_INCREMENT 中指定的距离。如果 JOG_P 或 JOG_N 参数保持启用的时间为 0.5s 或更长，则运动轴将开始加速至指定的 JOG_SPEED。Speed 参数决定启用 RUN 时的速度。

3）AXISx_GOTO 子例程命令运动轴转到所需位置。开启 EN 位会启用此子例程。确保 EN 位保持开启，直至 DONE 位指示子例程执行已经完成。

① 启用 START 参数会向运动轴发出 GOTO 命令。对于在 START 参数开启且运动轴当前不繁忙时执行的每次扫描，该子例程向运动轴发送一个 GOTO 命令。为了确保仅发送了一个 GOTO 命令，需要使用边沿检测元素用脉冲方式启用 START 参数。

② Pos 参数包含一个数值，指示要移动的位置（绝对移动）或要移动的距离（相对移动）。根据所选的测量单位，该值是 DINT 或 REAL。

③ Speed 参数确定该移动的最高速度。根据所选的测量单位，该值是 DINT 或 REAL。

④ Mode 参数选择移动的类型：

0——绝对位置

1——相对位置

2——单速连续正向旋转

3——单速连续反向旋转

⑤ 当运动轴完成此子例程时，Done 参数会开启。

⑥ 启用 Abort 参数会命令运动轴停止执行此命令并减速，直至电动机停止。

⑦ Error 参数包含该子例程的结果。

⑧ C_Pos 参数包含运动轴的当前位置。根据测量单位，该值是 DINT 或 REAL。

⑨ C_Speed 参数包含运动轴的当前速度。根据所选的测量单位，该值是 DINT 或 REAL。

4）AXISx_RSEEK 子例程（搜索参考点位置）使用组态/曲线表中的搜索方法启动参考点搜索操作。运动轴找到参考点且运动停止后，运动轴将 RP_OFFSET 参数值载入当前位置。

① RP_OFFSET 参数的默认值为 0。可使用运动控制向导、运动控制面板或 AXISx_LDOFF（加载偏移量）子例程来更改 RP_OFFSET 值。

② 开启 EN 位会启用此子例程。确保 EN 位保持开启，直至 Done 位指示子例程执行已经完成。

③ 启用 START 参数将向运动轴发出 RSEEK 命令。对于在 START 参数开启且运动轴当前不繁忙时执行的每次扫描，该子例程向运动轴发送一个 RSEEK 命令。为了确保仅发送了一个命令，需要使用边沿检测元素用脉冲方式开启 START 参数。当运动轴完成此子例程时，Done 参数会开启。

④ Error 参数包含该子例程的结果。

任务分析

物品搬运是工业机械手最常见的应用之一，机床生产出成品由辊道流到指定位置，再由桁架机械手从一条辊道搬运到另一条辊道从而流动到下一道工序，这样既提高了空间利用率，又能使生产线正常流转。这类工业机械手又称直角坐标机器人，是利用 PLC 控制两个伺服电动机，从而带动传动机构，使得执行机构可以在图 7-1 中的 Z-X 平面内抓取、放置物料，实现工业机械手的手动或自动运动。电路中设置了一个 X 轴手动正转按钮 SB1、一个 X 轴手动反转按钮 SB2、一个 Z 轴手动正转按钮 SB3、一个 Z 轴手动反转按钮 SB4 和一个紧急停止按钮 SB，其余手动/自动切换、原点复归、运行、停止运转、强制停止等功能在触摸屏中实现，如图 7-11 所示。

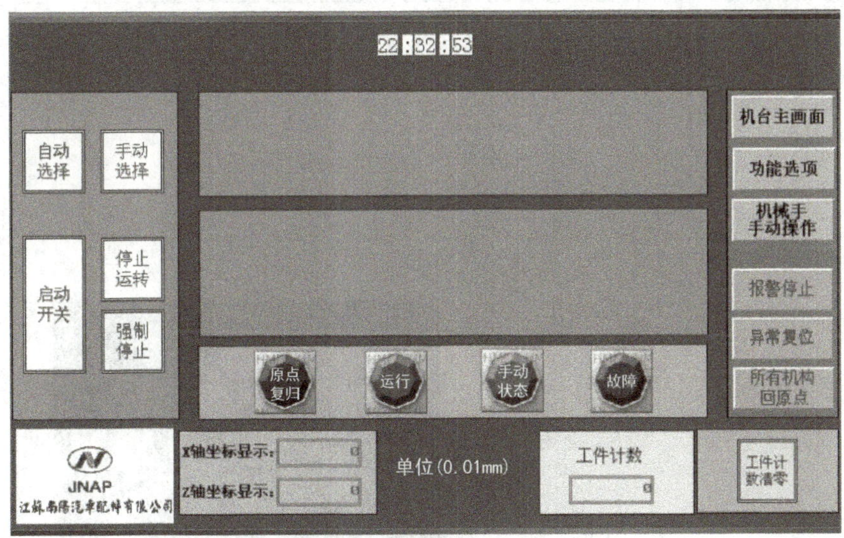

图 7-11　机械手操作触摸屏界面

任务实施

1. 准备元器件

工业机械手顺序控制系统元器件清单见表 7-1。

表 7-1　工业机械手顺序控制系统元器件清单

序号	元器件名称	元器件型号	品牌
1	伺服电动机	HG-SR 152 J	三菱
2	伺服电动机	HG-SR 152 BJ	三菱
3	驱动器	MR-JE-200A	三菱
4	空气开关	IC65N 4P 32A	施耐德
5	空气开关	IC65N 3P 16A	施耐德
6	开关电源	S-350-24	明伟
7	按钮	红色/绿色	施耐德
8	PLC	S7-200 SMART CPU ST60	西门子
9	触摸屏	TK8071IP	威纶

2. 分配输入/输出点

本任务的 I/O 分配见表 7-2。

表 7-2　工业机械手顺序控制系统 I/O 分配

输入(I)		输出(O)	
设备	端口编号	设备	端口编号
X 轴原点	I0.0	伺服轴 X 轴脉冲	Q0.0
X 轴正极限	I0.1	伺服轴 X 轴方向	Q0.1
X 轴负极限	I0.2	伺服轴 Z 轴脉冲	Q0.2
Z 轴原点	I0.3	伺服轴 Z 轴方向	Q0.3
Z 轴正极限	I0.4	夹爪动作	Q0.4
Z 轴负极限	I0.5		
紧急停止按钮 SB	I0.6		
X 轴手动正转按钮 SB1	I0.7		
X 轴手动反转按钮 SB2	I1.0		
Z 轴手动正转按钮 SB3	I1.1		
Z 轴手动反转按钮 SB4	I1.2		

3. 绘制电气原理图（见图 7-12）

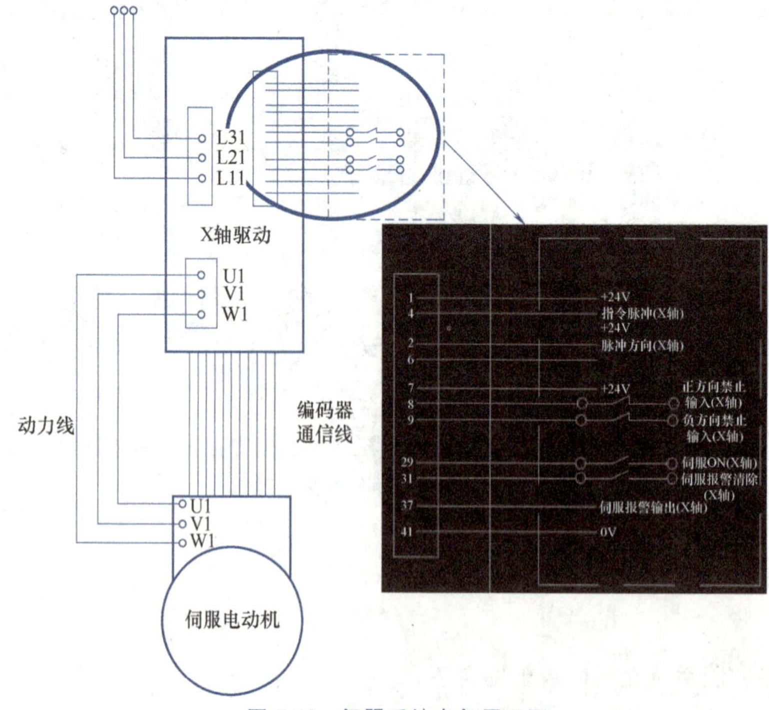

图 7-12　伺服系统电气原理图

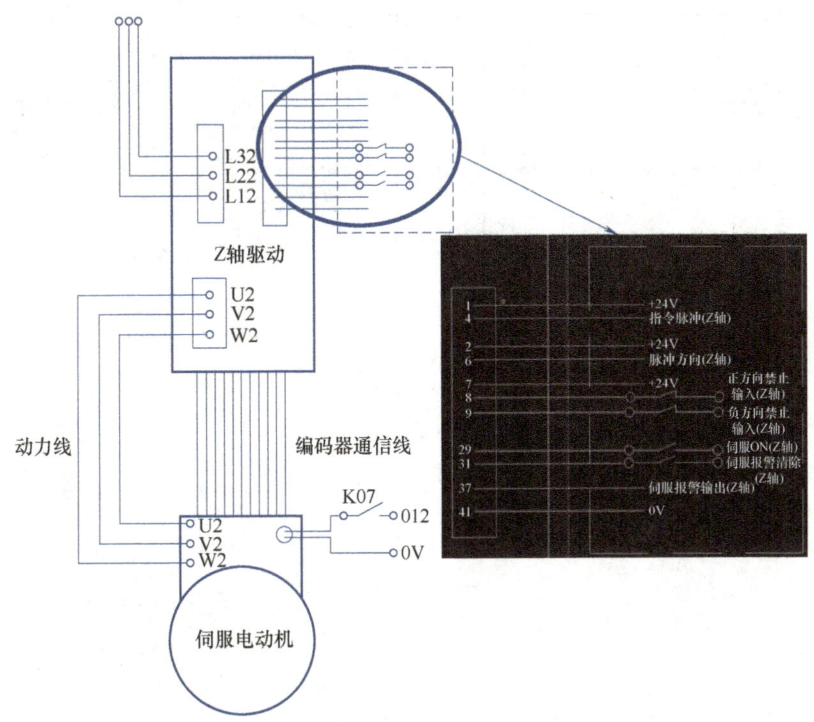

图 7-12　伺服系统电气原理图（续）

4. 设置通信

触摸屏与 PLC 之间选择以太网通信，PLC 侧无须进行设置，触摸屏侧则需进行“设备属性”的设置，如图 7-13 所示。

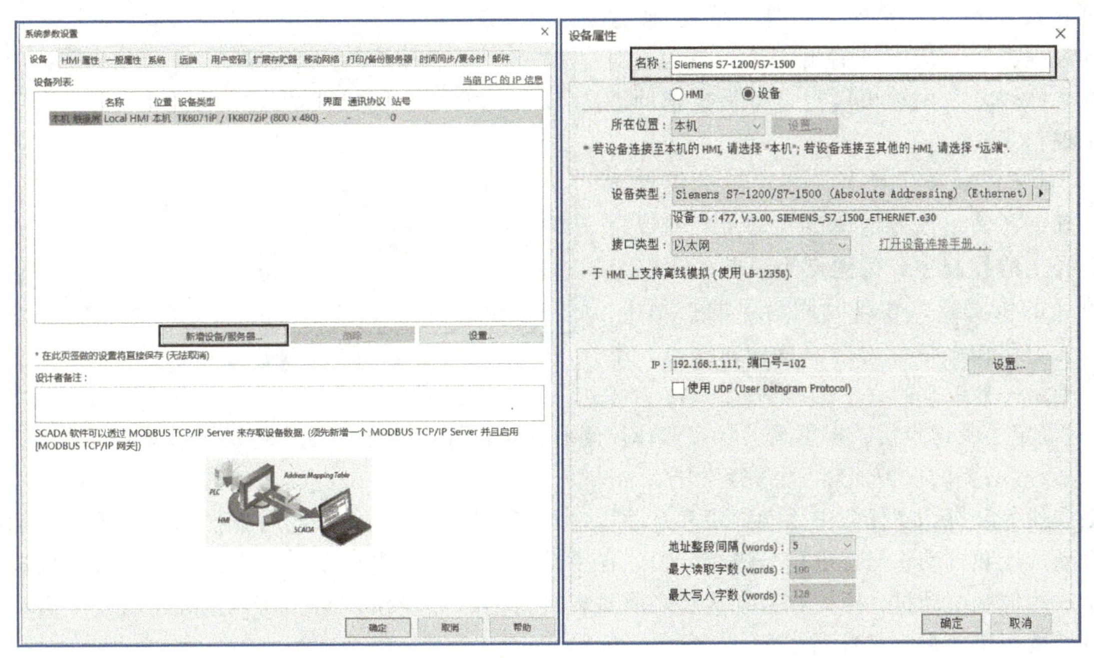

图 7-13　设置触摸屏（一）

这里选择“Siemens S7-200 SMART（Ethernet）”，如图 7-14 所示。

“接口类型”选择“以太网”，如图 7-15 所示。

这里 IP 地址的网段要与 PLC 的 IP 地址网段一致，但最后一位的地址不能相同，如图 7-16 所示。

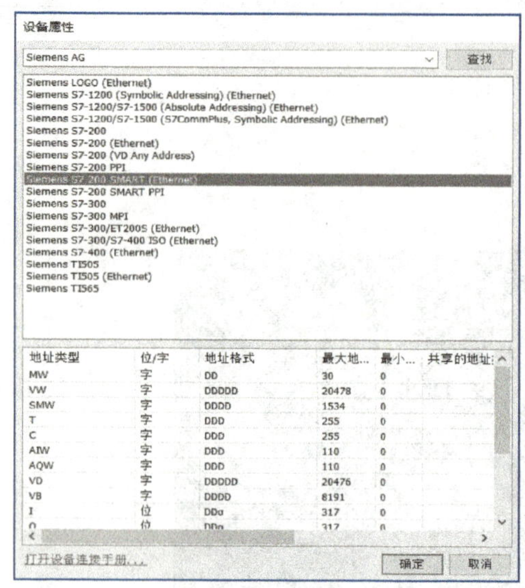

图 7-14　设置触摸屏（二）

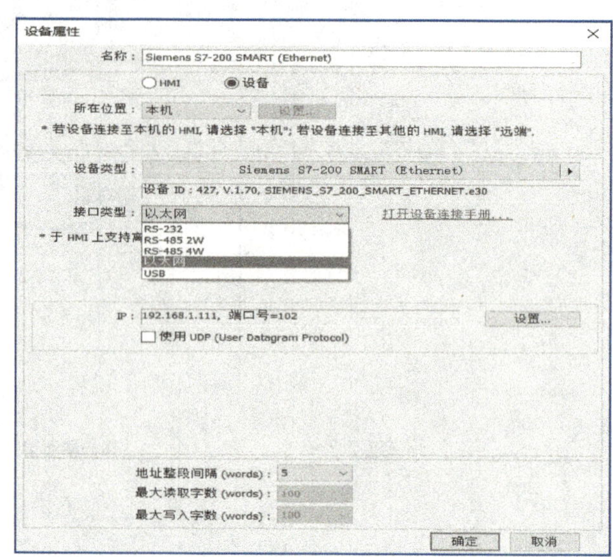

图 7-15　设置触摸屏（三）

5. 编写程序

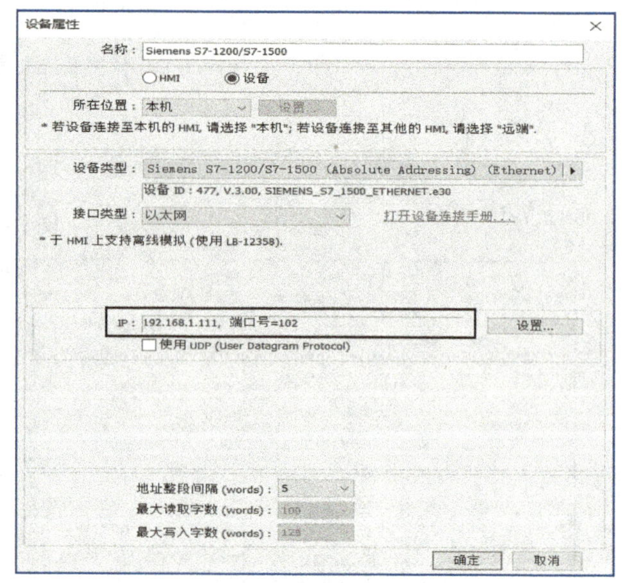

图 7-16　设置触摸屏（四）

根据控制要求直接设计控制程序，步骤如下：

1）在准确了解控制要求后，合理地为控制系统中的信号分配 I/O，见表 7-2。

2）对于一些控制要求比较简单的输出信号，可直接写出它们的控制条件，依起-保-停电路的编程方法完成相应输出信号的编程；对于控制条件较复杂的输出信号，可借助辅助继电器来编程。

3）对于较复杂的控制，要正确分析控制要求，确定各输出信号的关键控制点。在以空间位置为主的控制中，关键点为引起输出信号状态改变的位置点；在以时间为主的控制中，关键点为引起输出信号状态改变的时间点。本任务属于第一种以空间为主的控制。

4）确定了关键点后，根据运动状态选择控制原则，设计主令元件、检测元件和继电器等。

5）设置必要的保护，修改、完善程序。

根据任务分析，本任务中手动程序和自动程序不可以同时执行，因此两套程序之间须使用触摸屏上的手动选择和自动选择按键信号进行互锁。在手动模式下可以进行手动操作，由于本次任务选用的是增量式的伺服电动机，因此在自动运行之前需要进行回原点操作，原点复归完成之后按下启动开关按键可以按规定要求完成自动程序。

首先进行两个轴的初始化，如图 7-17 所示。

再编写两个伺服轴的手动控制程序，如图 7-18 所示。

回原点时限于机械结构，首先需要 Z 轴回原点，等 Z 轴回到安全位置之后 X 轴才可以回原点。两轴回原点操作都完成之后，回原点完成标志位 M12.0 被接通，M12.0 即可作为后续自动运行的条件，如图 7-19 所示。

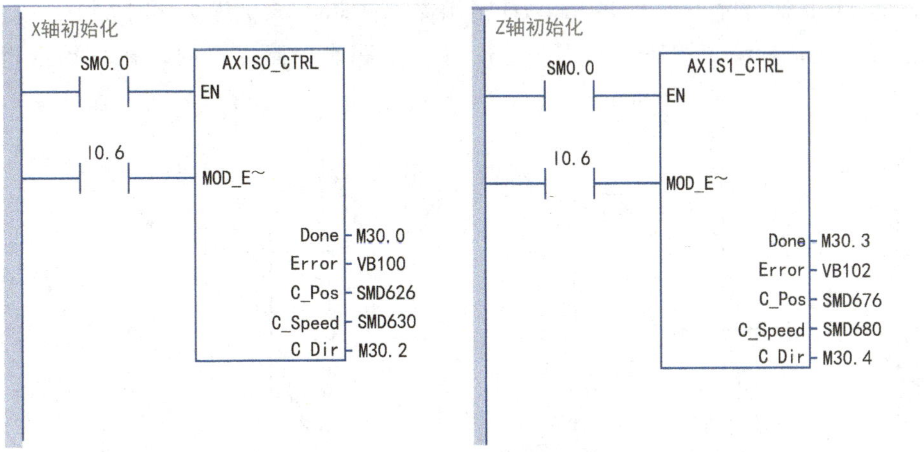

X轴初始化
SM0.0　AXIS0_CTRL　EN
I0.6　MOD_E~
Done - M30.0
Error - VB100
C_Pos - SMD626
C_Speed - SMD630
C_Dir - M30.2

Z轴初始化
SM0.0　AXIS1_CTRL　EN
I0.6　MOD_E~
Done - M30.3
Error - VB102
C_Pos - SMD676
C_Speed - SMD680
C_Dir - M30.4

图 7-17　两个伺服轴初始化程序

工业机械手顺序控制程序

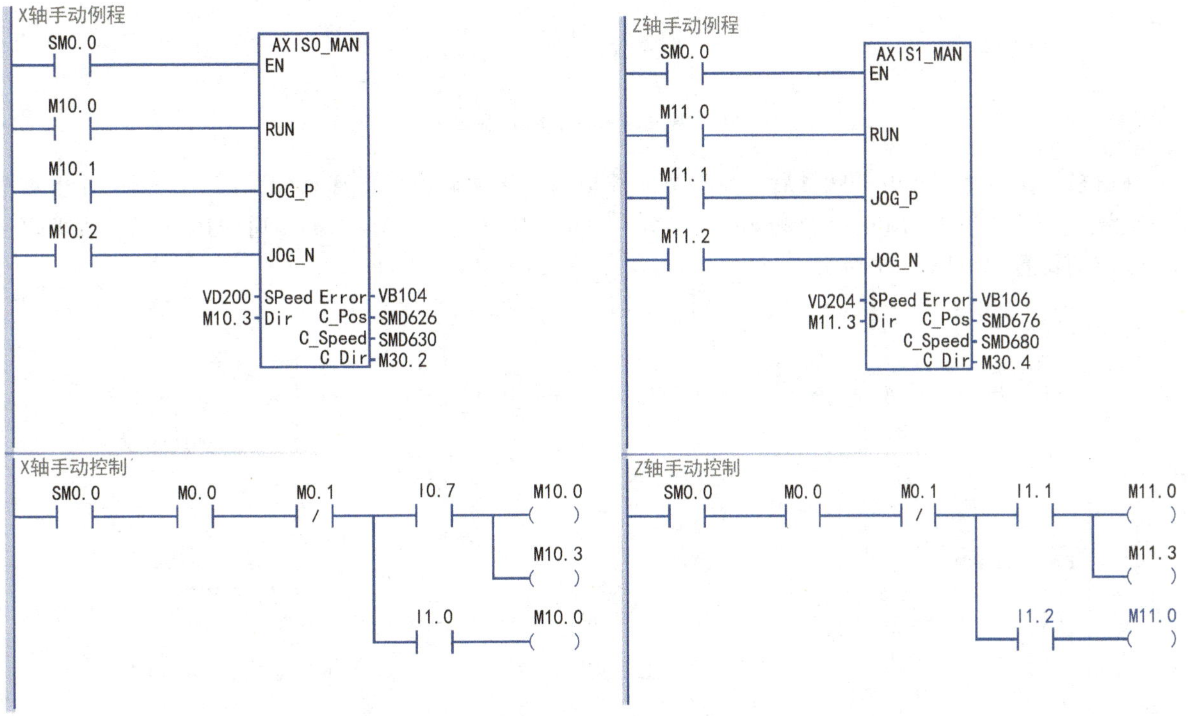

X轴手动例程
SM0.0　AXIS0_MAN　EN
M10.0　RUN
M10.1　JOG_P
M10.2　JOG_N
VD200 - SPeed　Error - VB104
M10.3 - Dir　C_Pos - SMD626
C_Speed - SMD630
C_Dir - M30.2

Z轴手动例程
SM0.0　AXIS1_MAN　EN
M11.0　RUN
M11.1　JOG_P
M11.2　JOG_N
VD204 - SPeed　Error - VB106
M11.3 - Dir　C_Pos - SMD676
C_Speed - SMD680
C_Dir - M30.4

X轴手动控制
SM0.0　M0.0　M0.1 /　I0.7　M10.0 ( )
M10.3 ( )
I1.0　M10.0 ( )

Z轴手动控制
SM0.0　M0.0　M0.1 /　I1.1　M11.0 ( )
M11.3 ( )
I1.2　M11.0 ( )

图 7-18　两个伺服轴手动程序

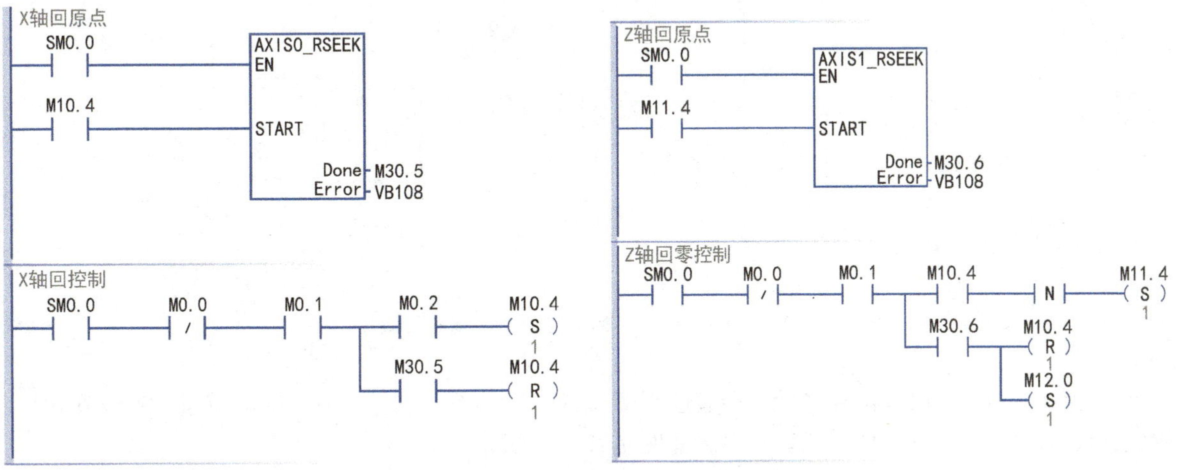

X轴回原点
SM0.0　AXIS0_RSEEK　EN
M10.4　START
Done - M30.5
Error - VB108

Z轴回原点
SM0.0　AXIS1_RSEEK　EN
M11.4　START
Done - M30.6
Error - VB108

X轴回控制
SM0.0　M0.0 /　M0.1　M0.2　M10.4 (S) 1
M30.5　M10.4 (R) 1

Z轴回零控制
SM0.0　M0.0 /　M0.1　M10.4　N　M11.4 (S) 1
M30.6　M10.4 (R) 1
M12.0 (S) 1

图 7-19　两个伺服轴回原点程序

设计自动运行程序时首先调用 AXISx_GOTO 子例程，将 Mode 参数设为 0 则 AXISx_GOTO 子例程进入绝对位置运动模式，再编辑顺序控制程序，使得机械手能按照规定的动作自动运行，如图 7-20 所示。

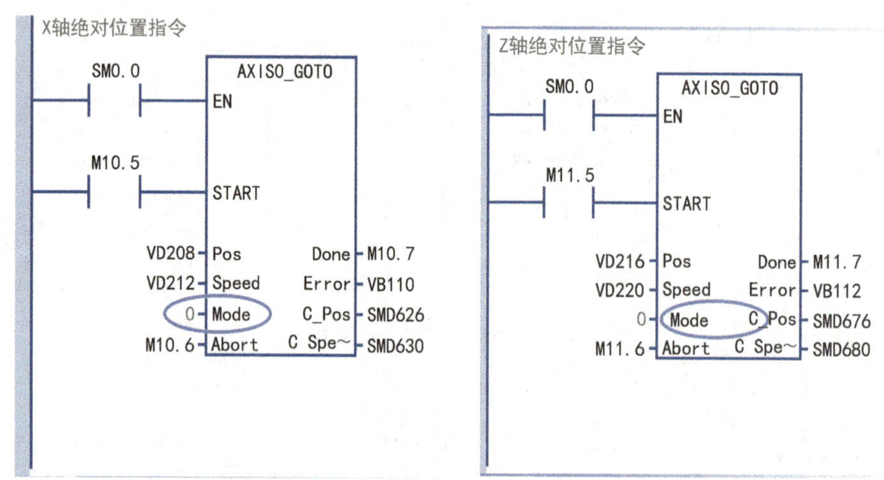

图 7-20　绝对位置运动指令

在触摸屏中按下启动开关按键后，步骤 1 即被接通，接通后将所需移动的距离和运行的速度传送至 AXISx_GOTO 指令中的 Pos 参数和 Speed 参数中，即 VD208 和 VD212，再接通 M10.5 伺服轴即可运动至设定的位置，如图 7-21 所示。

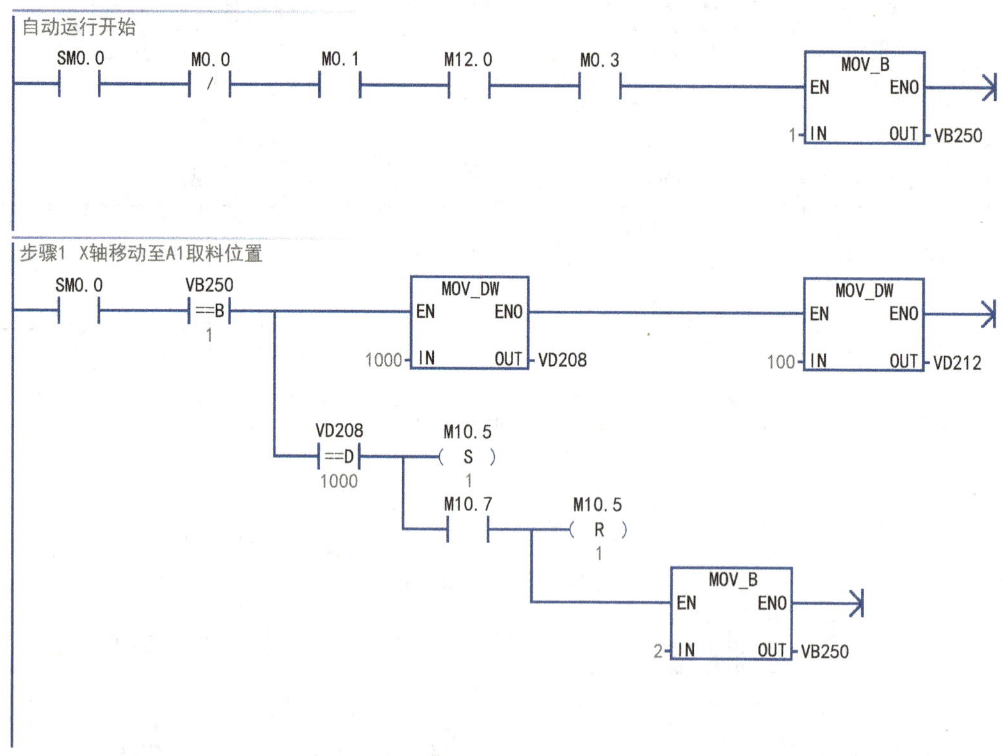

图 7-21　自动运行开始标志及自动运行步骤 1

X 轴到达料仓 A1 取料位置之后，再通过步骤 2 将 Z 轴运行至料仓 A1 的取料位置，Z 轴到达取料位置之后，接通输出 Q0.4 即可抓取物料，如图 7-22 所示。

这样通过“比较指令+传送指令”的方式，可以实现工业机械手的顺序控制。

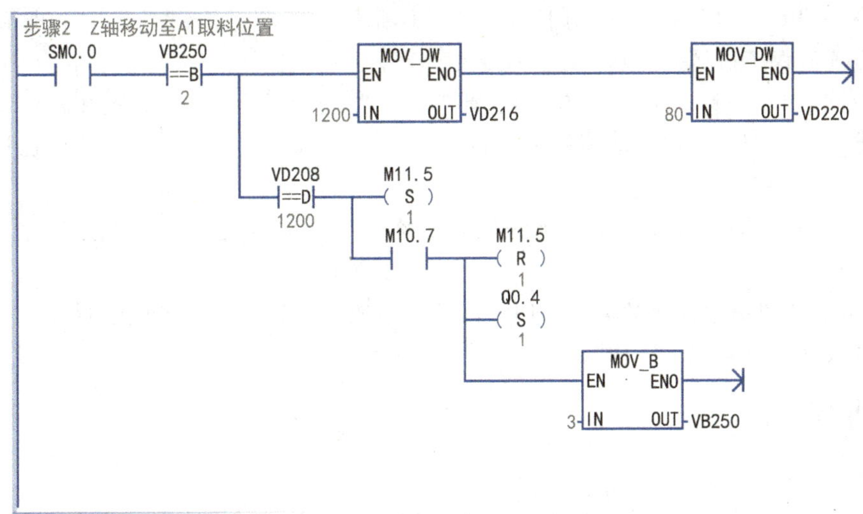

图 7-22　Z 轴到达取料位置并输出夹爪动作

6. 下载程序、运行系统

1）先输入程序并传送到 PLC，然后对程序进行运行和调试，观察是否符合要求。若不符合要求，则检查接线及 PLC 程序，直至按要求运行。

2）按下触摸屏中的“手动选择”按键，再按下 X 轴手动正转按钮 SB1，机械手可以往 X 轴正方向运行；按下 X 轴手动反转按钮 SB2，机械手可以往 X 轴反方向运行；按下 Z 轴手动正转按钮 SB3，机械手可以往 Z 轴正方向运行；按下 Z 轴手动反转按钮 SB4，机械手可以往 Z 轴反方向运行。

3）按下触摸屏中的“自动选择”按键，再按下触摸屏中的“所有机构回原点”按键，机械手自动执行回原点操作。

4）回原点操作完成后，按下触摸屏中的“启动开关”按键，机械手可以按照程序顺序执行相应的动作。按下“强制停止”按键后设备停止运行。

7. 分析 PLC 工作过程

（1）输入信号采集

1）传感器信号：PLC 通过接收来自各种传感器的信号，如光电开关、接近开关、限位开关等，来检测机械手的当前位置、工件的状态以及外部环境的变化。

2）操作指令：PLC 还接收来自触摸屏或按钮的指令，如启动、停止、复位等。

（2）程序执行

1）程序加载：在 PLC 上电后，其内部存储的程序会被加载到 CPU 中，准备执行。

2）逻辑判断与运算：PLC 根据输入信号和预设的程序逻辑，进行各种逻辑判断、算术运算等处理。这些处理结果将决定机械手的下一步动作。

3）输出指令：根据处理结果，PLC 向输出模块发出控制指令，如控制伺服电动机的转速和方向、气缸的伸缩、电磁阀的开关等。

（3）运动控制

1）伺服电动机控制：PLC 通过伺服驱动器控制伺服电动机的运转，实现机械手在 X、Z 两个方向上的精确移动。伺服驱动器接收 PLC 发出的脉冲信号，转化为电动机的转速和转矩输出。

2）气缸与电磁阀控制：对于需要气动执行的动作（如手爪的开合），PLC 通过控制电磁阀的开关来驱动气缸的伸缩。

（4）循环扫描与实时监控

1）循环扫描：PLC 采用循环扫描的工作方式，不断重复输入信号采集、程序执行和输出指令的过程。这种工作方式确保了机械手能够持续、稳定地运行。

2）实时监控：PLC 还具备实时监控功能，能够实时监测机械手的运行状态和外部环境的变化。一旦发现异常情况（如过载、短路、故障等），PLC 会立即发出报警信号并采取相应的保护措施。

（5）用户交互与故障诊断

1）用户交互：PLC 通过操作面板或远程控制系统与用户进行交互，提供运行状态显示、参数设置、故障诊断等功能。

2）故障诊断：当机械手出现故障时，PLC 能够记录故障信息并进行初步诊断。用户可以根据 PLC 提供的故障信息快速定位问题并进行修复。

任务评价

1. 检查内容

1）检查选择的元器件是否齐全，熟悉各元器件功能及作用。

2）熟悉电气控制原理图，并列出 PLC 的 I/O 表。

3）检查电气线路安装是否合理及运行情况。

4）检查程序能否正常下载，下载后能否正常运行。

2. 评估策略（见表 7-3）

表 7-3 工业机械手顺序控制任务评价

任务内容	评估内容	评估标准	配分	学生自评	学生互评	教师评价
专业技能	知识点	理解电路控制要求及原理	10			
	元件选择与检测	硬件元器件型号选择正确、用万用表检测质量合格	5			
	合理分配 I/O	列出 I/O 端口，准确画出 PLC 控制 I/O 端口接线图	10			
	接线及布线工艺	按照原理图，正确、规范接线	10			
	梯形图设计	根据接线编写梯形图	10			
	程序检查与运行	传送、运行、监控程序	25			
方法	自主学习能力	预习并做好课前准备	5			
	理解、总结能力	准确理解任务要求，善于总结	5			
	创新能力	选用新方法、新工艺效果好	5			
职业素养	团队协作能力	积极参与、小组协作	5			
	语言表达能力	观点表达清楚，展示效果好	5			
	安全操作能力	遵守安全操作规程	5			
合计			100			

知识拓展

尝试设计在触摸屏中设定运行位置以及运行速度的程序。在原有程序的基础上将每个步骤的运行位置和运行速度用 PLC 中的寄存器传送给运动指令，如图 7-23 所示，而这些寄存器的值可在触摸屏中输入。

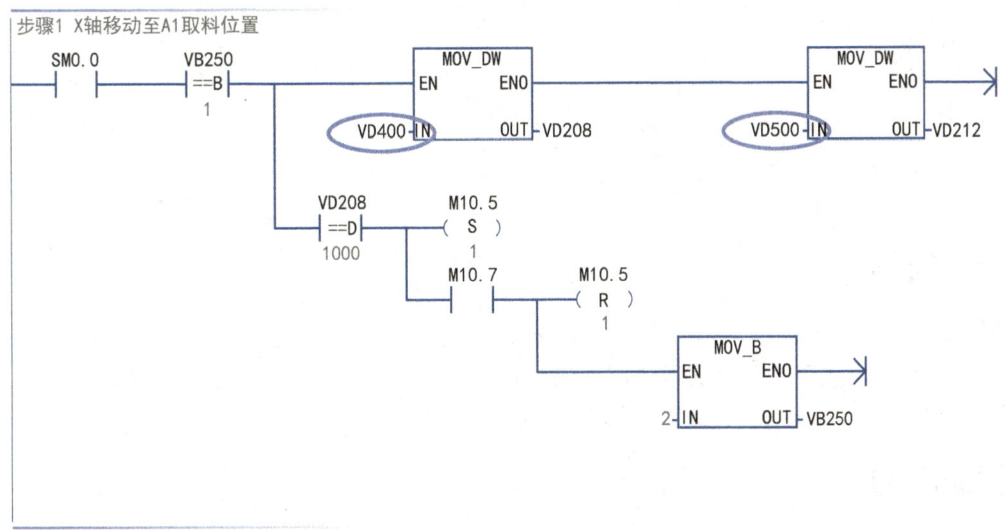

图 7-23　PLC 中的寄存器用于传送速度和位置

思考与练习

1）西门子 S7-200 SMART PLC 中的轴初始化指令是什么？如何使用？

2）在工业机械手的程序设计中，在操作伺服轴回原点时需要注意哪些问题？

实践中常见问题解析

工业工程的建设飞速发展，使得电气设备尤其重要，没有了电气设备，现代化的工业就没法顺利进行，电气设备齐全是一方面，但是光齐全是不管用的，主要是电气设备要达到各方面的质量上的标准，才能保证工业工程的顺利进行，否则，一旦电气设备出现问题，有时候不仅是耽误生产，更严重的会导致人员伤亡，损失惨重。经过调查发现工业工程电气设备中常见的问题有工业电气设备设计上的问题和工业电气设备安装中的问题等。

1. 工业电气设备设计上的问题

有些工业电气设备在设计上不合理，而企业在购买时不可能全面地考虑到这些问题，这些问题只会在生产实践中日渐显露。比如说，安装在室外的照明灯具经常会受到不良天气的影响，一旦被雨淋湿，就有可能使得这些照明工具被损坏或者是掉下来砸伤工地上的人，这就有可能酿成无可挽回的电击事件。

2. 工业电气设备安装中的问题

提到工业电气设备的使用，不得不考虑电力的稳定性。在这些设备的安装过程中难免会出现很多问题，比如说变压器的问题、配电装置的问题以及电气的主接线的问题等。在变压器上存在的问题是有时工作人员为了赶工期，在最后结束工作时，没有把箱底的残油清除干净。有些工作人员在电气设备的安装过程中，不注重安全问题，安装的时候有很多电线，由于工作人员的疏忽可能导致电线弄乱或者接错。还有的接地排线的安装没有考虑到电化腐蚀会带来的后果。

随着经济的发展，工业领域对电气设备的需求和使用量增多，而电气设备出现问题的概率也可能相应增加。及时发现问题，并且找到合理的解决方案，以确保工程的顺利进行。

任务八　灌装生产线控制

知识目标

- 了解灌装生产线控制系统的组成和工作过程。
- 掌握 PLC 相关指令的应用方法。
- 掌握常用传感器的基本原理及使用方法。

能力目标

- 能够安装灌装生产线控制系统的电气线路。
- 能编写 PLC 控制程序并调试程序使其满足控制要求。
- 能够对生产线的质量进行监控、管理并解决实际问题。

职业能力

- 掌握灌装生产线控制系统的安装和调试技能。
- 了解智能化生产线的应用前景和发展趋势，为未来的职业发展奠定基础。
- 具备独立思考和解决问题的能力。
- 关注社会责任和环保问题，树立绿色生产的理念。

任务要求

灌装生产线控制系统是将液体产品装入固体容器中，并在容器外贴上标签。此系统需具备高速且精确的灌装工艺、传输带连续给料、贴标等性能，一般应用于各种液体、膏体、半流体等物料的清洗、灌装、旋盖、贴标、喷码等。本任务要求设计一个饮料的灌装生产线控制系统，其工作流程为：将空瓶置于第一级输送带的点 A 处，输送带带动空瓶向前移动，到达灌装机的位置即点 B 时对空瓶进行饮料的灌装；灌装完成后输送带继续带动瓶子向前移动，到达压盖机的位置时对瓶子进行压盖处理；压盖完成后输送带继续带动瓶子向前移动直至整理平台；机械手将整理平台上的瓶子抓放到第二级输送带上的点 C 处，输送带带动瓶子向前移动，当瓶子到达贴标机的位置即点 D 时，贴标机对瓶子进行贴标处理；贴标处理完成后输送带继续带动瓶子向前直至装箱点；一个箱子装满后进行包装，包装完成后进行下一个箱子的装箱，如图 8-1 所示。

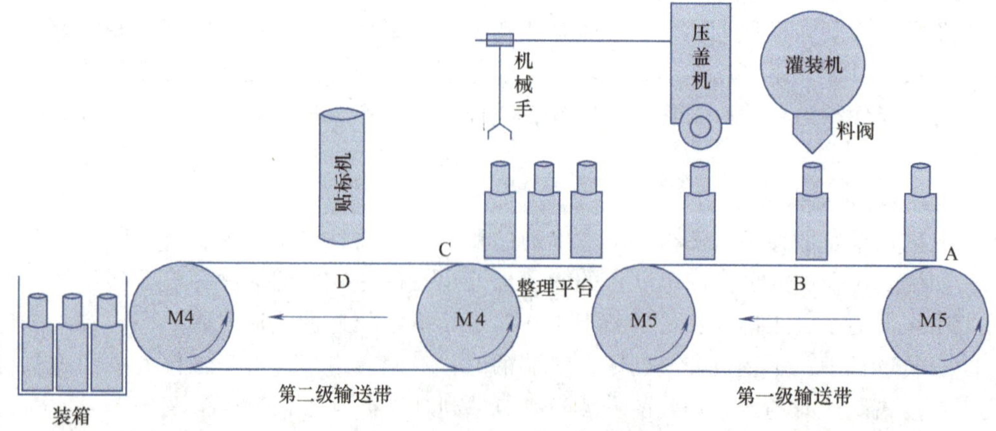

图 8-1　灌装生产线控制系统示意

知识准备

一、递增指令和递减指令

1. 递增指令

递增指令是对输入值 IN 加 1 并将结果输入 OUT 中。根据数据对象的不同，S7-200 SMART PLC 中共有三种递增指令，分别是字节递增（INC_B）、字递增（INC_W）和双字递增（INC_DW），如图 8-2 所示。需要注意的是，字节递增运算为无符号运算，其数据范围为 0~255；字递增运算为有符号运算，其数据范围为 -32768 ~ +32767；双字递增运算为有符号运算，其数据范围为 -2147483648 ~ +2147483647。

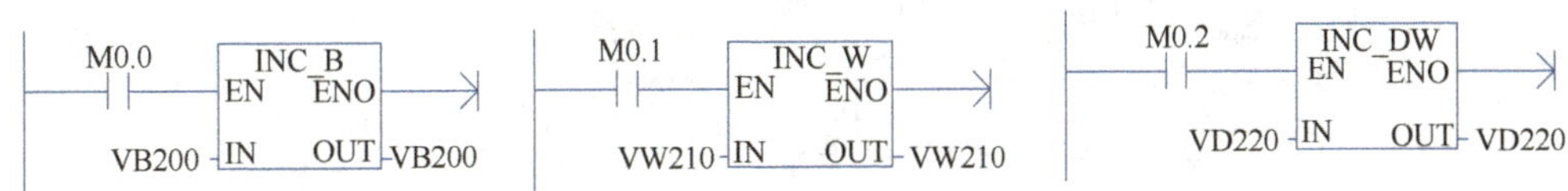

图 8-2　递增指令

由于该指令在运行的过程中，只要使能端有信号，就在每个扫描周期均执行递增动作，因此在实际使用的过程中一般都需要对使能信号进行脉冲化处理，如图 8-3 所示。

2. 递减指令

递减指令是对输入值 IN 减 1 并将结果输入 OUT 中。根据数据对象的不同，S7-200 SMART PLC 中共有三种递减指令，分别是字节递减（DEC_B）、字递减（DEC_W）和双字递减（DEC_DW），如图 8-4 所示。和递增指令一样，字节递减运算为无符号运算，其数据范围为 0~255；字递减运算为有符号运算，其数据范围为-32768~+32767；双字递减运算为有符号运算，其数据范围为-2147483648~+2147483647。

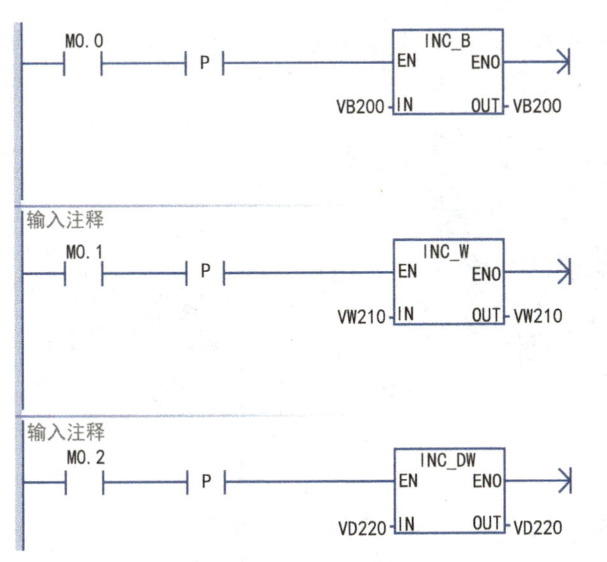

图 8-3　使能端信号的脉冲化处理

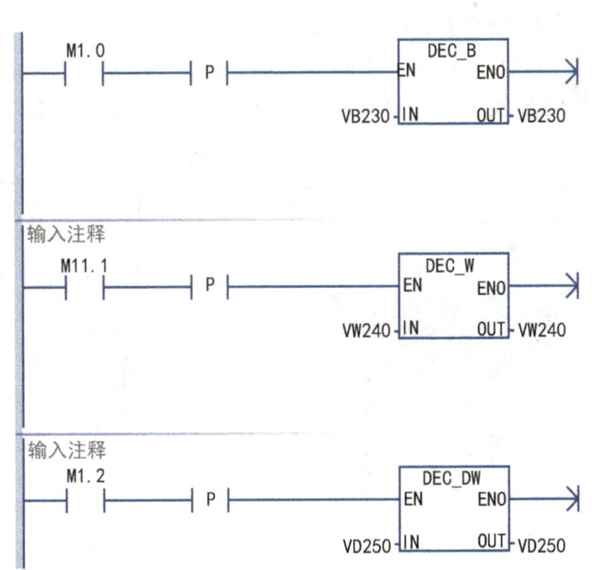

图 8-4　递减指令

二、传感器的基本工作过程和使用方法

1. 光电式传感器的基本工作过程

光电式传感器主要由光发射器和光接收器构成。如果光发射器发射的光线因检测物体不同而被遮

掩或反射，到达光接收器的量将会发生变化。光接收器的敏感元件将检测出这种变化，并转换为电信号进行输出。大多使用可视光（主要为红色，也用绿色、蓝色来判断颜色）和红外光。按照接收器接收光的方式的不同，可将光电接近开关分为对射式、反射式和漫射式三种类型，如图 8-5 所示。

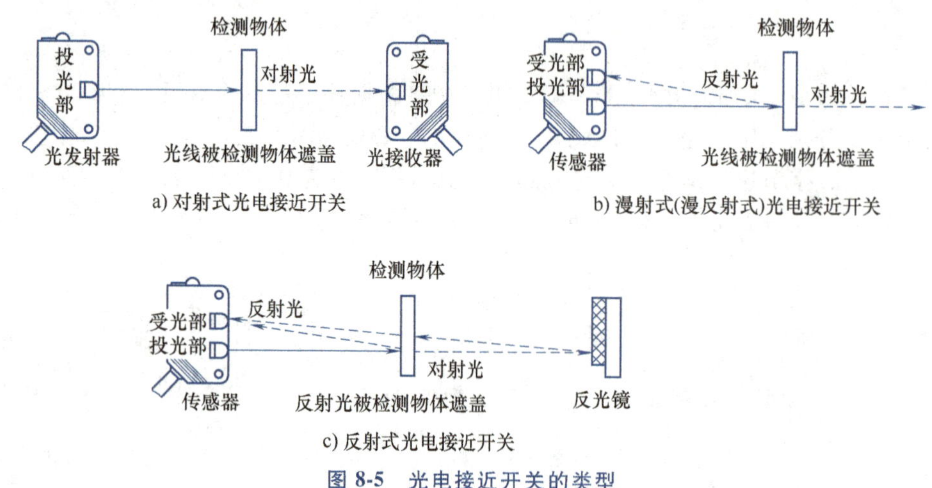

图 8-5　光电接近开关的类型

2. 光电式传感器的接线方法

光电式传感器是三线制传感器，其接线方法采用漏型输入。光电式传感器的接线如图 8-6 所示，其棕色线接 DC 24V 电源的正极，蓝色线接 DC 24V 电源的负极，黑色线接 PLC 输入端。

3. 磁性开关的安装及使用

磁性开关用于检测气缸的活塞杆位置，磁性开关动作时，输出信号为“1”，LED 亮；磁性开关不动作时，输出信号为“0”，LED 不亮。磁性开关的安装位置可以调整，调整方法是松开它的紧定螺栓，让磁性开关顺着气缸滑动，到达指定位置后，再旋紧紧定螺栓。磁性开关在气缸上的安装示意如图 8-7 所示。

4. 磁性开关的接线方法

磁性开关是二线制传感器，其接线方法采用漏型输入。磁性开关的接线如图 8-8 所示，其棕色线接 PLC 输入端，蓝色线接 PLC 输入的公共端（DC 24V 电源的负极）。

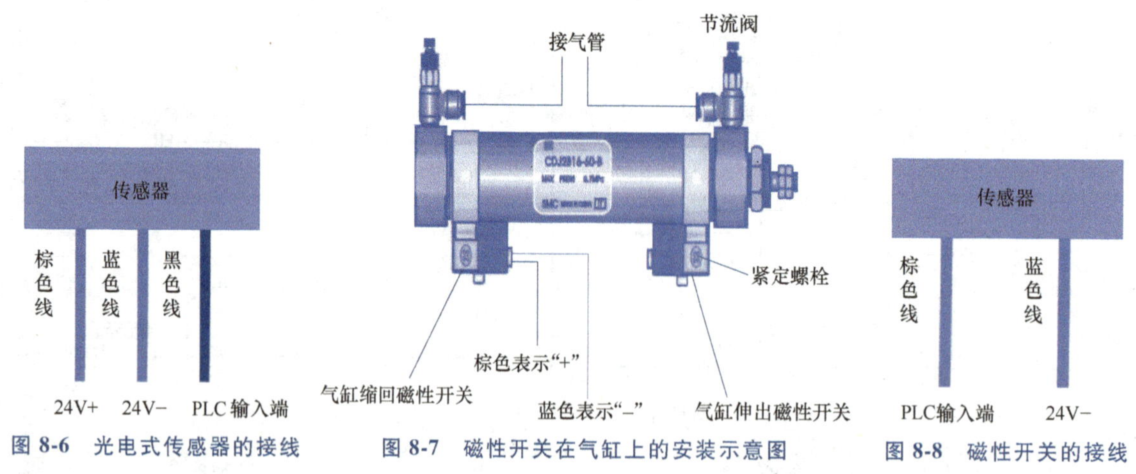

图 8-6　光电式传感器的接线　　图 8-7　磁性开关在气缸上的安装示意图　　图 8-8　磁性开关的接线

任务分析

灌装生产线控制系统由以下几个部分组成。

1. 第一级输送带

输送带由三相异步电动机来驱动，使瓶子由点 A 向点 B 方向输送。输送带的首端（点 A）、灌装点（点 B）、压盖机的压盖点和输送带末端各安装了一个传感器用于检测瓶子的位置。

2. 第二级输送带

输送带由三相异步电动机来驱动，使瓶子由点 C 向点 D 方向输送。输送带的首端（点 C）、贴标机的贴标点、输送带的末端（点 D）各安装了一个传感器用于检测瓶子的位置。

3. 灌装机

饮料的灌装由灌装机完成。当空瓶到达灌装点时，灌装机的料阀打开将饮料灌装到空瓶中，灌装完成后料阀自动关闭。灌装的量是由时间来控制的，通过调节料阀打开的时间来改变灌装的量。

4. 压盖机

由压盖机完成瓶盖的安装。当瓶子到达压盖点时，压盖机伸出对瓶子进行压盖。压盖机利用气压缸原理，在活塞杆伸出时压盖机向下压盖。在活塞杆的伸出和返回的极限位置各安装了一个传感器用于检测其位置。

5. 机械手

机械手的任务是将整理平台上的瓶子搬运到第二级输送带上。它可以是工业机器人。在本任务的控制系统中只需要给它一个命令信号即可，具体运行过程不在本次任务之内。

6. 贴标机

由贴标机完成瓶子的贴标，当瓶子到达贴标点时，贴标机伸出对瓶子进行贴标。贴标机利用气压缸原理，在活塞杆伸出时贴标机向下贴标。在活塞杆的伸出和返回的极限位置各安装了一个传感器用于检测其位置。

任务实施

1. 准备元器件

灌装生产线控制系统元器件清单见表 8-1。

表 8-1　灌装生产线控制系统元器件清单

序号	名称	型号规格	数量
1	可编程序控制器	S7-200 SMART SR30	1 台
2	开关电源	输入 AC 220V，输出 DC 24V	1 个
3	空气开关	DZ47-C32/2P 20A	1 个
4	空气开关	DZ47-C32/3P 32A	1 个
5	熔断器	RT18-32/20	1 个
6	交流接触器	CJX2-0910，线圈电压 DC 24V	2 个
7	中间继电器	线圈电压 DC 24V	2 个
8	电磁阀	线圈电压 DC 24V	4 个
9	网孔板	通用	1 块
10	电工工具	—	1 套
11	端子排	TD20/15	3 块

2. 分配输入/输出点

本任务的 I/O 分配见表 8-2。

表 8-2　灌装生产线控制系统 I/O 分配

输入(I)			输出(O)		
端口编号	元器件符号	功能说明	端口编号	元器件符号	功能说明
I0.0	S1	第一级输送带点 *A* 光电传感器	Q0.0	KM1	第一级输送带运行
I0.1	S2	第一级输送带点 *B* 光电传感器	Q0.1	KM2	第二级输送带运行
I0.2	S3	压盖机压盖点光电传感器	Q0.2	KA1	灌装机料阀打开
I0.3	S4	第二级输送带点 *C* 光电传感器	Q0.3	YV1	压盖机气缸伸出
I0.4	S5	第二级输送带点 *D* 光电传感器	Q0.4	YV2	压盖机气缸缩回
I0.5	S6	贴标机贴标点光电传感器	Q0.5	YV3	贴标机气缸伸出
I0.6	S7	压盖机气缸上限传感器	Q0.6	YV4	贴标机气缸缩回
I0.7	S8	压盖机气缸下限传感器	Q0.7	KA2	机械手动作信号
I1.0	S9	贴标机气缸上限传感器	Q1.0		
I1.1	S10	贴标机气缸下限传感器	Q1.1		
I1.2	S11	第一级输送带末端光电传感器	Q1.2		

3. 绘制电气原理图（见图 8-9）

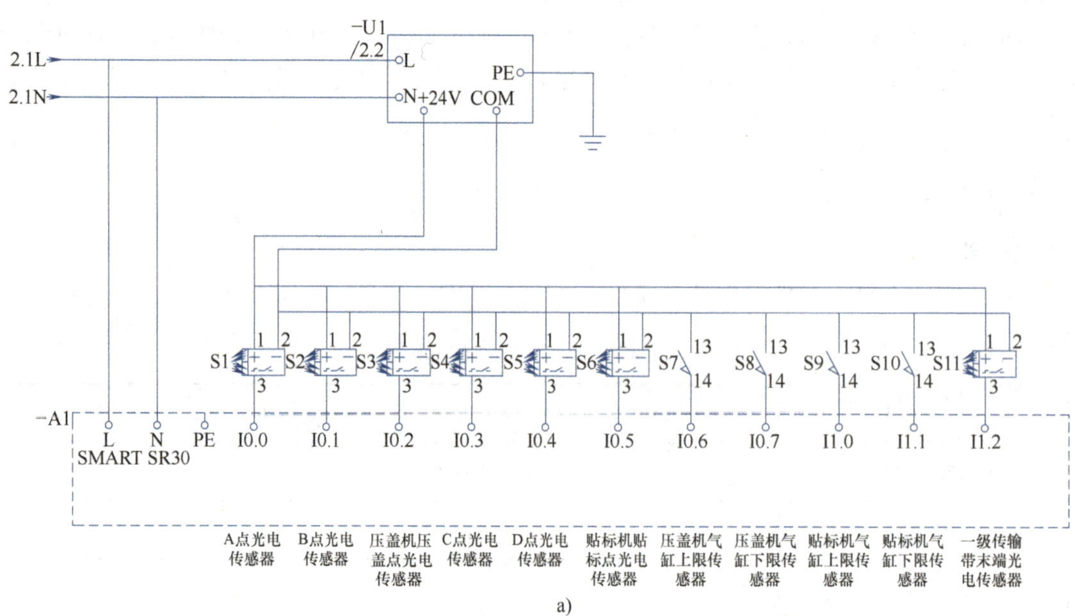

a)

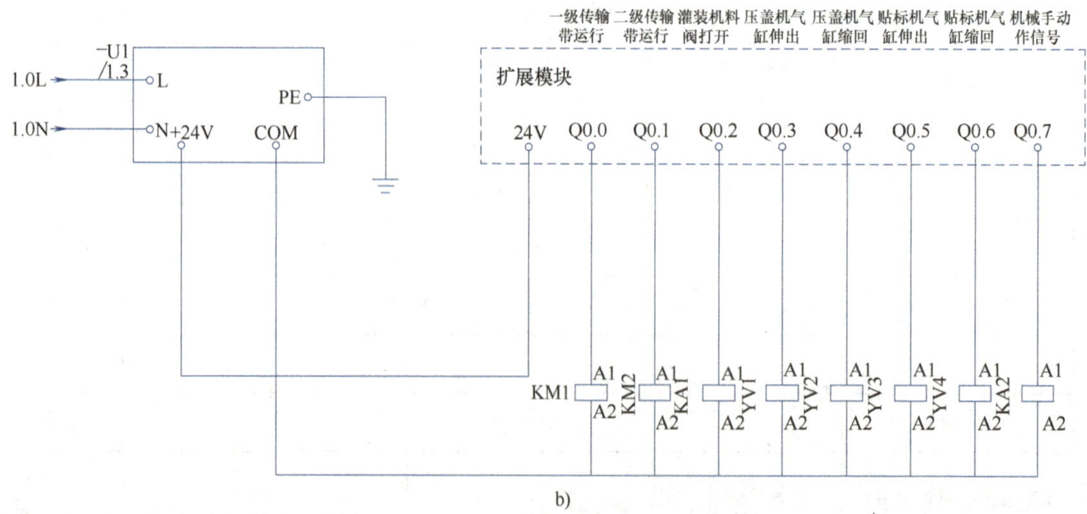

b)

图 8-9　灌装生产线控制系统电气原理图

4. 安装与测量电气线路

(1) 安装元器件的技术规范

1) 安装前必须检查元器件有无损坏。

2) 安装要横平竖直，各器件留有一定的间距。

3) 不同电压等级的器件要分开安装。

4) PLC 要远离干扰源。

5) 元器件的安装要牢固可靠。

(2) 安装电气线路的要求

1) 布线横平竖直、不凌乱、不架空，导线连接可靠、不松动。

2) 导线颜色、线径使用正确。

3) 导线两端均使用冷压插针、不伤线芯、不破皮、不露铜。

4) 连接的导线套有写有编号的号码管。

5) 导线正确进线槽，线槽外过长的要使用缠绕管。

6) 接地可靠、完整。

(3) 测量电路　测量电路正确性的目的是为通电调试做好准备，排除可能出现的接线问题，杜绝安全事故的发生。

应测量的部位包括电源部分、终端电路部分、输入电路部分、输出电路部分。

5. 组态触摸屏

触摸屏界面如图 8-10 所示，触摸屏控件与 PLC 地址分配清单见表 8-3。

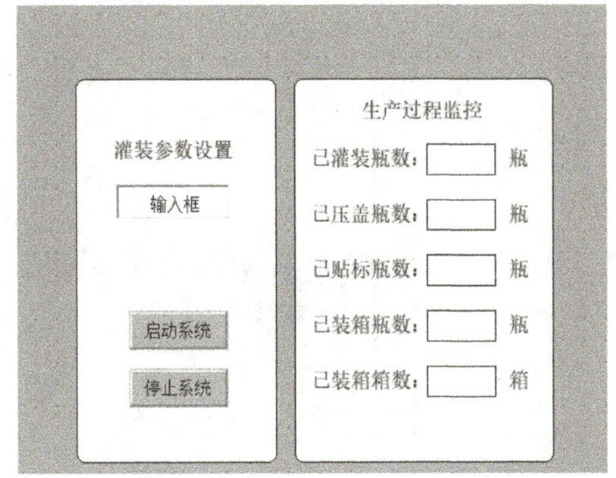

图 8-10　灌装生产线控制系统触摸屏界面

表 8-3　触摸屏控件与 PLC 地址分配清单

序号	控件名称	PLC 地址	数据类型
1	“启动系统”按钮	M10.0	位
2	“停止系统”按钮	M10.1	位
3	“已灌装瓶数”数据显示	VW112	整型
4	“已压盖瓶数”数据显示	VW114	整型
5	“已贴标瓶数”数据显示	VW116	整型
6	“已装箱瓶数”数据显示	VW108	整型
7	“已装箱箱数”数据显示	VW110	整型
8	灌装参数设置	VW100	整型

6. 编写程序、分析 PLC 工作过程

1) 图 8-11 所示为系统起动程序，M10.0 是触摸屏中“启动系统”按钮，M10.1 是触摸屏“停止系统”按钮。

2) 图 8-12 所示为第一级输送带和第二级输送带的驱动程序，系统起动后 Q0.0 和 Q0.1 同时得电，第一级输送带和第二级输送带同时运行。当系统处于灌装（M1.0 得电）、压盖（M1.1 得电）、贴标（M1.2 得电）时，线圈断电、传输带停止。

3) 图 8-13 所示为统计第一级输送带上的瓶数程序，首端（点 A）光电传感器检测到瓶放入后 VW104 加 1，末端光电传感器检测到瓶到达整理平台后 VW104 减 1。

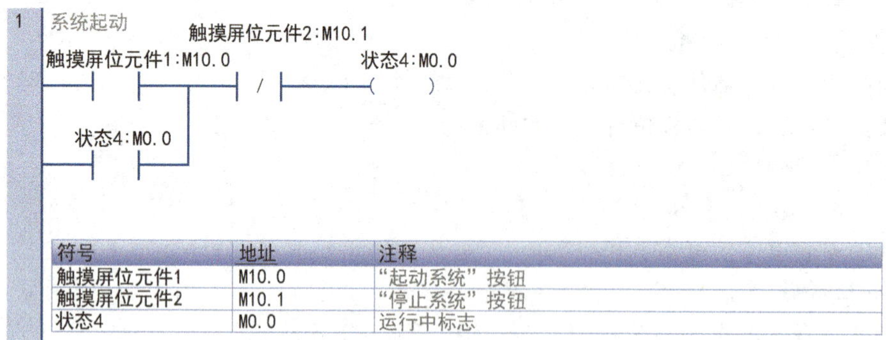

符号	地址	注释
触摸屏位元件1	M10.0	"起动系统"按钮
触摸屏位元件2	M10.1	"停止系统"按钮
状态4	M0.0	运行中标志

图 8-11　系统起动控制程序

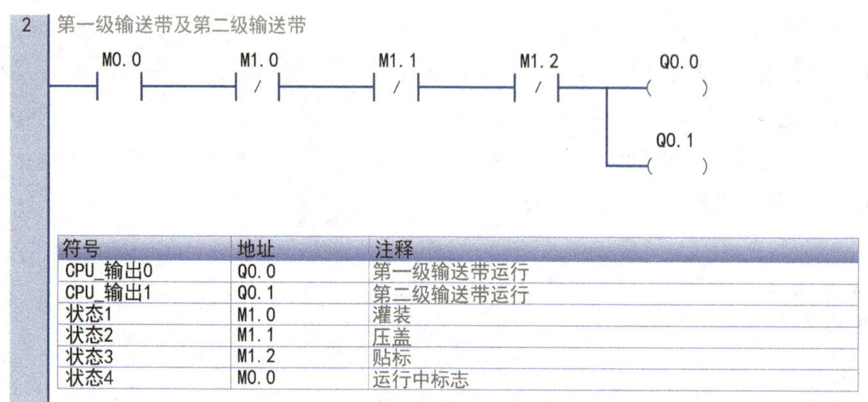

符号	地址	注释
CPU_输出0	Q0.0	第一级输送带运行
CPU_输出1	Q0.1	第二级输送带运行
状态1	M1.0	灌装
状态2	M1.1	压盖
状态3	M1.2	贴标
状态4	M0.0	运行中标志

图 8-12　第一级输送带和第二级输送带的驱动程序

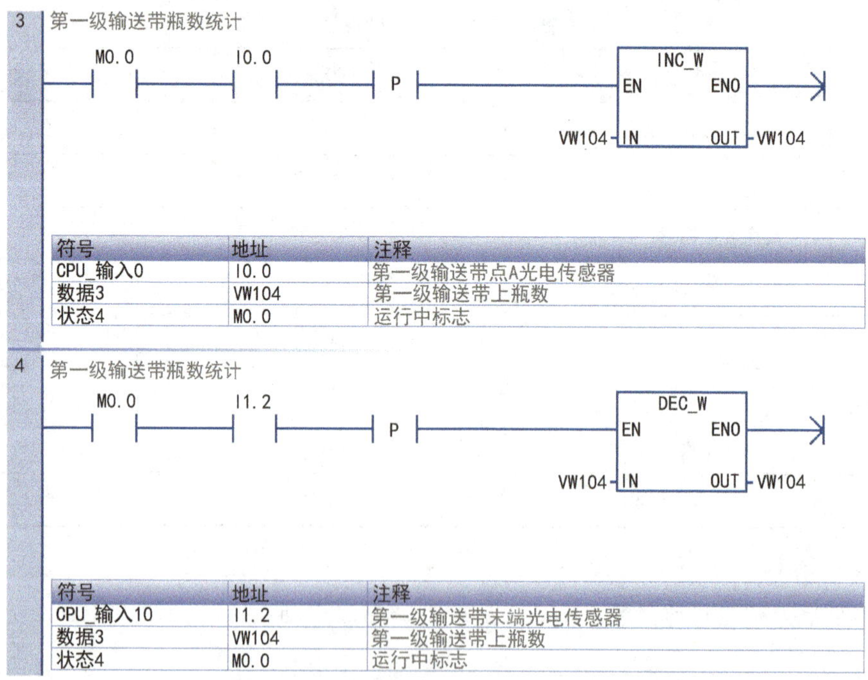

符号	地址	注释
CPU_输入0	I0.0	第一级输送带点A光电传感器
数据3	VW104	第一级输送带上瓶数
状态4	M0.0	运行中标志

符号	地址	注释
CPU_输入10	I1.2	第一级输送带末端光电传感器
数据3	VW104	第一级输送带上瓶数
状态4	M0.0	运行中标志

图 8-13　统计第一级输送带上的瓶数程序

4）图 8-14 所示为灌装控制程序，点 B 光电传感器检测到空瓶到达灌装位置后，打开料阀进行灌装，灌装的容量由触摸屏进行设置（VW100），用时间继电器 T37 控制灌装的时间，灌装完成后 VW112 加 1。

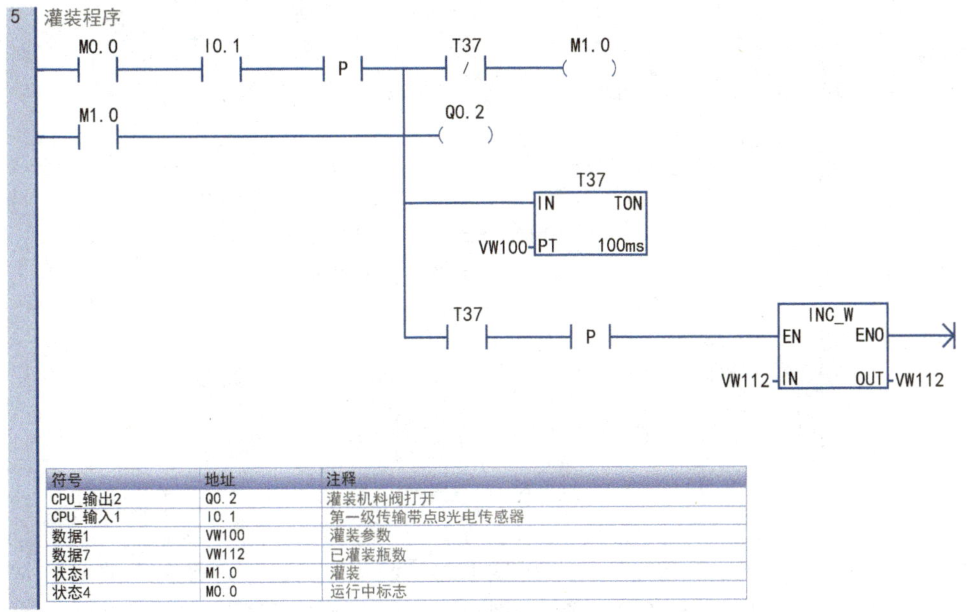

符号	地址	注释
CPU_输出2	Q0.2	灌装机料阀打开
CPU_输入1	I0.1	第一级传输带点B光电传感器
数据1	VW100	灌装参数
数据7	VW112	已灌装瓶数
状态1	M1.0	灌装
状态4	M0.0	运行中标志

图 8-14　灌装控制程序

5）图 8-15 所示为压盖控制程序，压盖机压盖点传感器检测到瓶子后，驱动压盖机气缸下降对瓶子进行压盖。压盖气缸到达下极限位置后，延时 2s 再自动返回上极限位置，完成压盖工作。

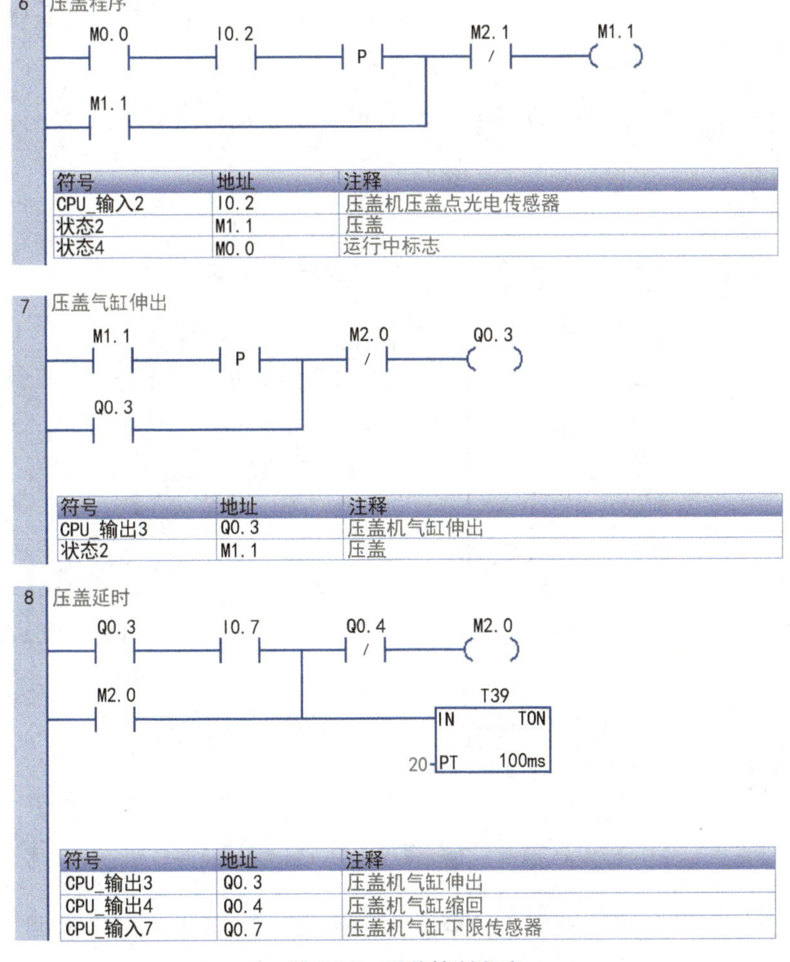

符号	地址	注释
CPU_输入2	I0.2	压盖机压盖点光电传感器
状态2	M1.1	压盖
状态4	M0.0	运行中标志

符号	地址	注释
CPU_输出3	Q0.3	压盖机气缸伸出
状态2	M1.1	压盖

符号	地址	注释
CPU_输出3	Q0.3	压盖机气缸伸出
CPU_输出4	Q0.4	压盖机气缸缩回
CPU_输入7	Q0.7	压盖机气缸下限传感器

图 8-15　压盖控制程序

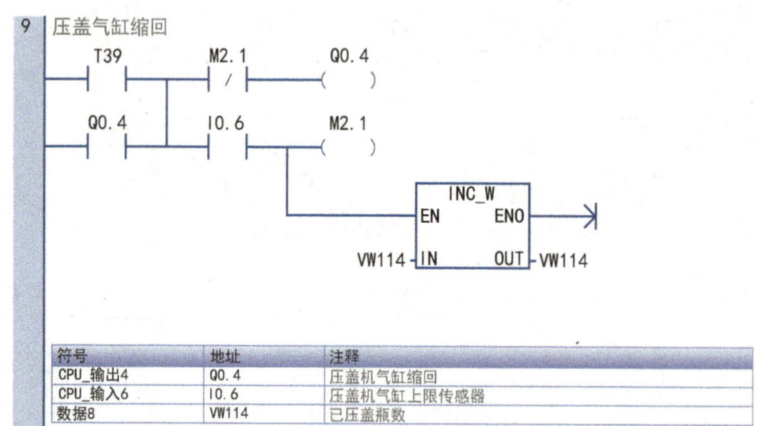

符号	地址	注释
CPU_输出4	Q0.4	压盖机气缸缩回
CPU_输入6	I0.6	压盖机气缸上限传感器
数据8	VW114	已压盖瓶数

图 8-15　压盖控制程序（续）

6）图 8-16 所示为整理平台的瓶数统计及机械手的控制程序。当整理平台上的瓶数大于零且第二级输送带上的瓶数小于 10 时，机械手动作开始即搬运瓶子。Q0.7 是送给工业机器人的控制信号，每 3s 为一个控制周期。

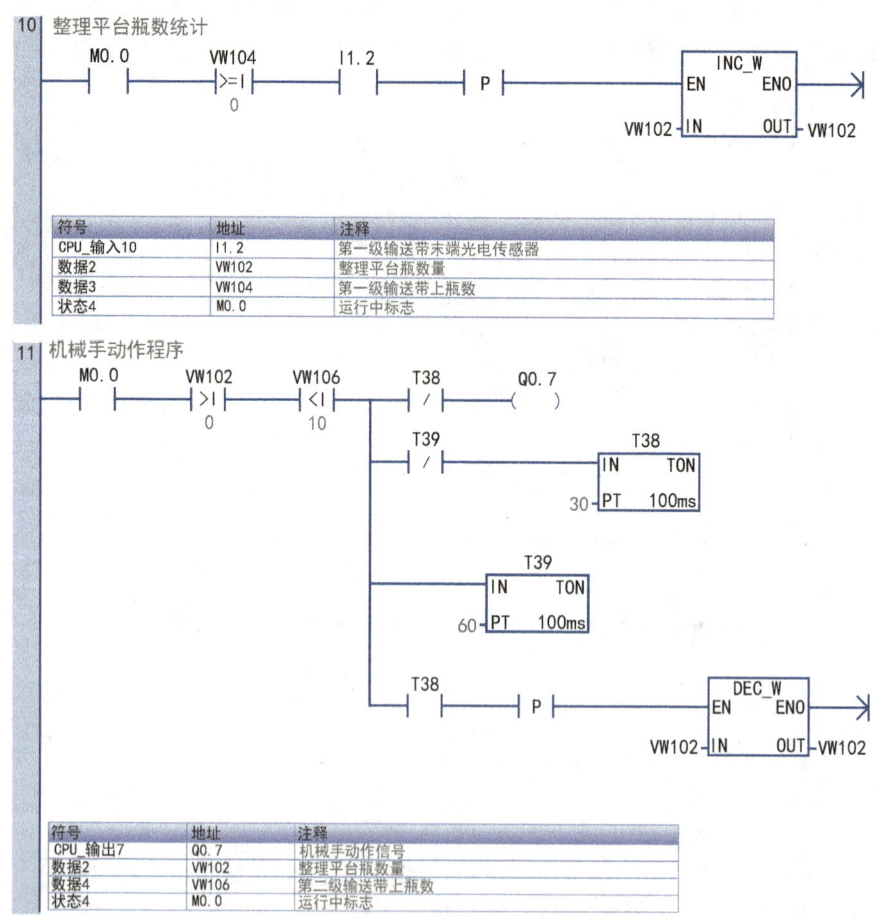

符号	地址	注释
CPU_输入10	I1.2	第一级输送带末端光电传感器
数据2	VW102	整理平台瓶数量
数据3	VW104	第一级输送带上瓶数
状态4	M0.0	运行中标志

符号	地址	注释
CPU_输出7	Q0.7	机械手动作信号
数据2	VW102	整理平台瓶数量
数据4	VW106	第二级输送带上瓶数
状态4	M0.0	运行中标志

图 8-16　整理平台的瓶数统计及机械手的控制程序

7）图 8-17 所示为统计第二级输送带上的瓶数，首端（点 C）光电传感器检测到瓶放入后 VW106 加 1，末端（点 D）光电传感器检测到瓶到达整理平台后 VW106 减 1。

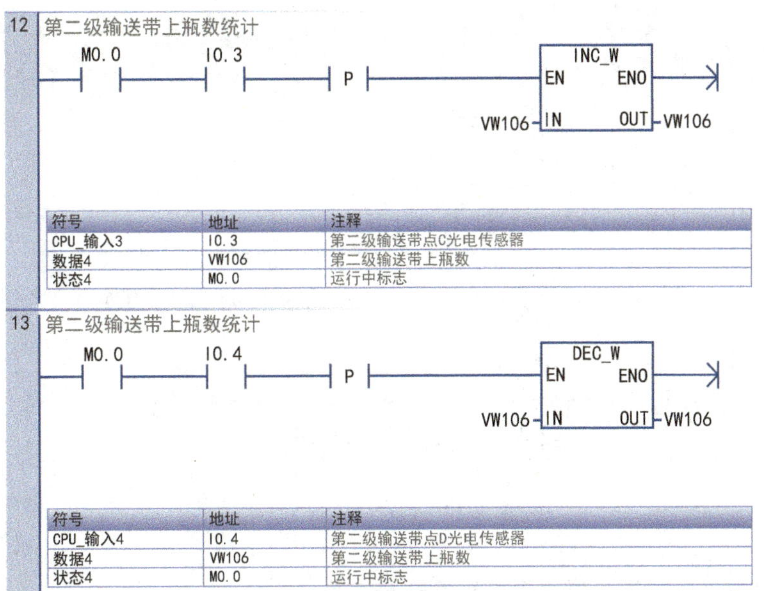

图 8-17　统计第二级输送带上的瓶数

8）图 8-18 所示为贴标程序，贴标机贴标点传感器检测到瓶子后，驱动贴标机气缸下降对瓶子进行贴标。贴标气缸到达下极限位置后，延时 2s 再自动返回上极限位置，完成贴标工作。

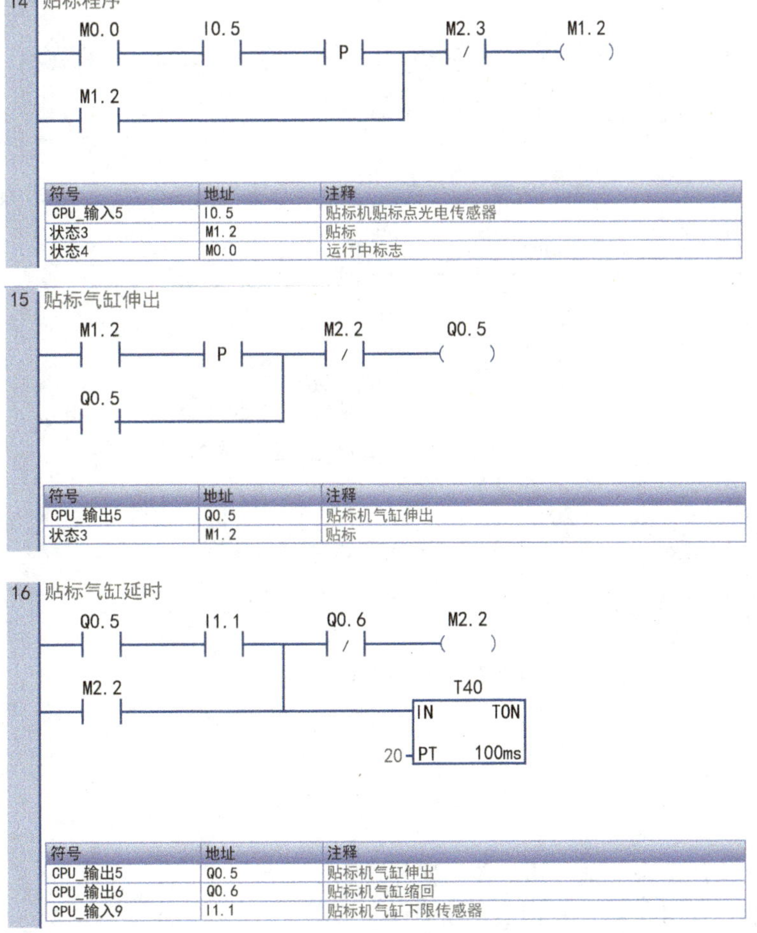

图 8-18　贴标程序

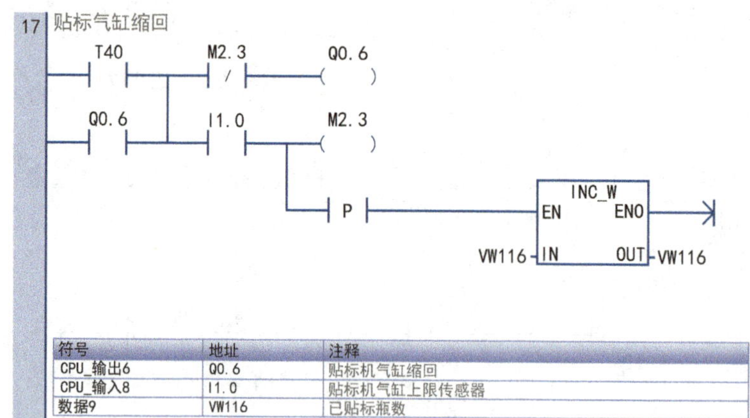

符号	地址	注释
CPU_输出6	Q0.6	贴标机气缸缩回
CPU_输入8	I1.0	贴标机气缸上限传感器
数据9	VW116	已贴标瓶数

图 8-18 贴标程序（续）

9）图 8-19 所示为装箱数量监控程序，每 6 瓶装 1 箱。

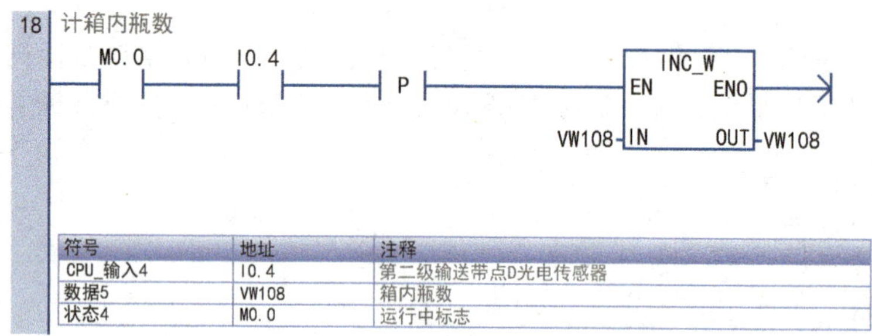

符号	地址	注释
CPU_输入4	I0.4	第二级输送带点D光电传感器
数据5	VW108	箱内瓶数
状态4	M0.0	运行中标志

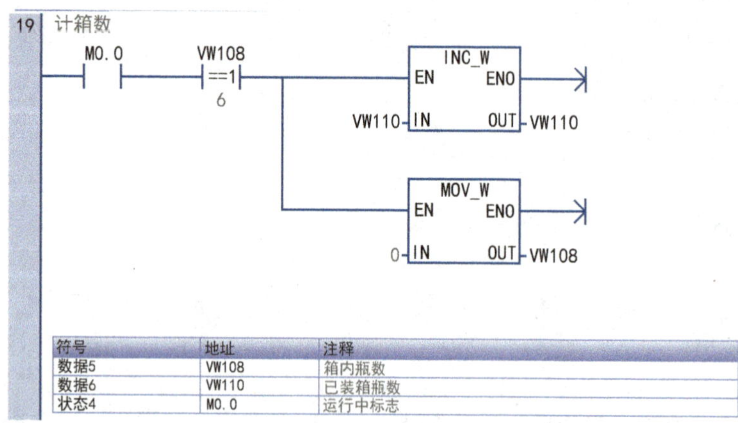

符号	地址	注释
数据5	VW108	箱内瓶数
数据6	VW110	已装箱瓶数
状态4	M0.0	运行中标志

图 8-19 装箱数量监控程序

任务评价

1. 检查内容

1）检查选择的元器件是否齐全，熟悉各元器件功能及作用。

2）熟悉电气控制原理图，并列出 PLC 的 I/O 表。

3）检查电气线路安装是否合理及运行情况。

2. 评估策略（见表 8-4）

表 8-4　灌装生产线控制任务评价

任务内容	评估内容	评估标准	配分	学生自评	学生互评	教师评价
专业技能	知识点	1. 能掌握传感器的基本工作原理得 3 分 2. 能掌握递增及递减指令得 4 分 3. 了解系统的工作过程及要点得 3 分	10			
	前期准备和安全检查	1. 未检查电动机状况扣 2 分 2. 未检查器件状况扣 2 分 3. 未检查确认工具扣 2 分 4. 未检查确认耗材扣 2 分 5. 未清洁工位扣 2 分	10			
	元器件安装	1. 不按图纸安装扣 5 分 2. 元件安装不牢固，每处扣 2 分 3. 元件安装不整齐、不匀称、不合理，每处扣 2 分 4. 损坏元件扣 5 分 5. 走线槽安装不符合要求，每处扣 1 分	10			
	电路安装工艺	1. 错、漏、多接一根线扣 5 分 2. 导线没有使用插针每处扣 1 分 3. 连接的导线没有套打印的号码管每处扣 1 分 4. 损伤导线绝缘或线芯，每根扣 4 分 5. 接地线不完整扣 10 分 6. 多余的导线没有放入线槽每处扣 3 分 7. 配线不美观、不整齐、不合理，每处扣 2 分	20			
	程序检查与运行	不能按照控制要求实现功能每处扣 2 分	20			
方法	自主学习能力	预习并做好课前准备	5			
	理解、总结能力	准确理解任务要求，善于总结	5			
	创新能力	选用新方法、新工艺效果好	5			
职业素养	团队协作能力	积极参与、小组协作	5			
	语言表达能力	观点表达清楚，展示效果好	5			
	安全操作能力	1. 未穿工作服扣 1 分 2. 未清洁、未归位工具扣 2 分 3. 操作过程损坏元器件或工具、有安全隐患扣 2 分	5			
合计			100			

知识拓展

一、我国灌装生产线控制系统的发展历程

我国灌装生产线控制系统的发展历程可以追溯到 20 世纪 70 年代，当时主要是引进和仿制国外先进的灌装设备和技术。随着技术的不断发展，我国的灌装生产线控制系统也逐渐向着自动化、智能化、高效化、绿色化的方向发展。

目前，我国灌装生产线控制系统已经取得了一些重要的发展成果，主要包括：

（1）自动化程度不断提高　随着我国工业技术的不断进步，灌装生产线控制系统也逐渐实现了自动化，提高了生产率和产品质量。

（2）技术创新不断涌现　随着科技的不断进步，灌装生产线控制系统也在不断进行技术创新，例如引入了物联网技术、机器视觉技术等，提高了生产线的智能化水平。

（3）产业链逐步完善　我国灌装生产线控制系统产业链已经逐步完善，包括传感器、控制器、执行器等部件的制造和供应，以及系统的集成和调试等环节。

二、灌装生产线控制系统的典型应用领域

（1）饮料行业　饮料生产线控制系统是灌装生产线控制系统的典型应用之一。在饮料生产过程中，灌装生产线控制系统需要完成瓶子、罐子的输送、清洗、消毒、灌装、密封、检验等多个环节。

（2）制药行业　药品生产线控制系统也是灌装生产线控制系统的应用之一。在药品生产过程中，灌装生产线控制系统需要完成药品的配制、灌装、密封、检验等多个环节，确保药品质量和安全。

（3）化工行业　化工生产线控制系统同样涉及灌装生产线控制系统的应用。在化工生产过程中，灌装生产线控制系统需要完成化工产品的配制、灌装、密封、检验等多个环节，确保产品质量和安全。

（4）食品行业　食品生产线控制系统也是灌装生产线控制系统的应用之一。在食品生产过程中，灌装生产线控制系统需要完成食品的加工、灌装、密封、检验等多个环节，确保食品质量和安全。

思考与练习

现在要给本任务的灌装生产线控制系统增加一些功能：

1）触摸屏上增加运行指示灯，系统在运行时该指示灯点亮，停止时该指示灯熄灭。

2）触摸屏上增加正在灌装指示灯、正在压盖指示灯、正在贴标指示灯，系统在进行上述工作时对应的指示灯亮，否则熄灭。

3）系统增加计划生产箱数功能，要求在触摸屏上设置系统本次生产的箱数，达到规定的箱数后不能再放入空瓶进行灌装生产。

请按照新的要求修改触摸屏组态界面及相应的PLC控制程序以达到上述要求。

实践中常见问题解析

在灌装生产线控制系统的工程实践中，可能会遇到以下一些常见问题：

1）灌装量不准确。灌装量不稳定或不符合要求，可能是由于速度节流阀和灌装间隔节流阀未封闭、快装三通控制阀内存在异物或者灌装嘴阀芯存在卡塞表象或延迟打开等。

2）原料桶液位稳定，但是灌装生产线的量不准确。这可能是由于灌装通道被异物堵塞，因此需要检查进料罐入口或待清洗的灌装料口，清理堵塞的异物。

3）灌装关闭后泄漏。如果是加注口喷孔损坏，需要取出加注口，修理喷孔；如果是加注管中的球阀损坏，则需要更换球阀。

项目三

综 合 应 用

任务九　基于 S7-200 SMART PLC 以太网通信控制

知识目标

- 熟悉 S7-200 SMART PLC 以太网通信参数的设置方法。
- 熟悉 S7-200 SMART PLC 之间通信线路的连接方法。

能力目标

- 能完成两台 S7-200 SMART PLC 以太网通信的硬件与软件配置。
- 能完成两台 S7-200 SMART PLC 以太网通信的编程及调试。

职业能力

- 围绕 PLC 核心技术，锻炼学习能力、应变能力和创新能力。
- 培养动手能力，提高质量意识、安全意识、节能环保意识和规范操作的职业素养。

任务要求

某企业车间自动化加工设备的两个站组成一个 PPI（点对点）通信网络，控制器为 CPU226 CN，其中，第一站的 PLC 为主站，第二站的 PLC 为从站。其工作任务为：当按下主站上的按钮 SB1 时，从站上的电动机 M2 起动运行，当按下主站上的按钮 SB2 时，从站的电动机 M2 停止运行；当按下从站上的按钮 SB3 时，主站上的电动机 M1 起动运行，当按下从站上的按钮 SB4 时，主站上的电动机 M1 停止运行。

知识准备

在进行两台 PLC 通信之前，先了解 S7-200 SMART PLC 以太网通信的相关知识。

一、通信基本知识

数据通信就是将数据信息通过适当的传输线路从一台机器传输到另一台机器。这里的机器可以是计算机、PLC 或具有数据通信功能的其他数字设备。

1. 并行通信与串行通信

若按照传输数据的时空顺序分类，可将数据通信的传输方式分为并行传输和串行传输两种。并行传输是指通信中同时传输构成一个字或字节的多位二进制数据。而串行传输是指通信中构成一个字或字节的多位二进制数据是一位一位地被传输的。与并行传输相比，串行传输的传输速度慢，但传输线的数量少，成本比并行传输低，故常用于远距离传输且速度要求不高的场合。

2. 异步传输与同步传输

（1）异步传输　信息以字符为单位进行传输，当发送一个字符代码时，字符前面都具有自己的一位起始位，极性为0，接着发送5~8位的数据位、1位奇偶校验位，1~2位的停止位，数据位的长度视传输数据格式而定，奇偶校验位可有可无，停止位的极性为1，在数据线上不传输数据时全部为1。

异步传输中一个字符中的各个位是同步的，但字符与字符之间的间隔是不确定的，也就是说线路上一旦开始传输数据就必须按照起始位、数据位、奇偶校验位、停止位这样的格式连续传输，但传输下一个数据的时间不定，不发送数据时线路保持1的状态。

异步传输的优点是收、发双方不需要严格的位同步，所谓“异步”是指字符与字符之间的异步，字符内部仍为同步。其次异步传输电路比较简单，链路协议易实现，所以得到了广泛的应用，其缺点在于通信效率比较低。PLC网络多采用异步方式传输数据。

（2）同步传输　在同步传输中，不仅字符内部为同步，字符与字符之间也要保持同步。信息以数据块为单位进行传输，收、发双方必须以同频率连续工作，并且保持一定的相位关系，这就需要通信系统中有专门使发送装置和接收装置同步的时钟脉冲。

在一组数据或一个报文之内不需要启停标志，但在传输中要分成组，一组含有多个字符代码或多个独立的码元。在每组开始和结束需加上规定的码元序列作为标志序列。发送数据前，必须发送标志序列，接收端通过检验该标志序列实现同步。

同步传输可获得较高的传输速度，但实现起来较复杂。

3. 数据通信方式

在通信线路上，按照数据传输的方向可将串行通信分为单工、半双工和全双工通信。

1）单工通信是指数据的传输始终保持同一方向，而不能进行反向传输。常见的如无线电广播、电视广播等就属于单工通信类型。

2）半双工通信是指在一条传输线上相互进行通信的两台设备，既可以作为发送设备，也可以作为接收设备。数据流可以在两个方向上传输，但同一时刻只限于一个方向传输。

3）全双工通信是指相互通信的两台设备能够同时进行数据的发送和接收，有两条传输线。

4. 串行通信接口

在工业网络中，设备或网络之间大多采用串行通信方式传输数据，常用RS-232、RS-422及RS-485标准的串行通信接口。

1）RS-232接口是工控计算机普遍配备的接口，数据传输速率低，抗干扰能力差。在通信距离近、传输速率和环境要求不高的场合应用较广泛。

2）RS-422接口传输线采用差动接收和差动发送的方式传输数据，具有较高的通信速率（波特率可达10Mbit/s以上）和较强的抗干扰能力，适合远距离传输，工厂应用较多。

3）RS-485接口采用二线差分平衡传输，有较高的通信速率和较强的抑制共模干扰能力，是工业设备通信中应用最多的一种接口。RS-485接口是RS-422的变形，区别在于RS-485采用的是半双工传输方式，只用一对差分信号线；RS-422采用的是全双工传输方式，用两对差分信号线。RS-485接口通常采用9针连接器。

5. 通信介质

通信接口主要靠介质实现相连，以此构成信道。常用的通信介质有同轴电缆、屏蔽双绞线、光缆。

双绞线是把一对相互绝缘的线以螺旋形式绞合在一起，两根线螺旋排列的目的是减小外部电磁干扰。如果用金属网加以屏蔽，抗干扰能力更强。双绞线成本低，安装简单，多用于RS-485接口。

同轴电缆的结构从内到外依次为内导体（芯线）、绝缘线、屏蔽层铜线网及外保护层。由于从横截面看这四层构成了四个同心圆，因此称为同轴电缆。同轴电缆外面加了一层屏蔽铜丝网，是为了防止外界的电磁干扰而设计的，因此它比双绞线的抗外界电磁干扰能力要强。

光缆（光纤）常应用在远距离快速地传输大量信息的场合中，它是由石英玻璃经特殊工艺拉成细丝来传输光信号的介质。光纤是以光脉冲的形式传输信号的，不会受电磁干扰，不怕雷击，不易被窃听。

6. 串行通信接口标准

串行通信的接口与连线电缆是直观可见的，它们的相互兼容是实现通信的第一要求，因此串行通信的实现方法发展迅速，形式繁多，主要有 RS-232C、RS-422A、RS-485 三种。

1）RS-232C 的标准接插件是 25 针的 D 形连接器，但实际应用中并未将 25 个引脚全部用满，最简单的通信只需三根引线（TXD、RXD 、GND），它可以实现全双工异步串行通信。RS-232C 使用单端驱动，即单端接收电路。RS-232C 接口规定了数据终端设备（DTE）和数据通信设备（DCE）之间信息交换的方式与功能。

2）RS-422A 接口的传输线采用平衡驱动和差分接收的方法，电平变化范围为（12±6）V，因而它能够允许更高的数据传输速率，而且抗干扰性更高。它弥补了 RS-232 接口容易产生共模干扰的缺点。RS-422A 接口属于全双工通信方式，在工业计算机上配备的较多。

3）RS-485 接口是 RS-422A 接口的简化，它属于半双工通信方式，依靠使能控制实现双方的数据通信。只有一对平衡差分信号线，不能同时发送和接收数据。计算机一般不配备 RS-485 接口，但工业计算机配备 RS-485 接口的较多。PLC 的不少通信模块也配备了 RS-485 接口，如西门子公司的 S7 系列 CPU。RS-485 在总线电缆的始端和终端都需并接终端电阻，终端电阻一般取 120Ω，相当于电缆特性阻抗的电阻，这种匹配方法简单、有效，但匹配电阻要消耗较大功率，对于功耗限制比较严格的系统不太适合。采用 MAX483 作为 RS-485 接口时，就可以不加终端匹配。

7. 工业以太网简介

工业以太网（Industrial Ethernet）通俗地讲就是应用于工业的以太网，它是为工业应用专门设计的，在技术上与商用以太网（IEEE 802.3 标准）兼容，但材质的选用、产品的强度和适用性方面应能满足工业现场的需要。工业以太网已经广泛地应用于控制网络的最高层，在工厂自动化系统网络中属于管理级和单元级，并且有向控制网络的中间层和底层（现场层）发展的趋势，如 Ethernet/IP、PROFINET、EtherCAT、Modbus/TCP（传输控制协议）、POWERLINK 等。

8. S7-200 SMART PLC 支持的以太网协议

S7-200 SMART CPU 集成了以太网接口和强大的以太网通信功能，用普通的网线就可以实现程序的下载和监控。它所支持的以太网协议有 S7 协议、开放式以太网协议（TCP、UDP、ISO_ON_TCP、Modbus TCP）和 PROFINET 协议。

9. S7-200 SMART PLC 的以太网功能

S7-200 SMART PLC 通过以太网接口可以实现以下功能：

1）与上位机、HMI（人机交互）的设备通信。

2）S7-200 SMART PLC 之间通过 GET/PUT 向导实现 S7 协议通信。

3）与其他西门子产品（S7-300、S7-1200 等）通信。

4）和其他支持 TCP/IP 的产品进行开放以太网通信（V2.2 及以上版本）。

5）和其他支持 Modbus TCP 的产品通信。

6）CPU 与 I/O 设备或驱动器之间的 PROFINET 通信（V2.4 及以上版本）。

S7-200 SMART CPU 上的以太网接口不包含以太网交换设备。编程设备或 HMI 与 CPU 之间的直接连接不需要以太网交换机。但是，含有两个以上的 CPU 或 HMI 设备的网络则需要以太网交换机。可以使用安装在机架上的 CSM1277 四端口以太网交换机来连接多个 CPU 和 HMI 设备。需要注意的是，必须为网络上的每台设备设定一个唯一的 IP 地址。

10. S7-200 SMART PLC 的以太网网络组态方法

（1）用“通信”对话框组态 IP 信息　单击导航栏中的“通信”按钮或双击项目树中的“通信”按钮，打开“通信”对话框，如图 9-1 所示。在“网络接口卡”下拉列表选中使用的网卡，单击“添加 CPU”按钮，可直接输入位于本地网络中的 CPU 的 IP 地址。也可单击“查找 CPU”按钮，将会显示出网络上所有可访问的设备的 IP 地址。通过“通信”对话框进行的 IP 信息更改立即生效，无须下载项目。

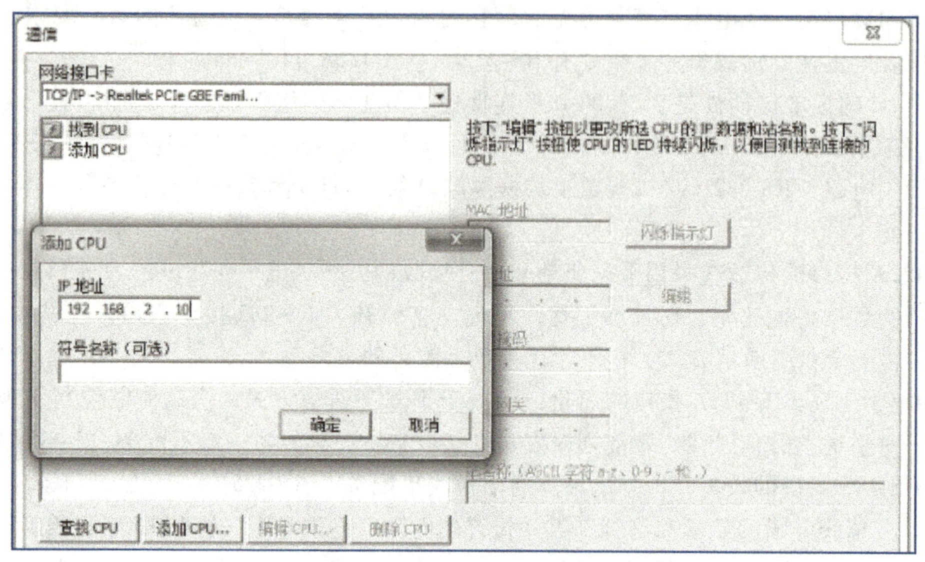

图 9-1　用“通信”对话框组态通信参数

（2）用“系统块”对话框组态 IP 信息　双击项目树中的“系统块”按钮或单击导航栏中的“系统块”按钮，打开“系统块”对话框，自动选中模块列表中的 CPU 和左边窗口中的“通信”节点，在右边窗口设置 CPU 的以太网端口和 RS-485 端口的参数。如图 9-2 所示，图中是默认的以太网端口的

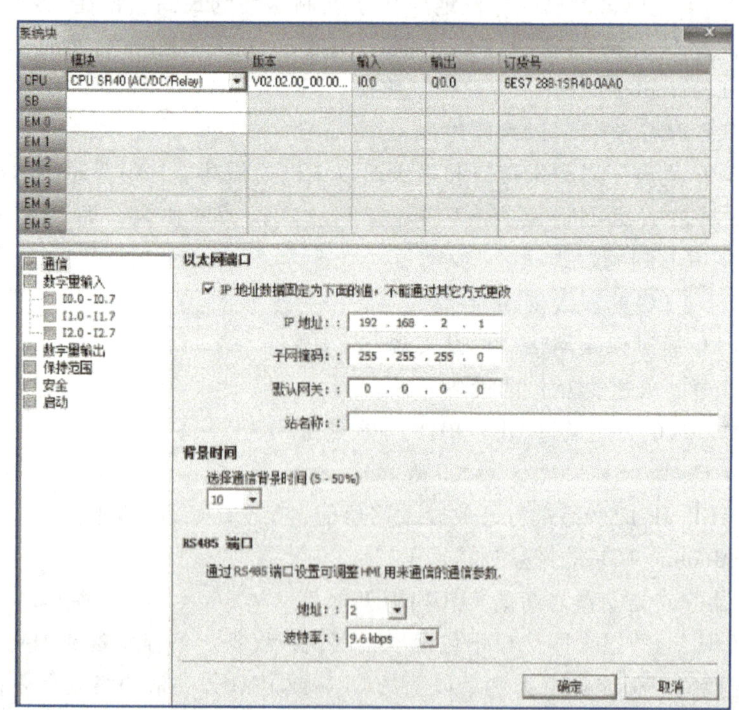

图 9-2　用“系统块”对话框组态通信参数

参数，S7-200 SMART CPU 出厂时默认的“IP 地址”为 192.168.2.1，默认的“子网掩码”为 255.255.255.0，也可以修改这些参数。

如果勾选“IP 地址数据固定为下面的值，不能通过其他方式更改”复选框，则输入的是静态 IP 信息。只能在“系统块”对话框中更改 IP 信息，并将它下载到 CPU。如果未勾选该复选框，此时的 IP 地址信息为动态信息。可以在“通信”对话框中更改 IP 信息，或使用用户程序中的 SIP_ADDR 指令更改 IP 信息。静态和动态 IP 信息均存储在永久存储器中。

“背景时间”是用于处理通信请求的时间占扫描周期的百分比。增加背景时间将会增加扫描时间，从而减慢控制过程的运行速度，一般采用默认的 10%。设置完成后，单击“确定”按钮，确认设置的参数，需要通过系统块将新的设置下载到 PLC。

(3) 在用户程序中组态 IP 信息　SIP_ADDR（设置 IP 地址）指令用参数 ADDR、MASK 和 GATE 分别设置 CPU 的 IP 地址、子网掩码和网关。设置的 IP 地址信息存储在 CPU 中的永久存储器中。

11. GET/PUT 指令

(1) 指令格式及功能　S7-200 SMART CPU 提供了 GET 和 PUT 指令，用于 S7-200 SMART CPU 之间的以太网通信。GET/PUT 指令只需要在主动建立连接的 CPU 中调用执行，被动建立连接的 CPU 不需要进行通信编程。其指令格式及功能见表 9-1。

表 9-1　GET/PUT 指令格式及功能

指令	指令格式		功能
	梯形图	语句表	
GET 指令	GET EN　ENO TABLE	GET table	GET 指令启动以太网端口上的通信操作，从远程设备获取数据（见 TABLE 参数的定义）
PUT 指令	PUT EN　ENO TABLE	PUT table	PUT 指令启动以太网端口上的通信操作，将数据写入远程设备（见 TABLE 参数的定义）

(2) 指令使用说明　程序中可以有任意数量的 GET 和 PUT 指令，但在同一时间最多只能激活 16 个 GET 和 PUT 指令。例如，在给定的 CPU 中可以同时激活八个 GET 和八个 PUT 指令，或六个 GET 和十个 PUT 指令。

当执行 GET 或 PUT 指令时，CPU 与输入参数 TABLE 所定义的远程 IP 地址建立以太网连接。该 CPU 可同时保持最多 8 个连接。连接建立后，该连接将一直保持到 CPU 进入 STOP 模式为止。如果尝试创建第九个连接（第九个 IP 地址），CPU 将在所有连接中搜索，查找处于未激活状态时间最长的一个连接。CPU 将断开该连接，再与新的 IP 地址创建连接。

针对所有与同一 IP 地址直接相连的 GET/PUT 指令，CPU 采用单一连接。例如，远程 IP 地址为 192.168.2.10，如果同时启用三个 GET 指令，则会在一个 IP 地址为 192.168.2.10 的以太网连接上按顺序执行这些 GET 指令。

(3) TABLE 参数　GET 指令启动以太网端口的通信操作，按 TABLE 参数的定义从远程设备读取最多 222B 的数据。PUT 指令启动以太网端口上的通信操作，按 TABLE 参数的定义将最多 212B 的数据写入远程设备。而 S7-200 SMART CPU 之间使用的网络读/写指令，只能读/写 MPI（多点接口）网络上远程站点最多 16B 的数据。图 9-3 所示为 GET 和 PUT 指令 TABLE 参数的定义。

字节偏移量	位7	位6	位5	位4	位3	位2	位1	位0
字节0	D	A	E	0	错误代码			
字节1	远程站的IP地址(将要访问的数据所处CPU的地址)							
字节2								
字节3								
字节4								
字节5	保留=0(必须设置为零)							
字节6	保留=0(必须设置为零)							
字节7	指向远程站的数据区指针(间接指针)							
字节8								
字节9								
字节10								
字节11	数据的字节数(PUT指令为1～212B，GET指令为1～222B)							
字节12	指向本地站的数据区指针(间接指针)							
字节13								
字节14								
字节15								

图 9-3　GET 和 PUT 指令 TABLE 参数的定义

任务分析

对于由两台 S7-200 SMART PLC 组成的以太网通信，其硬件连接如图 9-4 所示，主站 IP 地址为 192.168.0.5，从站 IP 地址为 192.168.0.6，实现以下要求。

1）在主站按下按钮 SB1，从站上的电动机 M2 起动运行；松开按钮 SB1，从站上的电动机 M2 继续运行，按下按钮 SB2，从站上的电动机 M2 停止运行。

图 9-4　以太网通信的硬件连接

2）在从站按下按钮 SB3，主站上的电动机 M1 起动运行；松开按钮 SB3，主站上的电动机 M1 继续运行，按下按钮 SB4，主站上的电动机 M1 停止运行。

任务实施

1. 准备元器件

本任务用到 S7-200 SMART CPU 两台、用于组网的带金属水晶头的 4 芯双绞线两根、用于下载的带水晶头的 4 芯双绞线一根、以太网工业交换机一台，元器件清单见表 9-2。

表 9-2　基于 S7-200 SMART PLC 以太网通信控制系统元器件清单

符号	名称	型号	规格	数量
M1～M3	三相异步电动机	Y132M-4	7.5kW、380V、15A、△联结	3
QF	低压断路器	NXB-63 3P C25	三极，额定电流:25A	1
FU1	插入式熔断器	RT18-32/20	500V、32A，熔体:20A	3
FU2	插入式熔断器	RT18-32/2	500V、32A，熔体:2A	1
KM1～KM3	交流接触器	CJX2S-25	380V、25A	3
FR1～FR3	热继电器	JR36-20	三极，整定电流:20A	3

（续）

符号	名称	型号	规格	数量
SB1、SB2 SF1、SF2	按钮	LA10-3H	保护式、按钮数 3	4
XT1、XT2	端子排	TD-20/15	20A、15 节	2
PLC	可编程序控制器	S7- 200 SMART SR20		2
	以太网工业交换机			1
	4 芯双绞线			3
	网孔板	通用	650mm×500mm×50mm	1
	电工工具	通用	包含螺钉旋具、剥线钳等	1

2. 分配输入/输出点

主站 I/O 分配见表 9-3。

表 9-3　基于 S7-200 SMART PLC 以太网通信控制系统主站 I/O 分配

输入(I)			输出(O)		
序号	信号器件	编程元件地址	序号	信号器件	编程元件地址
1	起动按钮 SB1(常开触点)	I0.0	1	KM1	Q0.0
2	停止按钮 SB2(常开触点)	I0.1			

从站 I/O 分配见表 9-4。

表 9-4　基于 S7-200 SMART PLC 以太网通信控制系统从站 I/O 分配

输入(I)			输出(O)		
序号	信号器件	编程元件地址	序号	信号器件	编程元件地址
1	起动按钮 SB3(常开触点)	I0.0	1	KM2	Q0.0
2	停止按钮 SB4(常开触点)	I0.1			

3. 绘制电气原理图（见图 9-5 和图 9-6）

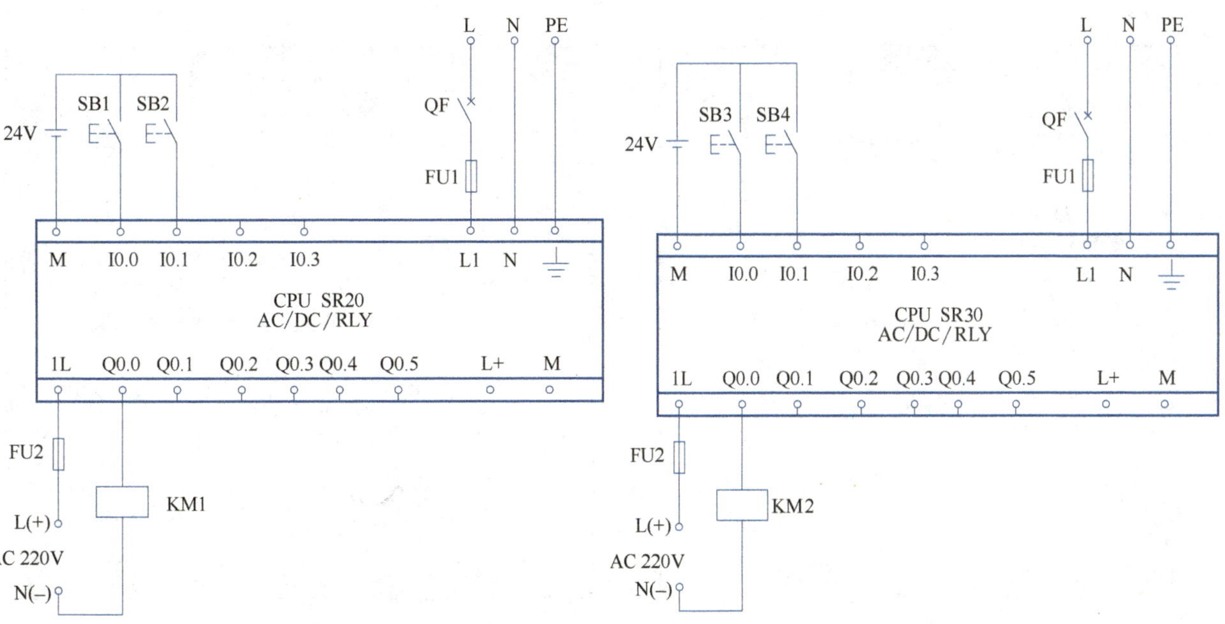

图 9-5　主站的外部接线　　　图 9-6　从站的外部接线

4. 设置通信

（1）连接硬件　在断电情况下，将两根带金属水晶头的4芯双绞线分别按照图9-7所示连接方式插到PLC网口和以太网交换机网口，将带水晶头的4芯双绞线的一端插到计算机网口，另一端插到交换机网口。

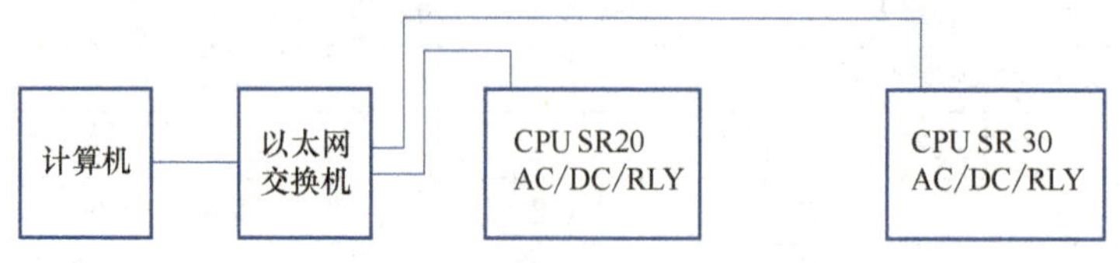

图9-7　以太网通信的硬件连接

（2）设置通信区　根据任务要求进行以太网通信区的设置，如图9-8所示。

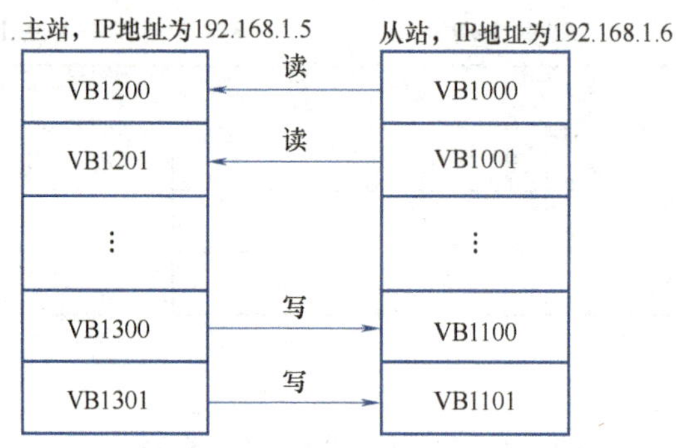

图9-8　以太网通信区的设置

（3）设置IP地址　为计算机（编程器，安装了PLC软件的计算机）设置IP地址。打开“Internet协议版本4（TCP/IPv4）属性”对话框，设置“IP地址”为192.168.1.20，“子网掩码”为255.255.255.0，如图9-9所示。

为主站CPU1设置IP地址，如图9-10所示。

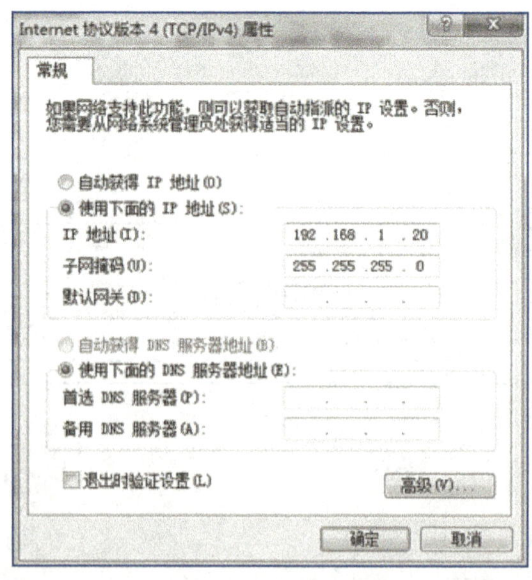

图9-9　为计算机设置IP地址

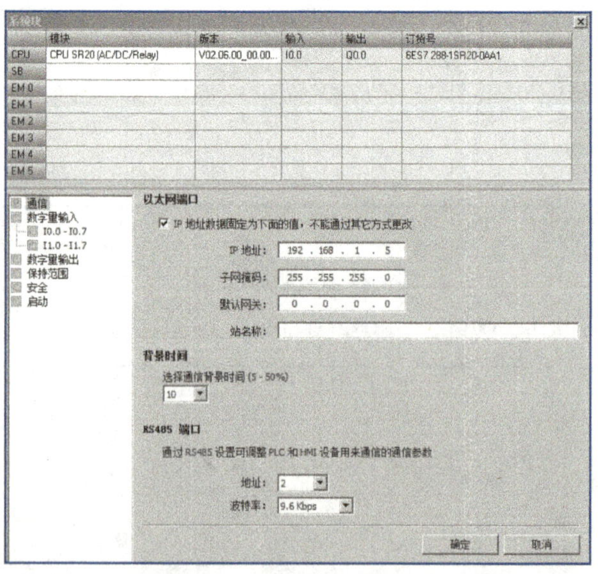

图9-10　为主站CPU1设置IP地址

为从站 CPU2 设置 IP 地址，如图 9-11 所示。

系统块

	模块	版本	输入	输出	订货号
CPU	CPU SR30 (AC/DC/Relay)	V02.06.00_00.00...	I0.0	Q0.0	6ES7 288-1SR30-0AA1
SB					
EM 0					
EM 1					
EM 2					
EM 3					
EM 4					
EM 5					

通信
数字量输入
I0.0 - I0.7
I1.0 - I1.7
I2.0 - I2.7
数字量输出
保持范围
安全
启动

以太网端口
☑ IP 地址数据固定为下面的值，不能通过其它方式更改
IP 地址：192 . 168 . 1 . 6
子网掩码：255 . 255 . 255 . 0
默认网关：0 . 0 . 0 . 0
站名称：

背景时间
选择通信背景时间 (5 - 50%)
10

RS485 端口
通过 RS485 设置可调整 PLC 和 HMI 设备用来通信的通信参数
地址：2
波特率：9.6 Kbps

确定　取消

图 9-11　为从站 CPU2 设置 IP 地址

(4) 用 GET/PUT 向导设置网络参数　主站打开网络向导。在程序编辑界面，单击项目指令树的“向导”指令左边的“+”按钮，双击“GET/PUT”指令，弹出“GET/PUT 向导”对话框，操作步骤如图 9-12～图 9-18 所示。

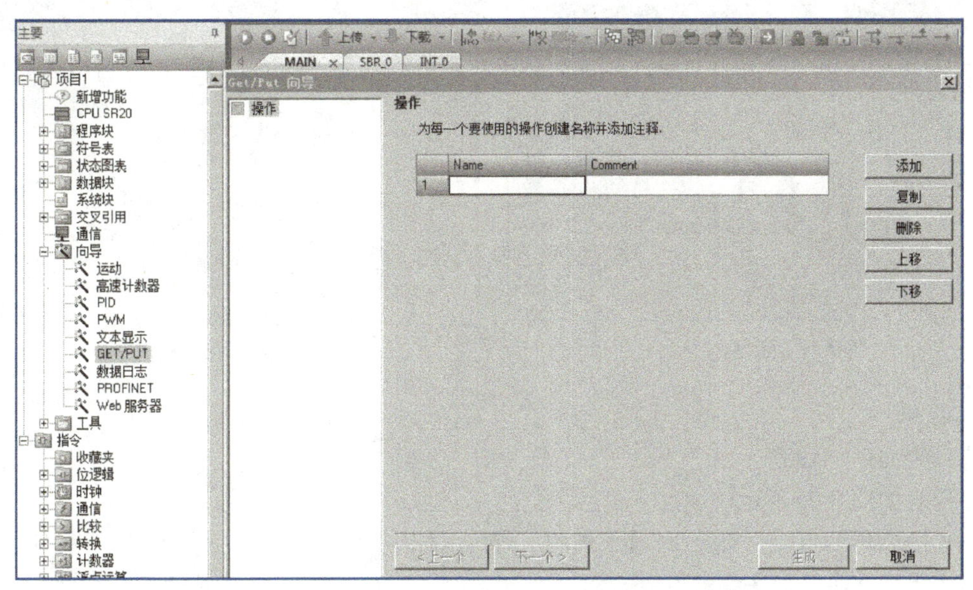

图 9-12　在主站下打开网络向导

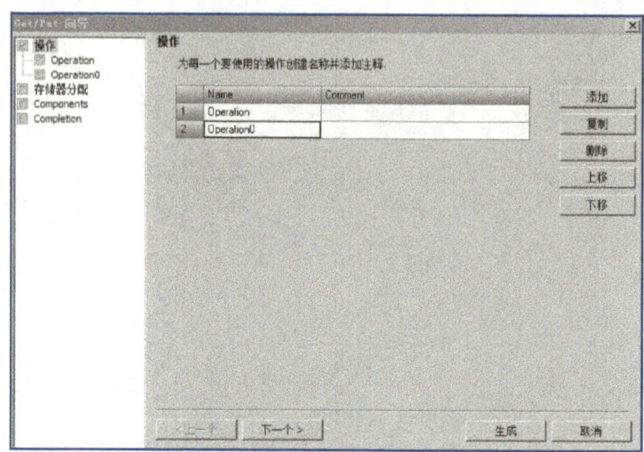

图 9-13 添加 PUT 和 GET

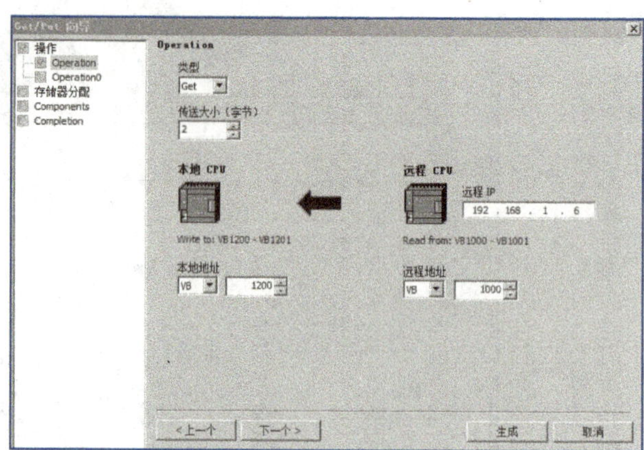

图 9-14 设置 GET

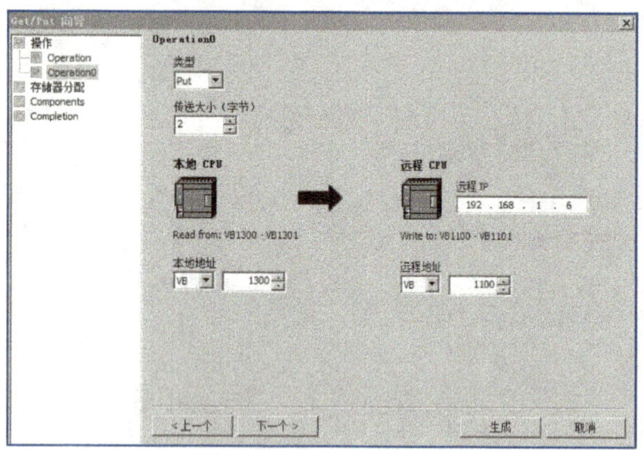

图 9-15 设置 PUT

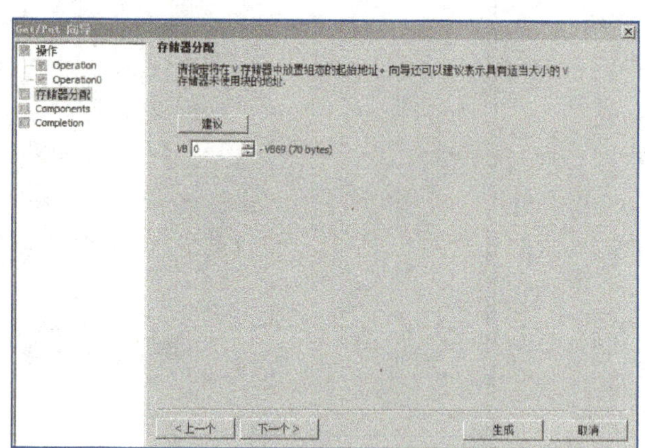

图 9-16 选择存储器分配地址

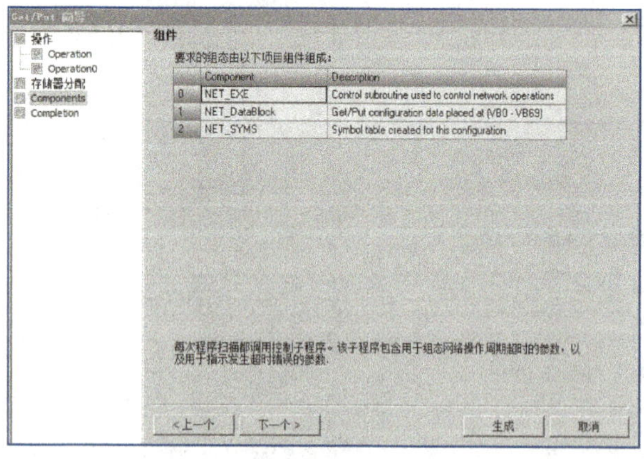

图 9-17 组件

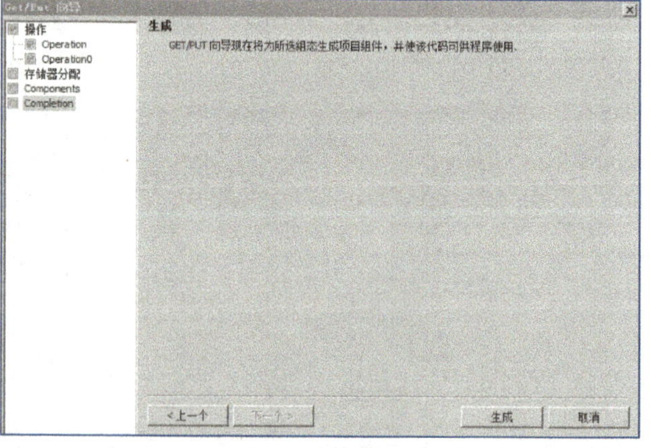

图 9-18 生成代码

5. 编写程序

主站符号表如图 9-19 所示。

从站符号表如图 9-20 所示。

在主站程序编辑器窗口左侧“调用子例程”下面双击“NET_EXE（SBR1）”子程序，如图 9-21 所示，子程序出现在主站程序编辑器中。

根据任务要求、地址分配及通信区设置，编写主站程序，如图 9-22 所示。

符号表

	符号	地址	注释
1	起动按钮SB1	I0.0	
2	停止按钮SB2	I0.1	
3	CPU_输入2	I0.2	
4	CPU_输入3	I0.3	
5	CPU_输入4	I0.4	
6	CPU_输入5	I0.5	
7	CPU_输入6	I0.6	
8	CPU_输入7	I0.7	
9	CPU_输入8	I1.0	
10	CPU_输入9	I1.1	
11	CPU_输入10	I1.2	
12	CPU_输入11	I1.3	
13	KM1	Q0.0	
14	CPU_输出1	Q0.1	
15	CPU_输出2	Q0.2	
16	CPU_输出3	Q0.3	
17	CPU_输出4	Q0.4	

表格1　系统符号　POU Symbols　I/O 符号

符号表　状态图表　数据块

图 9-19　主站符号表

符号表

	符号	地址	注释
1	起动按钮SB3	I0.0	
2	停止按钮SB4	I0.1	
3	CPU_输入2	I0.2	
4	CPU_输入3	I0.3	
5	CPU_输入4	I0.4	
6	CPU_输入5	I0.5	
7	CPU_输入6	I0.6	
8	CPU_输入7	I0.7	
9	CPU_输入8	I1.0	
10	CPU_输入9	I1.1	
11	CPU_输入10	I1.2	
12	CPU_输入11	I1.3	
13	KM2	Q0.0	
14	CPU_输出1	Q0.1	
15	CPU_输出2	Q0.2	
16	CPU_输出3	Q0.3	
17	CPU_输出4	Q0.4	

表格1　系统符号　POU Symbols　I/O 符号

符号表　状态图表　数据块

图 9-20　从站符号表

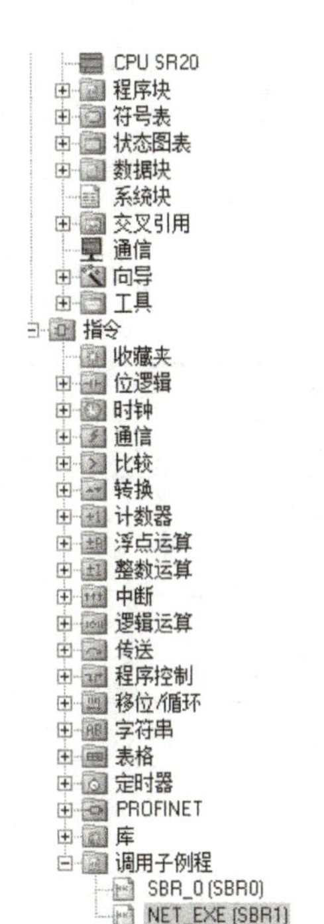

图 9-21　双击“NET_EXE（SBR1）”子程序

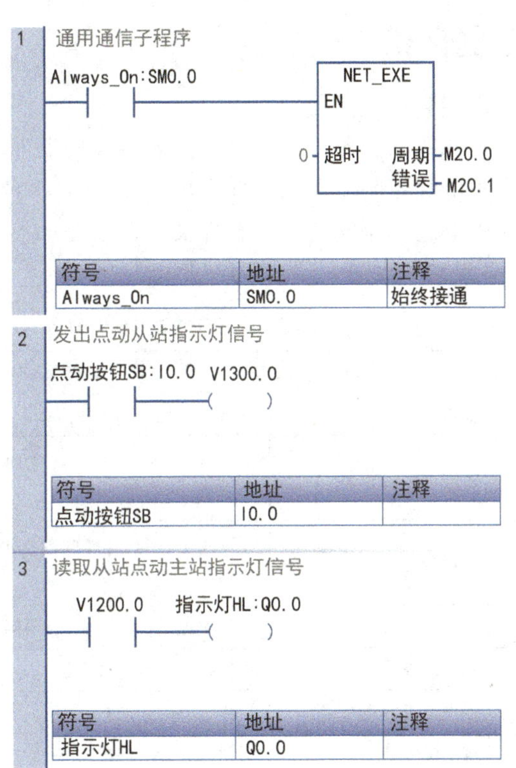

图 9-22　主站程序

主站程序

从站 1 程序

从站 2 程序

根据任务要求进行以太网通信区的设置如图 9-8 所示，编写从站程序如图 9-23 所示。

需要注意的是，在从站程序编辑器中，不调用 NET_EXE 子程序。

6. 下载程序、运行并调试系统

在断电情况下连线点动按钮与指示灯。

确保在连线正确的情况下通电，通过 STEP7-Micro/WIN SMART 软件，将主站 CPU1 和从站 CPU2 的组态与程序分别下载到各自对应的 PLC 中。

在主站按下按钮 SB，看到从站指示灯 HL 亮；松开按钮 SB，看到从站指示灯 HL 灭。在从站按下按钮 SB，看到主站指示灯 HL 亮；松开按钮 SB，看到主站指示灯 HL 灭。

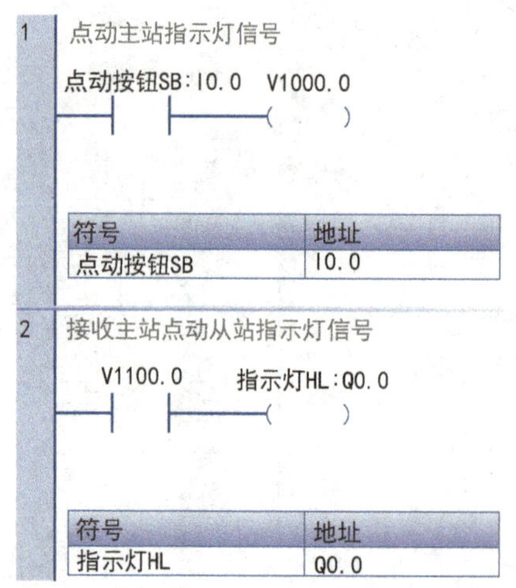

图 9-23 从站程序

如果满足上述要求，则调试成功；如果不满足，须查明原因，纠正错误，重新调试，直到满足上述要求为止。

任务评价

1. 检查内容

1）检查选择的元器件是否齐全，熟悉各元器件功能及作用。

2）熟悉电气控制原理图，并列出 PLC 的 I/O 表。

3）检查电气线路安装是否合理及运行情况。

2. 评估策略（见表 9-5）

表 9-5 基于 S7-200 SMART PLC 以太网通信控制任务评价

任务内容	评估内容	评估标准	配分	学生自评	学生互评	教师评价
专业技能	知识点	理解电路控制要求及原理	10			
	元件选择与检测	硬件元器件型号选择正确、用万用表检测质量合格	5			
	合理分配 I/O	列出 I/O 端口，准确画出 PLC 控制 I/O 端口接线图	10			
	接线及布线工艺	按照原理图，正确、规范接线	10			
	梯形图设计	根据接线编写梯形图	10			
	程序检查与运行	传送、运行、监控程序	25			
方法	自主学习能力	预习并做好课前准备	5			
	理解、总结能力	准确理解任务要求，善于总结	5			
	创新能力	选用新方法、新工艺效果好	5			
职业素养	团队协作能力	积极参与、小组协作	5			
	语言表达能力	观点表达清楚，展示效果好	5			
	安全操作能力	遵守安全操作规程	5			
合计			100			

知识拓展

如图 9-24 所示，由三台 S7-200 SMART PLC 组成的以太网通信，主站 IP 地址为 192.168.0.5，从

站 1 的 IP 地址为 192.168.0.6，从站 2 的 IP 地址为 192.168.0.7，实现以下要求。

1）在主站按下起动按钮 SB1，从站 1 指示灯 HL2 亮，从站 2 指示灯 HL3 亮；在主站按下停止按钮 SB2，从站 1 指示灯 HL2 灭，从站 2 指示灯 HL3 灭。

2）在从站 1 按下起动按钮 SB3，主站指示灯 HL0 亮；在从站 1 按下停止按钮 SB4，主站指示灯 HL0 灭。

3）在从站 2 按下起动按钮 SB5，主站指示灯 HL1 亮；在从站 2 按下停止按钮 SB6，主站指示灯 HL1 灭。

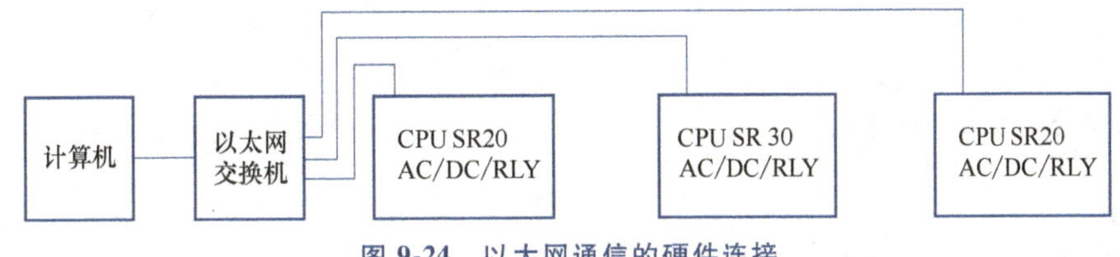

图 9-24　以太网通信的硬件连接

1. 输入和输出信号器件分析

1）输入信号：主站起动按钮 SB1（常开触点）、主站停止按钮 SB2（常开触点）、从站 1 起动按钮 SB3（常开触点）、从站 1 停止按钮 SB4（常开触点）、从站 2 起动按钮 SB5（常开触点）、从站 2 停止按钮 SB6（常开触点）。

2）输出信号：主站指示灯 HL0、主站指示灯 HL1、从站 1 指示灯 HL2、从站 2 指示灯 HL3。

2. 确定 I/O 分配

主站的 I/O 分配见表 9-6，从站 1 的 I/O 分配见表 9-7，从站 2 的 I/O 分配见表 9-8。

表 9-6　主站的 I/O 分配

输入(I)			输出(O)		
序号	信号器件	编程元件地址	序号	信号器件	编程元件地址
1	主站起动按钮 SB1(常开触点)	I0.0	1	主站指示灯 HL0	Q0.0
2	主站停止按钮 SB2(常开触点)	I0.1	2	主站指示灯 HL1	Q0.1

表 9-7　从站 1 的 I/O 分配

输入(I)			输出(O)		
序号	信号器件	编程元件地址	序号	信号器件	编程元件地址
1	从站 1 起动按钮 SB3(常开触点)	I0.0	1	从站 1 指示灯 HL2	Q0.0
2	从站 1 停止按钮 SB4(常开触点)	I0.1			

表 9-8　从站 2 的 I/O 分配

输入(I)			输出(O)		
序号	信号器件	编程元件地址	序号	信号器件	编程元件地址
1	从站 2 起动按钮 SB5(常开触点)	I0.0	1	从站 2 指示灯 HL3	Q0.0
2	从站 2 停止按钮 SB6(常开触点)	I0.1			

3. 绘制电气原理图

主站的外部接线如图 9-25 所示。

从站 1 的外部接线如图 9-26 所示。

从站 2 的外部接线如图 9-27 所示。

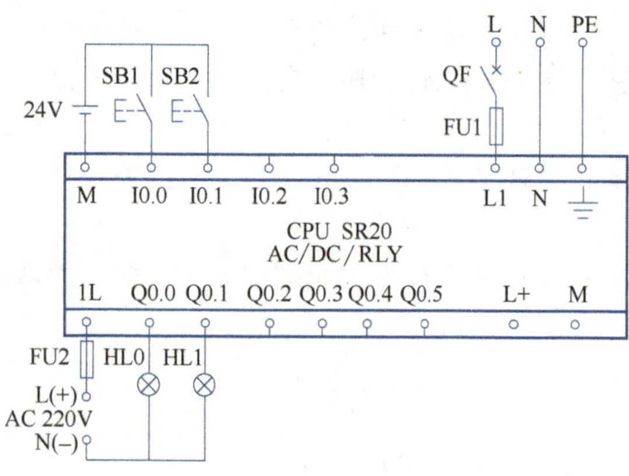

图 9-25　主站的外部接线

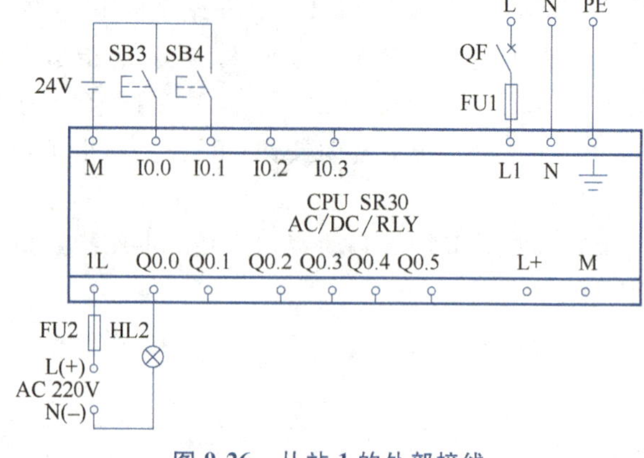

图 9-26　从站 1 的外部接线

4. 外部接线

1）安装元器件。用 PLC 实现电动机的起停控制，在网孔板上将元器件合理摆放，安装前检查元器件，再用螺钉进行固定。

2）完成接线。连接 PLC 的输入、输出端元器件，再连接电动机和按钮，最后连上电源，注意不能带电操作。

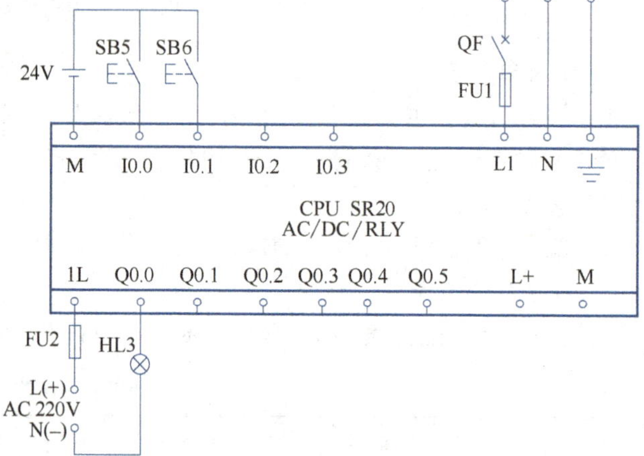

图 9-27　从站 2 的外部接线

5. 通信的硬件与软件配置

1）硬件。

① S7-200 SMART CPU 三台。

② 用于组网的带金属水晶头的 4 芯双绞线三根。

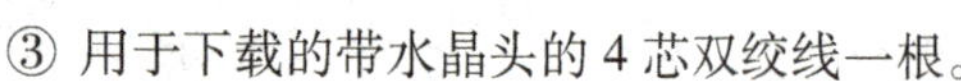

③ 用于下载的带水晶头的 4 芯双绞线一根。

④ 安装 STEP7-Micro/WIN SMART 软件的计算机一台。

⑤ 以太网工业交换机一台。

2）软件：编程软件 STEP7-Micro/WIN SMART。

6. 通信的硬件连接

在断电情况下，将三根带金属水晶头的 4 芯双绞线分别按照图 9-24 所示插到 PLC 网口和以太网交换机网口，将用于下载的带水晶头的 4 芯双绞线的一端插到计算机网口，另一端插到交换机网口。

7. 通信区设置

主站、从站 1、从站 2 的通信区设置如图 9-28 所示。

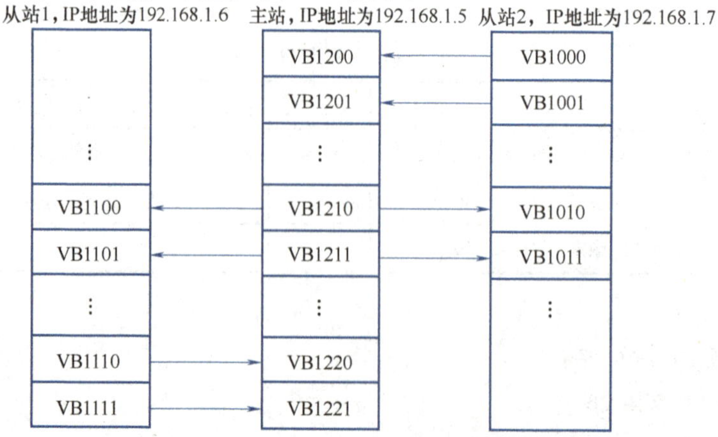

从站1，IP地址为192.168.1.6　主站，IP地址为192.168.1.5　从站2，IP地址为192.168.1.7

从站1	主站	从站2
	VB1200	VB1000
	VB1201	VB1001
⋮	⋮	⋮
VB1100	VB1210	VB1010
VB1101	VB1211	VB1011
⋮	⋮	⋮
VB1110	VB1220	
VB1111	VB1221	

图 9-28　主站、从站 1、从站 2 的通信区设置

8. 设置 IP 地址

1）为计算机（编程器）设置 IP 地址，如图 9-29 所示。

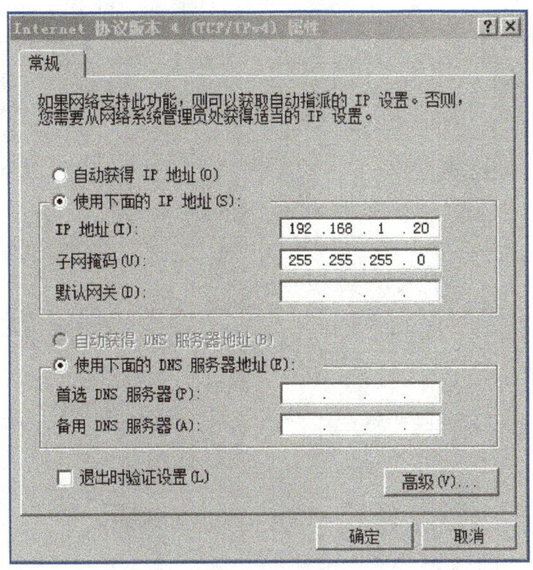

图 9-29　为计算机设置 IP 地址

2）为主站设置 IP 地址，如图 9-30 所示。

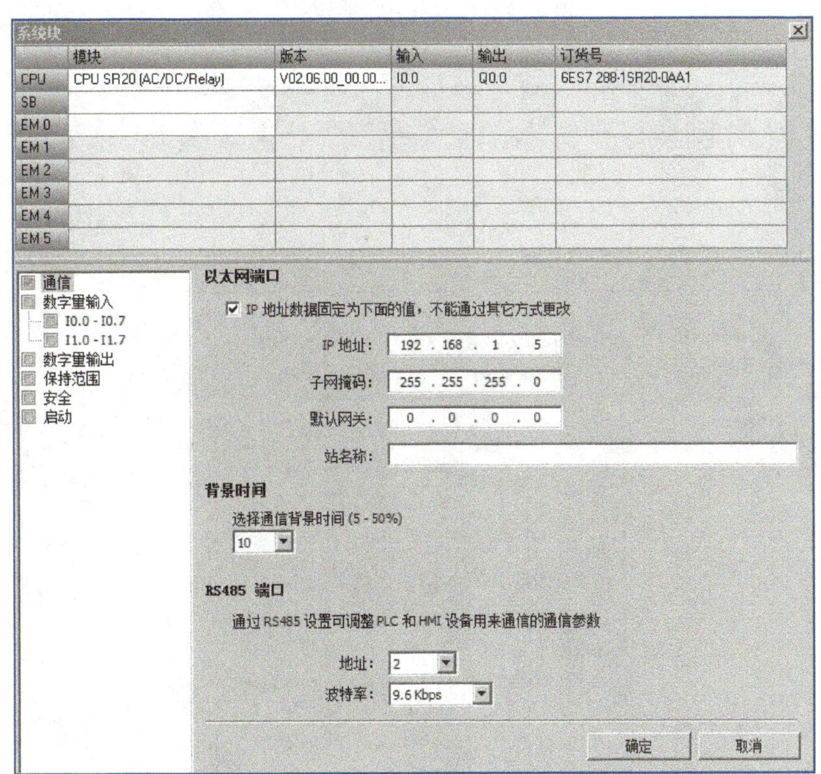

图 9-30　为主站设置 IP 地址

3）为从站 1 设置 IP 地址，如图 9-31 所示。

4）为从站 2 设置 IP 地址，如图 9-32 所示。

9. 用 GET/PUT 向导进行网络参数设置

主站用 GET/PUT 向导组态，配置复杂的网络读/写指令操作。

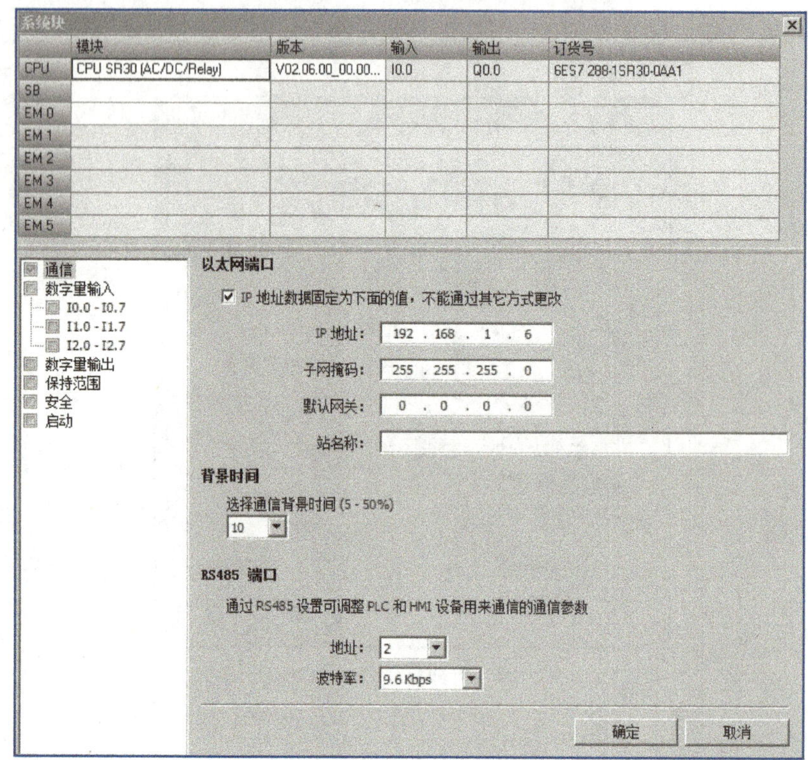

图 9-31　为从站 1 设置 IP 地址

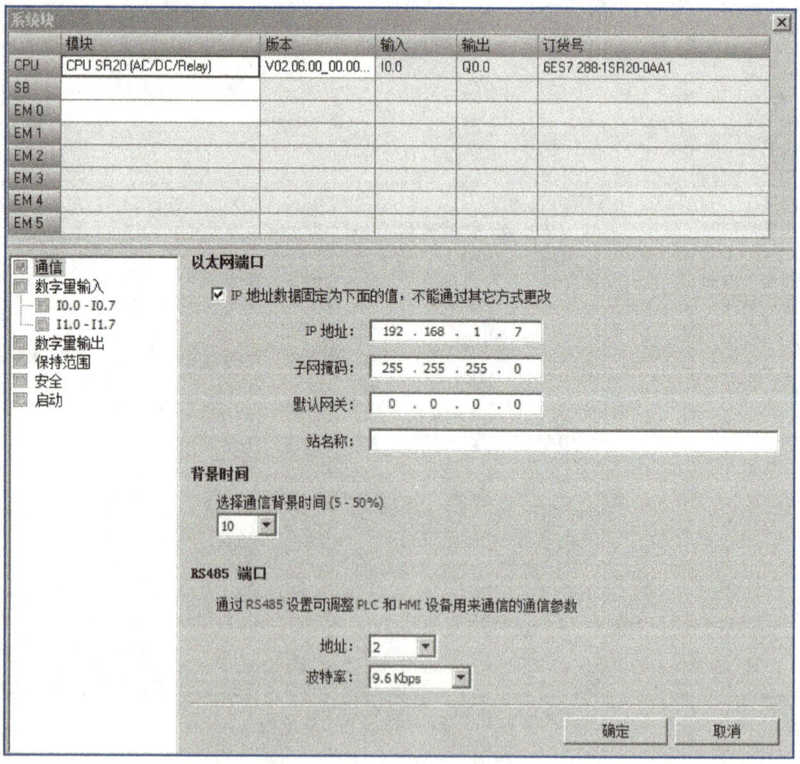

图 9-32　为从站 2 设置 IP 地址

在程序编辑界面，单击项目树的“向导”指令左边的“+”按钮，双击“GET/PUT”指令，出现“GET/PUT 向导”对话框，操作步骤如图 9-33～图 9-41 所示。

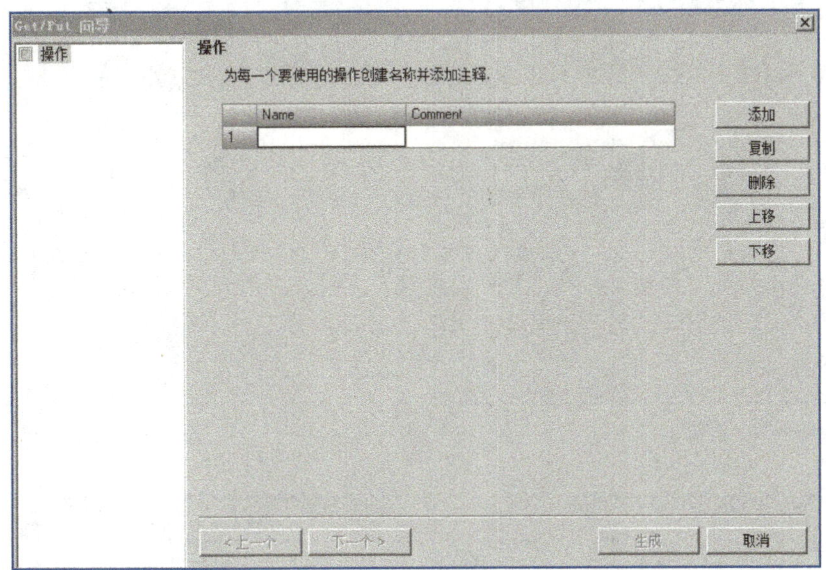

图 9-33　主站打开网络向导

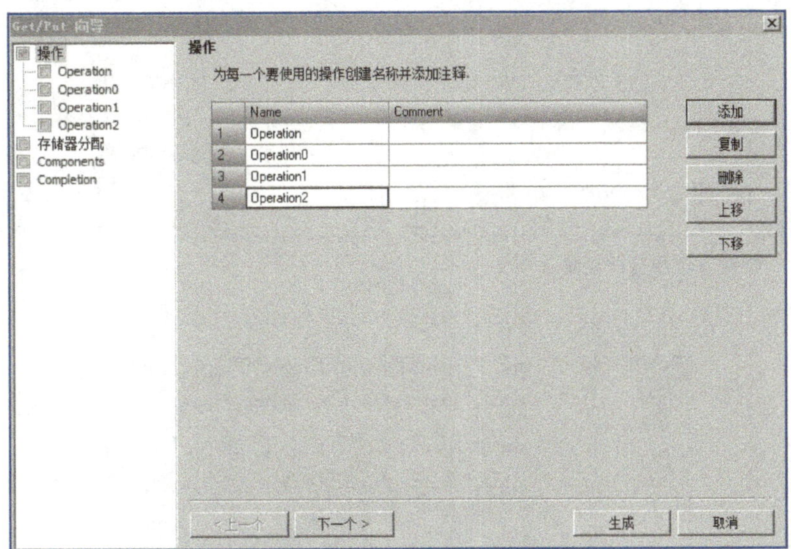

图 9-34　添加 GET 和 PUT

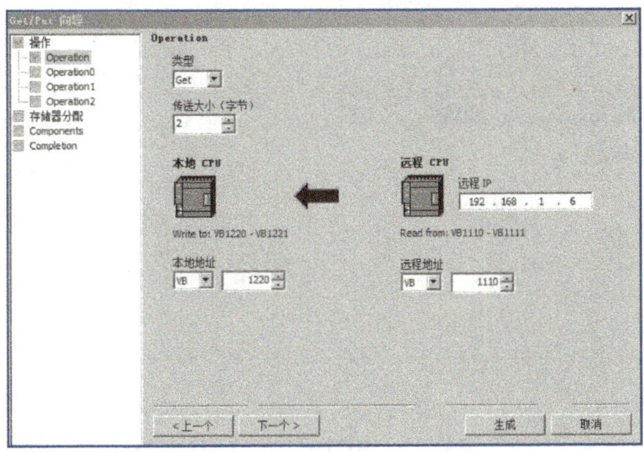

图 9-35　设置 GET

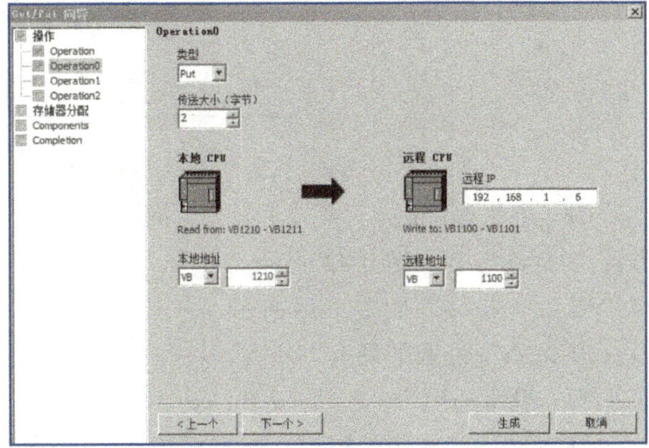

图 9-36　设置 PUT

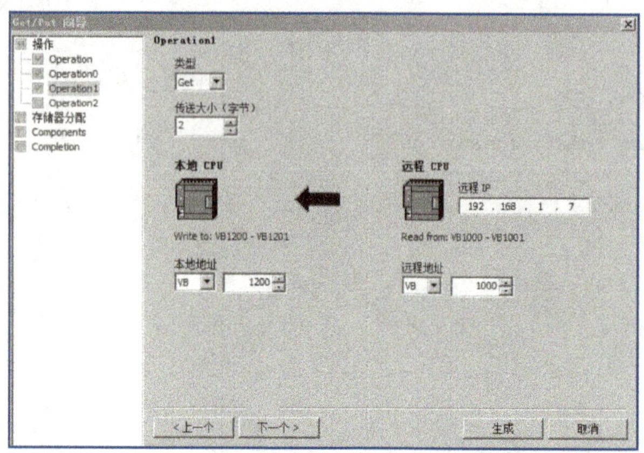
图 9-37　设置 GET

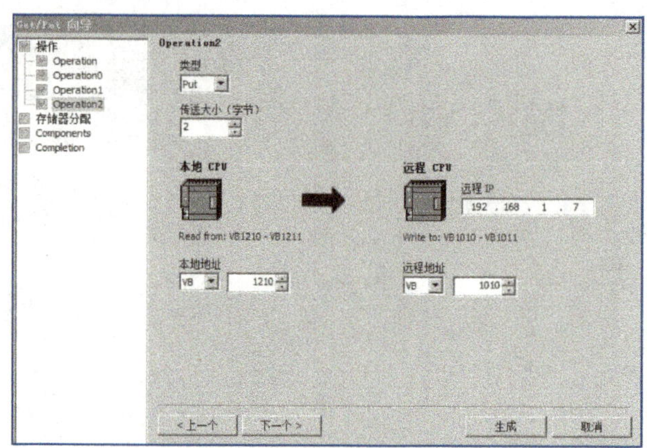
图 9-38　设置 PUT

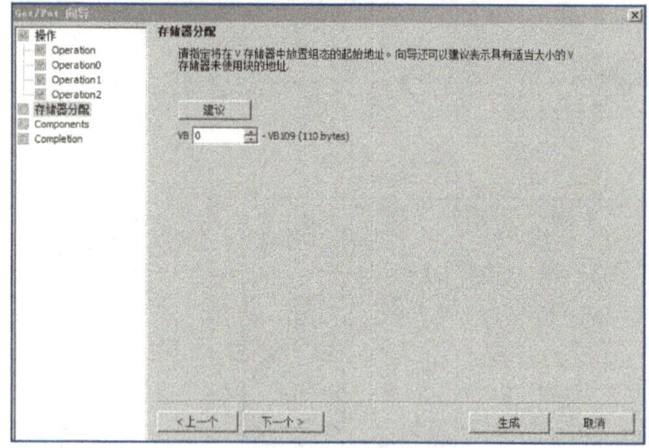
图 9-39　选择存储器分配地址

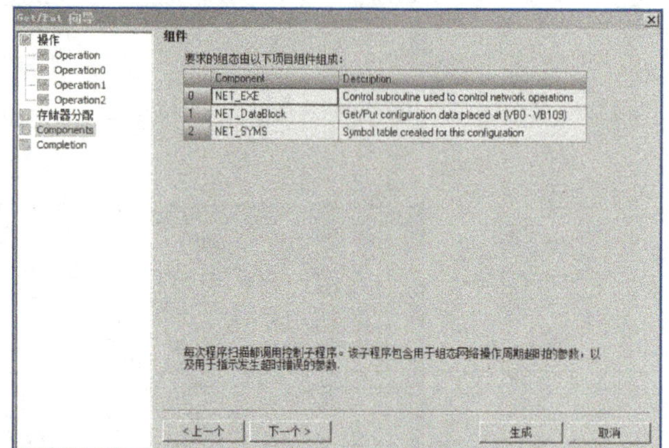
图 9-40　组件

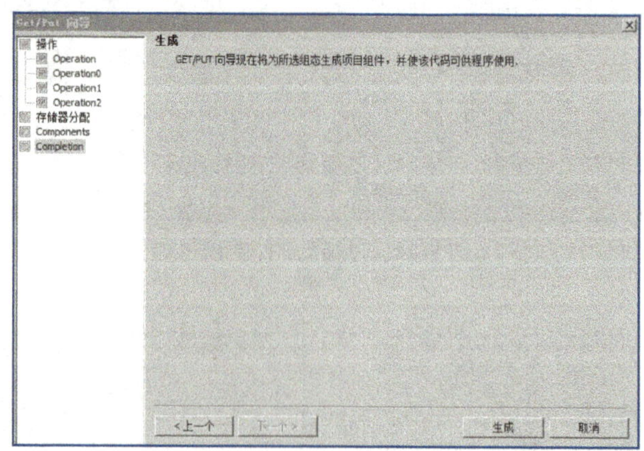
图 9-41　生成代码

10. 建立符号表

主站符号表如图 9-42 所示。

从站 1 符号表如图 9-43 所示。

从站 2 符号表如图 9-44 所示。

11. 编写程序

在主站程序编辑器窗口左侧“调用子例程”下面双击“NET_EXE（SBR1）”子程序，子程序出现在主站程序编辑器中，如图 9-45 所示。主站程序如图 9-46 所示。

符号表

	符号	地址
1	起动按钮SB1	I0.0
2	停止按钮SB2	I0.1
3	CPU_输入2	I0.2
4	CPU_输入3	I0.3
5	CPU_输入4	I0.4
6	CPU_输入5	I0.5
7	CPU_输入6	I0.6
8	CPU_输入7	I0.7
9	CPU_输入8	I1.0
10	CPU_输入9	I1.1
11	CPU_输入10	I1.2
12	CPU_输入11	I1.3
13	指示灯HL0	Q0.0
14	指示灯HL1	Q0.1
15	CPU_输出2	Q0.2

图 9-42　主站符号表

符号表

	符号	地址
1	起动按钮SB3	I0.0
2	停止按钮SB4	I0.1
3	CPU_输入2	I0.2
4	CPU_输入3	I0.3
5	CPU_输入4	I0.4
6	CPU_输入5	I0.5
7	CPU_输入6	I0.6
8	CPU_输入7	I0.7
9	CPU_输入8	I1.0
10	CPU_输入9	I1.1
11	CPU_输入10	I1.2
12	CPU_输入11	I1.3
13	指示灯HL2	Q0.0

图 9-43　从站 1 符号表

符号表

	符号	地址
1	起动按钮SB5	I0.0
2	停止按钮SB6	I0.1
3	CPU_输入2	I0.2
4	CPU_输入3	I0.3
5	CPU_输入4	I0.4
6	CPU_输入5	I0.5
7	CPU_输入6	I0.6
8	CPU_输入7	I0.7
9	CPU_输入8	I1.0
10	CPU_输入9	I1.1
11	CPU_输入10	I1.2
12	CPU_输入11	I1.3
13	指示灯HL3	Q0.0

图 9-44　从站 2 符号表

图 9-45　双击“NET_EXE（SBR1）”子程序

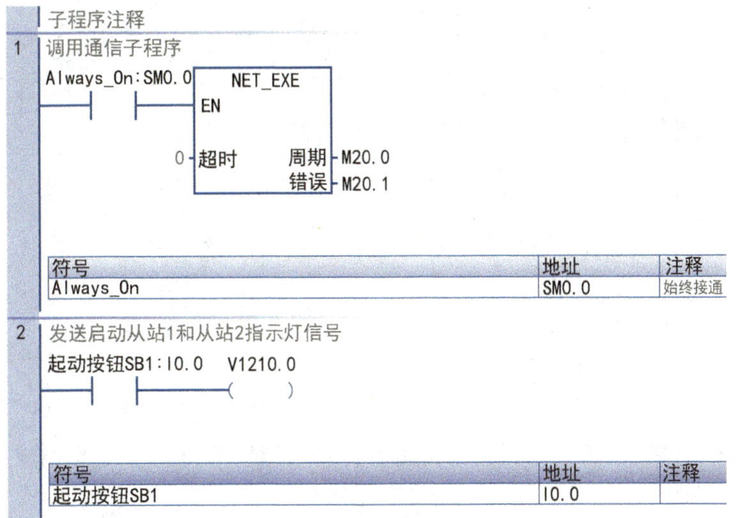

图 9-46　主站程序

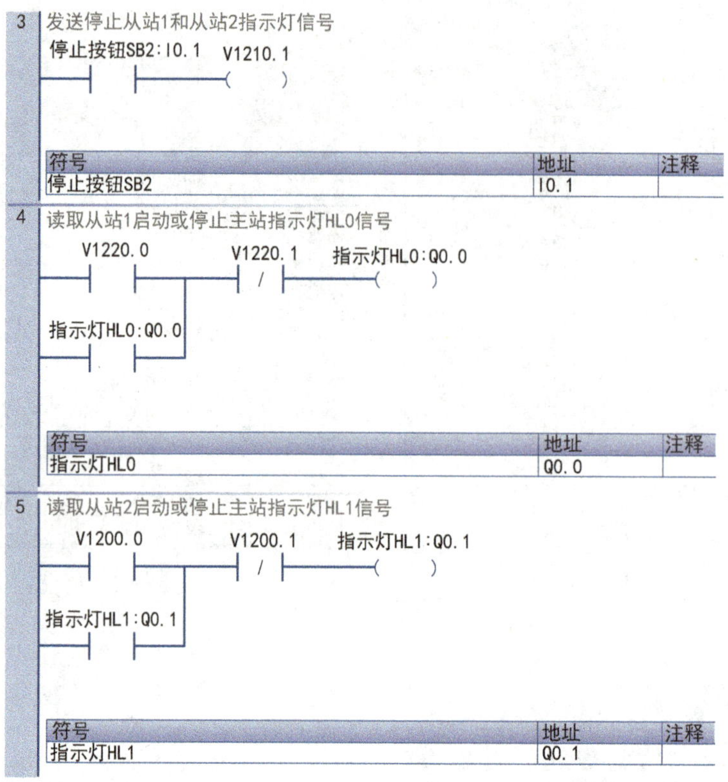

图 9-46 主站程序（续）

主站、从站 1、从站 2 的通信区设置如图 9-28 所示，从站 1 程序和从站 2 程序分别如图 9-47 和图 9-48 所示。

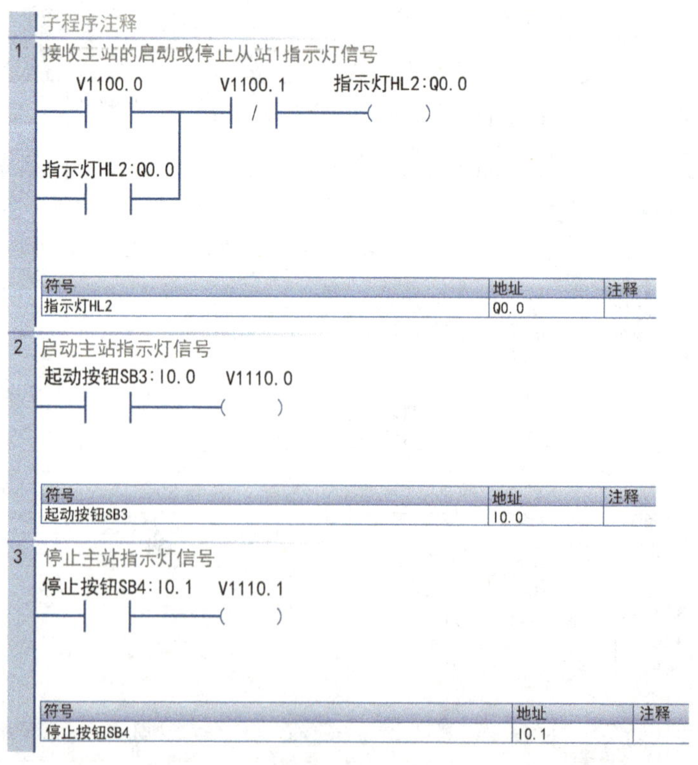

图 9-47 从站 1 程序

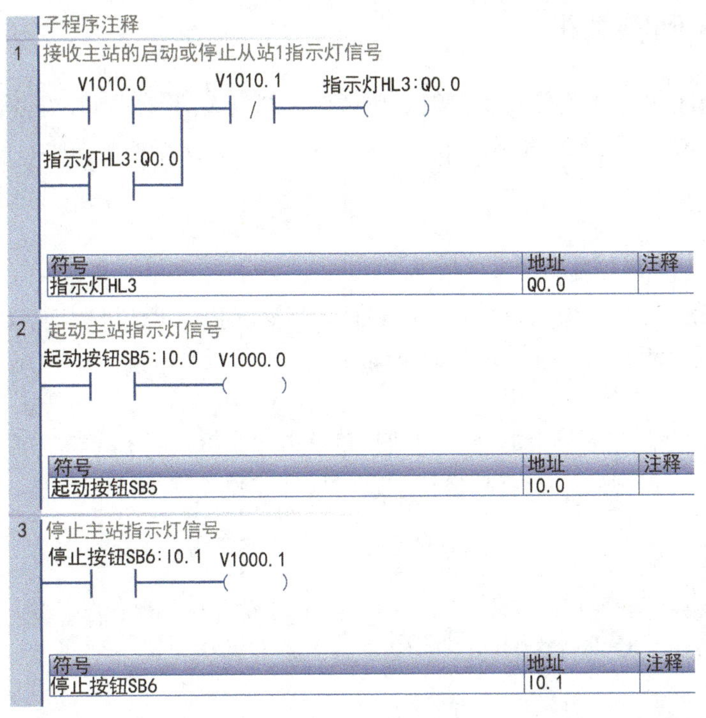

图 9-48　从站 2 程序

12. 联机调试

在断电情况下，将按钮与指示灯连线。确保在连线正确的情况下通电，通过 STEP7-Micro/WIN SMART 软件，将主站 CPU1、从站 1 CPU2 和从站 2 CPU3 的组态与程序分别下载到各自对应的 PLC 中。

1）在主站按下起动按钮 SB1，看到从站 1 指示灯 HL2 亮，从站 2 指示灯 HL3 亮；在主站按下停止按钮 SB2，看到从站 1 指示灯 HL2 灭，从站 2 指示灯 HL3 灭。

2）在从站 1 按下起动按钮 SB3，看到主站指示灯 HL0 亮；在从站 1 按下停止按钮 SB4，看到主站指示灯 HL0 灭。

3）在从站 2 按下起动按钮 SB5，看到主站指示灯 HL1 亮；在从站 2 按下停止按钮 SB6，看到主站指示灯 HL1 灭。

若满足上述要求，则调试成功；如果不满足，须查明原因，纠正错误，重新调试，直到满足上述要求为止。

思考与练习

带式输送机是矿井运输系统中的关键设备，井下布置的带式输送机少则几条，多则数十条，运输距离总和达上万米。某煤矿的带式输送机运输能力为 980t/h，运输距离约为 4000m。系统整体由三部分胶带机搭接而成，分别是 1 号、2 号和 3 号带式输送机。采用 PLC 控制的集中控制系统，由地面控制中心、传输线路、井下分站、相关保护装置等部分组成。本着“逆煤流开、顺煤流停”的设计理念，在输送机之间设置有联锁和单机起动，同时安装有胶带机的保护装置。

系统中共有三条皮带机，每条用一台 PLC 进行控制，故采用三个小型 PLC 分别控制三条皮带机。地面控制中心再用一台 PLC 用于远程控制，实现对三条皮带机的协调控制。单台皮带机的 PLC 控制单元能够完成该皮带机的单机起动、停止以及故障急停等控制功能，并与控制中心的 PLC 控制单元进行以太网通信，实现控制中心对皮带机运行状态的监控，可实现地面自动集中控制、地面远程单机控制。根据上述要求画出 PLC 电气控制原理图，列出 I/O 分配表，并编写 PLC 控制程序。

实践中常见问题解析

S7-200 SMART PLC 在工业自动化中占据重要地位，其以太网通信功能为设备间的数据交换提供了高效、稳定的解决方案。然而在实际应用中，以太网通信可能会遇到一些问题。以下是对这些常见问题的解析及解决方案。

1. 硬件连接问题

（1）以太网电缆未正确连接

1）检查电缆是否完好，插头是否紧固，两端是否正确连接至 PLC 和编程设备的以太网接口。

2）确认电缆长度是否符合要求，过长的电缆可能导致信号衰减。

（2）PLC 以太网接口故障

1）观察 PLC 以太网接口指示灯状态，判断接口是否正常工作。

2）尝试更换新的以太网接口或 PLC 模块，排除硬件故障。

2. IP 地址配置问题

（1）IP 地址冲突

1）确保 PLC 与编程设备的 IP 地址在同一网段内，且没有与其他设备冲突。

2）使用网络扫描工具检查网络中的设备 IP 地址，避免冲突。

（2）IP 地址设置错误

1）检查 PLC 和编程设备的 IP 地址、子网掩码、网关等设置是否正确。

2）尝试重新设置 IP 地址，确保配置正确。

3. 通信参数设置问题

（1）通信协议不匹配

1）确认 PLC 与编程设备使用的通信协议是否一致，如 TCP/IP、UDP 等。

2）根据实际需求选择合适的通信协议，确保双方能够正常通信。

（2）通信波特率不匹配

1）对于通过 RS-485 等串口通信的情况，需要确保 PLC 与编程设备的通信波特率设置一致。

2）尝试调整波特率设置，以匹配双方设备的通信要求。

4. 编程软件设置问题

（1）编程软件版本不兼容

1）确保使用的编程软件版本与 PLC 型号兼容。

2）若有需要，更新编程软件至最新版本。

（2）编程软件设置错误

1）检查编程软件中的通信参数设置是否正确，如端口号、IP 地址等。

2）尝试重新设置通信参数，确保与 PLC 的设置一致。

5. 其他常见问题

（1）防火墙或安全软件阻止通信

1）检查防火墙或安全软件设置，确保没有阻止 PLC 与编程设备的通信。

2）尝试暂时关闭防火墙或安全软件，测试通信是否正常。

（2）网络故障

1）检查网络连接是否正常，如交换机、路由器等设备是否工作正常。

2）尝试重启网络设备，排除网络故障。

（3）PLC 固件版本过旧

1）检查 PLC 固件版本是否过旧，若有需要，更新至最新版本。

2）固件更新可能解决一些已知的通信问题。

S7-200 SMART PLC 以太网通信实践中常见问题多与硬件连接、IP 地址配置、通信参数设置、编程软件设置及网络故障等方面有关。在排查问题时，应逐一检查这些方面，并根据实际情况采取相应的解决方案。

任务十　恒液位控制

知识目标

- 熟悉模拟量模块的工作过程。
- 熟悉 PID 控制的基本工作过程及要素。
- 熟悉液位传感器的使用方法。

能力目标

- 掌握液位传感器及调节阀的接线方法。
- 能根据任务要求编写 PLC 控制程序。
- 能够组态并调节 PID 控制器。

职业能力

- 通过电路的安装提高电气工程施工及检测的能力。
- 通过编写及调试 PLC 程序提高系统设计和调试程序的能力。
- 树立工程意识，培养分析和解决工程实际问题的能力。

任务要求

在工业生产过程中，有很多像蒸馏塔这样的大规模连续过程，温度、压力、流量和液位这四种是常见的过程变量。由于在控制过程中存在进料量和出料量的变化，常常会发生液位波动，因此高精度地进行液位控制是非常重要的。图 10-1 所示为典型的液位控制系统结构。

某控制系统如图 10-2 所示，由阀门控制器、液位传感器、容器等组成，现在需要通过 PLC 来控制阀门控制器的进水，以保证容器中的液位恒定在某一个值，容器中的液位通过液位传感器检测出来。

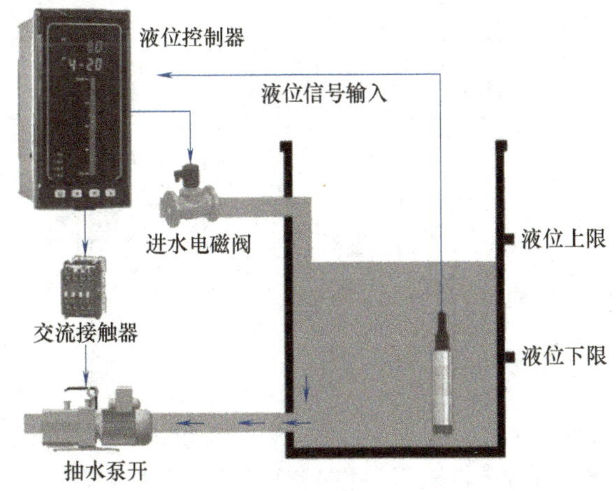

图 10-1　典型的液位控制系统结构

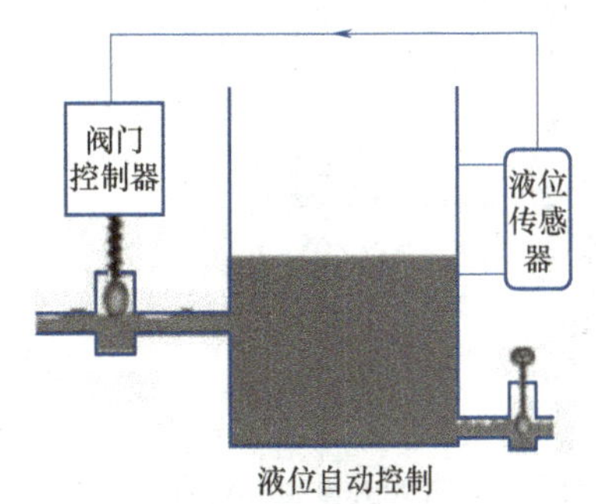

图 10-2　某容器的恒液位控制系统示意

知识准备

一、PLC 的模拟量控制简介

在生产过程中，存在大量的物理量，如压力、温度、速度、旋转速度、黏度等。这些物理量都是连续量，而且是非电量。为了实现自动控制，需要 PLC 处理模拟信号，这就需要相应的转换模块来对信号进行转换。

PLC 的模拟量输入一般包括直流电压信号 0~10V、直流电流信号 4~20mA 两种，对于不同的输入，可以通过拨码开关、参数设定或者接线方式的不同来进行区分。

图 10-3 所示为一个典型的模拟量处理过程，压力传感器检测的压力值为模拟量，经过变送器将其变为直流电压信号，然后通过模/数（A/D）转换模块变为数字量，并将此数字量用于 PLC 的运算。

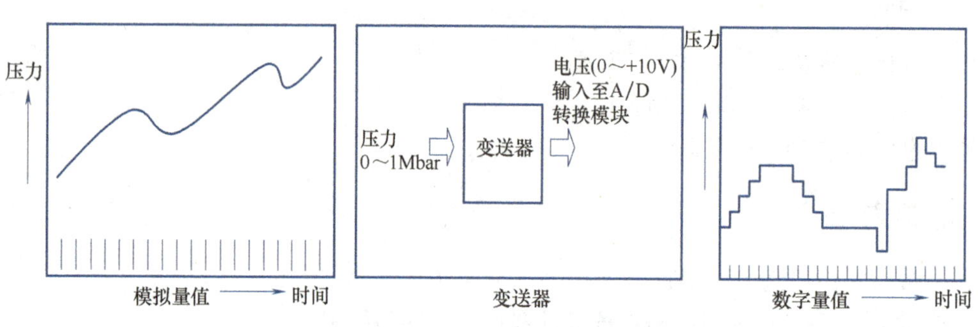

图 10-3　压力传感器检测的模拟量控制过程

二、模拟量输入模块 EMAE04 的使用方法

图 10-4 所示为模拟量输入模块 EMAE04 的接线，该模拟量模块共有四个模拟量输入端口，每两个为一组，可以选择电压输入或电流输入，其测量范围为±10V、±5V、±2.5V 或 0~20mA，其满量程对应数字量范围为-27648~27648。该模块可以连接电流变送器送来的电流信号，有两种接法，分别对应二线制传感器和四线制传感器，如图 10-5 所示。该模块的电压测量范围及系统数字量值对照见表 10-1，电流测量范围及系统数字量值对照见表 10-2。

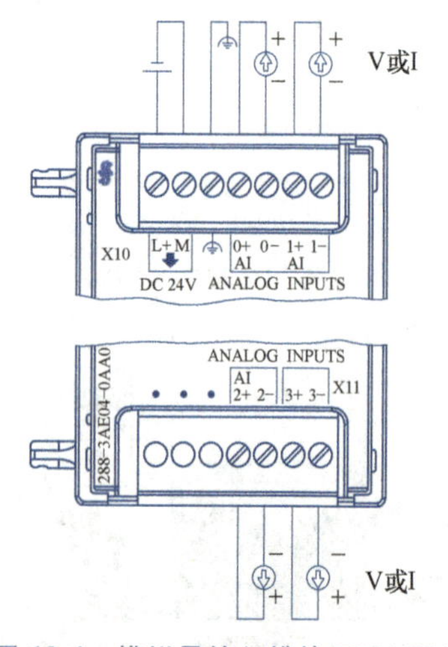

图 10-4　模拟量输入模块 EMAE04 的接线示意

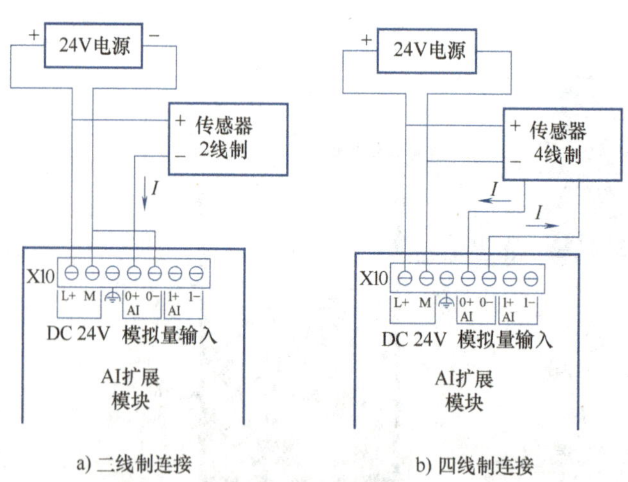

图 10-5　模拟量输入模块 EMAE04 连接电流变送器的接法

表 10-1　模拟量输入模块 EMAE04 的电压测量范围及系统数字量值对照

系统数字量值		电压测量范围				
十进制	十六进制	±10V	±5V	±2.5V	±1.25V	范围说明
32767	7FFF	11.851V	5.926V	2.963V	1.481V	上溢
32512	7F00					
32511	7EFF	11.759V	5.879V	2.940V	1.470V	过冲范围
27649	6C01					
27648	6C00	10V	5V	2.5V	1.250V	额定范围
20736	5100	7.5V	3.75V	1.875V	0.938V	
1	1	361.7μV	180.8μV	90.4μV	45.2μV	
0	0	0V	0V	0V	0V	
-1	FFFF					
-20736	AF00	-7.5V	-3.75V	-1.875V	-0.938V	
-27648	9400	-10V	-5V	-2.5V	-1.250V	
-27649	93FF					下冲范围
-32512	8100	-11.759V	-5.879V	-2.940V	-1.470V	
-32513	80FF					下溢
-32768	8000	-11.851V	-5.926V	-2.963V	-1.481V	

表 10-2　模拟量输入模块 EMAE04 的电流测量范围及系统数字量值对照

系统数字量值		电流测量范围	
十进制	十六进制	0~20mA	范围说明
32767	7FFF	23.70mA	上溢
32512	7F00		
32511	7EFF	23.52mA	过冲范围
27649	6C01		
27648	6C00	20mA	额定范围
20736	5100	15mA	
1	1	723.4nA	
0	0	0mA	
-1	FFFF		下冲范围
-4864	ED00	-3.52mA	
-4865	ECFF		下溢
-32768	8000		

三、模拟量输出模块 EMAQ02 的使用方法

图 10-6 所示为模拟量输出模块 EMAQ02 的接线，该模拟量模块共有两个模拟量输出端口，可以选择电压输出或电流输出，其输出范围为±10V 或 0~20mA，其满量程对应数字量范围为-27648~27648。该模块的电压输出范围及系统数字量值对照见表 10-3，电流输出范围及系统数字量值对照见表 10-4。

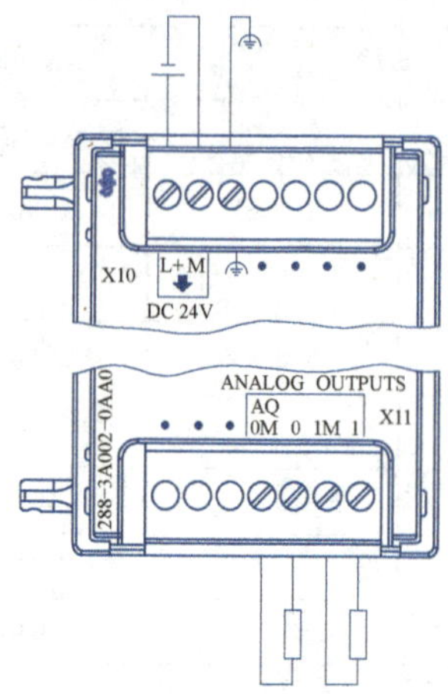

图 10-6　模拟量输出模块 EMAQ02 的接线示意

表 10-3　模拟量输出模块 EMAQ02 的电压输出范围及系统数字量值对照

系统数字量值		电压输出范围	
十进制	十六进制	±10V	
32767	7FFF	系统 STOP	上溢
32512	7F00	系统 STOP	
32511	7EFF	11.76V	过冲范围
27649	6C01		
27648	6C00	10V	额定范围
20736	5100	7.5V	
1	1	361.7μV	
0	0	0V	
-1	FFFF	-361.7μV	
-20736	AF00	-7.5V	
-27648	9400	-10V	
-27649	93FF		下冲范围
-32512	8100	-11.76V	
-32513	80FF	系统 STOP	下溢
-32768	8000	系统 STOP	

表 10-4　模拟量输出模块 EMAQ02 的电流输出范围及系统数字量值对照

系统数字量值		电流输出范围	
十进制	十六进制	0~20mA	
32767	7FFF	系统 STOP	上溢
32512	7F00	系统 STOP	
32511	7EFF	23.52mA	过冲范围
27649	6C01		
27648	6C00	20mA	额定范围
20736	5100	15mA	
1	1	723.4nA	
0	0	0mA	

（续）

系统数字量值			电流输出范围
十进制	十六进制	0~20mA	
-1	FFFF		下冲范围
-6912	E500		
-6913	E4FF		不会出现此情况，输出值限制在 0mA
-32512	8100		
-32513	80FF	系统 STOP	下溢
-32768	8000	系统 STOP	

四、PID 控制的基本过程

PID 控制器问世至今已有近 80 年的历史，它以结构简单、稳定性好、工作可靠、调整方便而成为工业控制的主要技术之一。PID 控制器就是根据系统的误差，利用比例、积分、微分计算出控制量进行控制的。它的控制过程如图 10-7 所示，通过给定值和实际检测得到的实际值，得出一个偏差量，再由控制器进行控制。

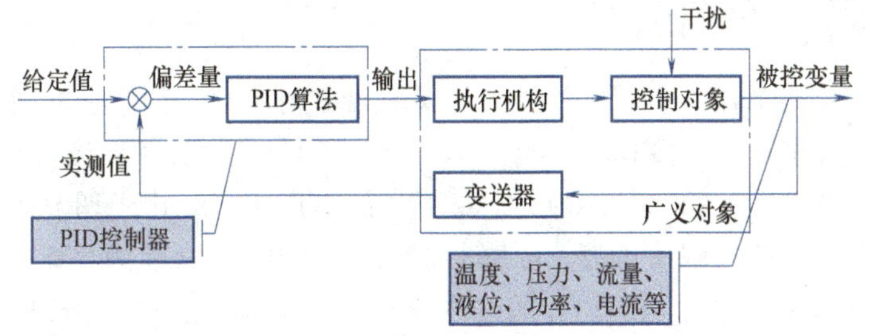

图 10-7　PID 控制的基本过程示意

PID 是以它的三种纠正算法而命名的。这三种算法都是用加法调整被控制的数值。而实际上，因为被加数总是负值，所以这些加法运算大部分变成了减法运算。这三种算法是：

1）比例：用来控制当前，误差值和一个负常数 P（表示比例）相乘，然后和预定的值相加。P 只是在控制器的输出和系统的误差成比例时成立。这种控制器输出的变化与输入控制器的偏差成比例关系。需要注意的是，在误差为 0 时，控制器的输出也是 0。

2）积分：用来控制过去，误差值是过去一段时间的误差和，乘以一个负常数 I，然后和预定值相加。I 从过去的平均误差值来找到系统的输出结果和预定值的平均误差。一个简单的比例系统会振荡，会在预定值的附近来回变化，因为系统无法消除多余的纠正。通过加上一个负的平均误差比例值，平均的系统误差值就会减少，最终这个 PID 回路系统会在预定值稳定下来。

3）微分：用来控制将来，计算误差的一阶导并和一个负常数 D 相乘，最后和预定值相加。这个导数的控制会对系统的改变做出反应。导数的结果越大，那么控制系统就对输出结果做出更快速的反应。这个 D 参数也是 PID 被称为可预测控制器的原因。D 参数对减少控制器短期的改变很有帮助。一些实际中速度缓慢的系统可以不需要 D 参数。用更专业的话来讲，一个 PID 控制器可以被称为一个在频域系统的滤波器。这一点在计算它是否会最终达到稳定结果时很有用。如果数值挑选不当，控制系统的输入值会反复振荡，这导致系统可能永远无法达到预设值。

最为理想的控制当属比例积分微分控制规律。它集三者之长：既有比例作用的及时迅速，又有积分作用的消除余差能力，还有微分作用的超前控制功能。

当偏差阶跃出现时，微分立即大幅度动作，抑制偏差的这种跃变；比例也同时起到消除偏差的作用，使偏差幅度减小，由于比例作用是持久和起主要作用的控制规律，因此可使系统比较稳定，而积分作用慢慢把余差克服掉。只要三个作用的控制参数选择得当，便可充分发挥三种控制规律的优点，得到较为理想的控制效果。

典型 PID 控制系统原理如图 10-8 所示，该系统由模拟 PID 控制器和被控对象组成。其中 $r(t)$ 为系统给定值，$c(t)$ 为系统的实际输出值，给定值与实际输出值构成控制偏差 $e(t)$，有

$$e(t)=r(t)-c(t) \tag{10-1}$$

$e(t)$ 作为 PID 控制器的输入，$u(t)$ 作为 PID 控制器的输出和被控对象的输入。所以，模拟 PID 控制器的控制规律为

$$u(t)=K_p\left[e(t)+\frac{1}{T_i}\int_0^t e(t)\mathrm{d}t+T_d\frac{\mathrm{d}e(t)}{\mathrm{d}t}\right] \tag{10-2}$$

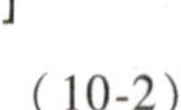

比例

积分

微分

被控对象

图 10-8 典型 PID 控制系统原理

式中 K_p——比例系数；

T_i——积分时间常数；

T_d——微分时间常数。

对应的模拟 PID 调节器的传递函数为

$$D(s)=\frac{U(s)}{E(s)}=K_p\left(1+\frac{1}{T_i s}+T_d s\right) \tag{10-3}$$

任务分析

在本任务中，阀门控制器采用调节阀控制，其外观如图 10-9a 所示，该调节阀能够接收 DC 0~10V 信号来进行开度调节，其中 10V 代表 100%开度，0V 代表 0%开度。PLC 经过计算后，通过 A/D 转换模块将计算结果转换为 DC 0~10V 的电压信号，用于调节阀的开度调节。

本任务中使用液位传感器（见图 10-10a）来检测容器中的实时液位，并通过变送器将其转换为 DC 0~10V 的电压量。PLC 通过 A/D 转换模块将此电压量转换为数字量用于程序的运算，西门子 EM231 模拟量模块如图 10-9b 所示。利用液位传感器的变送器，将 0~1000mm 的液位值转换为 0~10V 的电压信号，送到扩展模块 EMAE04 的模拟量输入通道 1，扩展模块 EMAE04 将模拟量输入 0~10V 电压信号转换为数字量，电压信号与数字量值呈线性关系（见图 10-10b），对应数值范围为 0~27648，传送到 S7-200 SMART CPU 中。

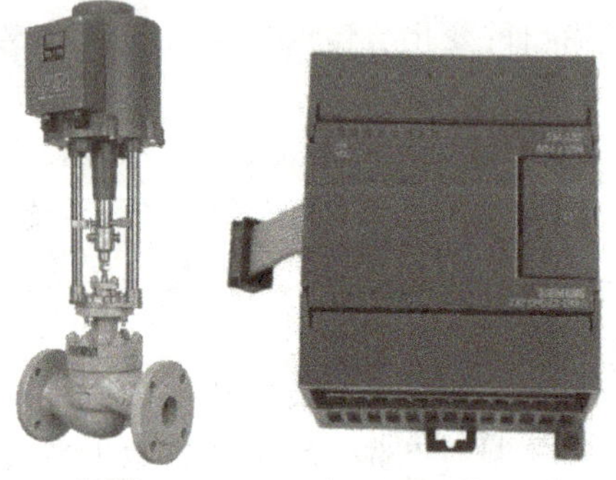

a) 调节阀　b) 西门子EM231模拟量模块

图 10-9 调节阀与模拟量模块

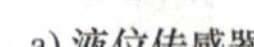

a) 液位传感器

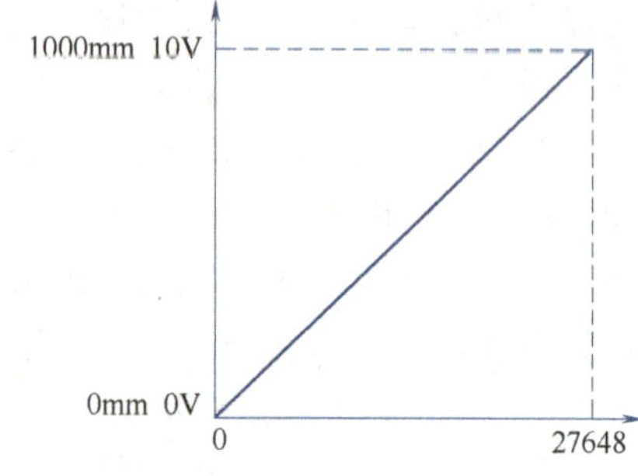

b) 数字量与液位变送器电压值的关系

图 10-10 液位传感器及数字量与液位变送器电压值的关系

任务实施

1. 准备元器件

恒液位控制系统元器件清单见表 10-5。

表 10-5 恒液位控制系统元器件清单

序号	名称	型号规格	数量
1	可编程序控制器	S7-200 SMART SR30	1 台
2	模拟量输入模块	EMAE04	1 个
3	模拟量输出模块	EMAQ02	1 个

（续）

序号	名称	型号规格	数量
4	开关电源	输入 AC 220V，输出 DC 24V	1 个
5	空气开关	DZ47-C32/2P	1 个
6	熔断器	RT18-32/20	1 个
7	调节阀	DN20（控制信号 DC 0~10V）	1 个
8	液位传感器	SIN-MP-C	1 个
9	网孔板	通用	1 块
10	电工工具		1 套
11	端子排	TD20/15	

2. 绘制电气原理图（见图 10-11）

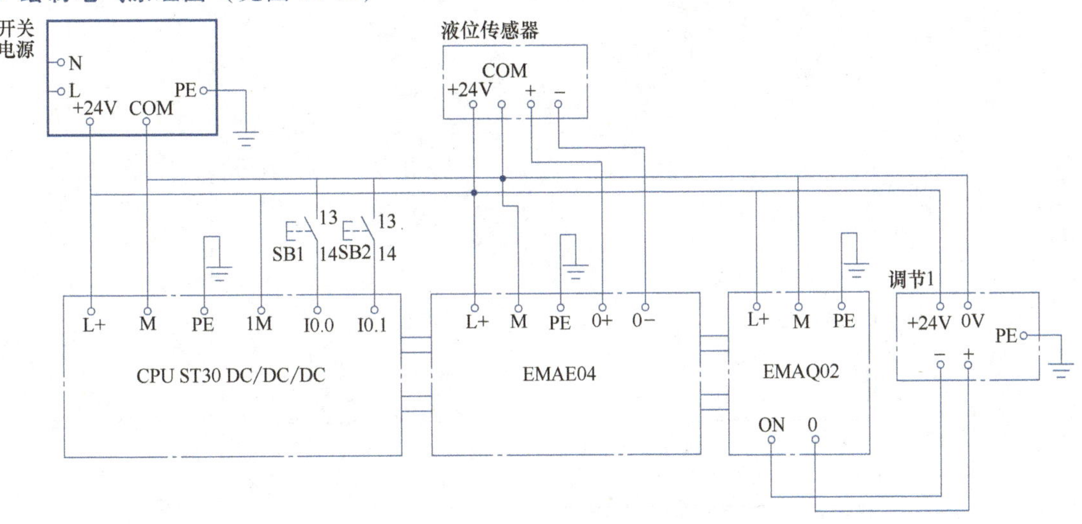

图 10-11　电气原理图

3. 编写程序

（1）设置硬件组态及模拟量模块通道（见图 10-12）

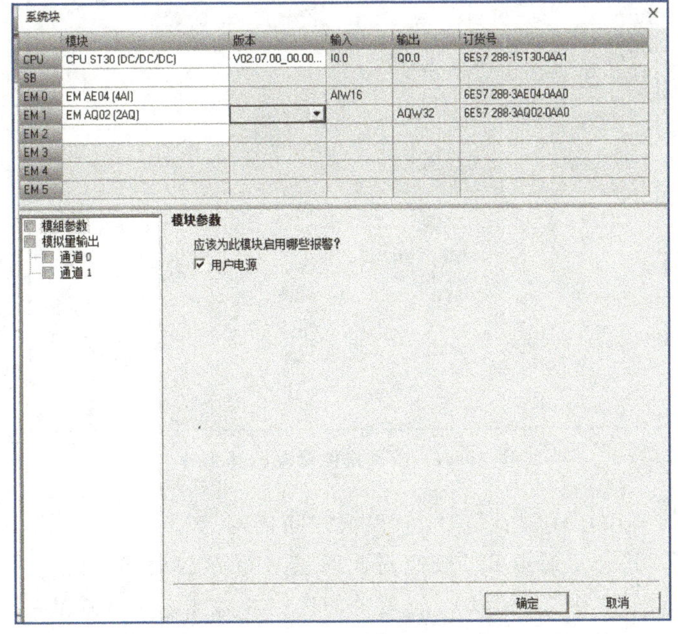

图 10-12　设置系统块

恒液位控制程序

1）在系统块的“CPU”中更改CPU型号为“CPU ST30（DC/DC/DC）”，“EM 0”中添加扩展模块“EM AE04（4AI）”，“EM 1”中添加扩展模块“EM AQ02（2AQ）”。

2）单击“EM 0”的“EM AE04（4AI）”模块，弹出对话框如图10-13所示，勾选“用户电源”复选框启用报警。然后单击左侧“模拟量输入”下的“通道0”按钮对此通道进行参数设置，设置的参数如图10-14所示，“类型”为“电压”，“范围”为“+/- 10V”，“抑制”为“50Hz”，“滤波”为“弱（四个周期）”，勾选“超出上限”和“超出下限”复选框。

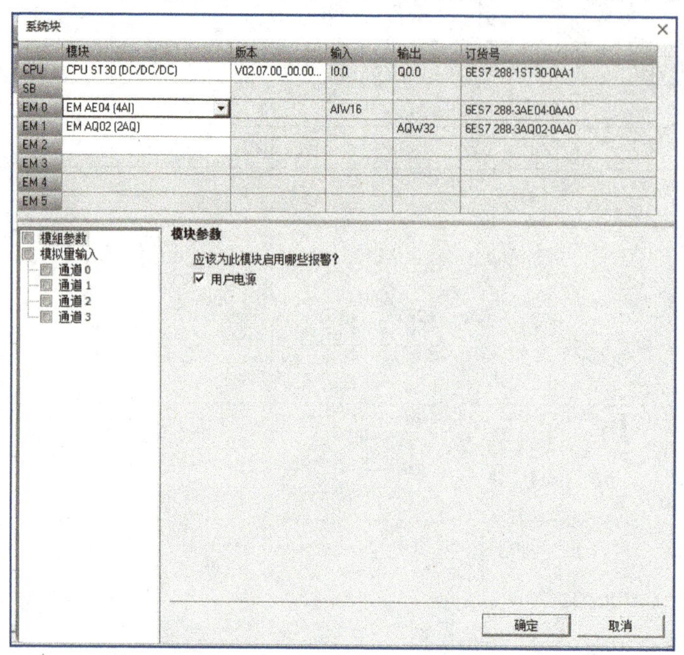

图 10-13　设置 EM AE04 模块

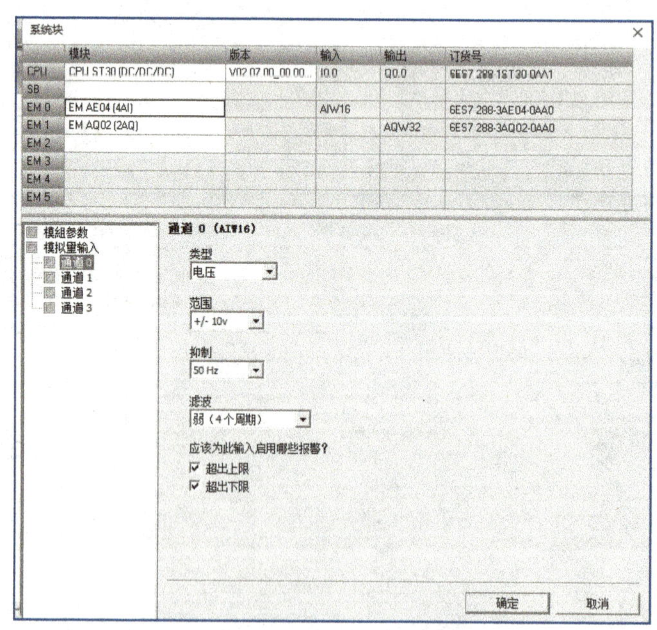

图 10-14　设置模拟量输入通道 0

3）单击“EM 1”的“EM AQ02（2AQ）”模块，同样勾选“用户电源”复选框启用报警。然后单击左侧“模拟量输出”下的“通道0”按钮对此通道进行参数设置，设置的参数如图10-15所示，“类型”为“电压”，“范围”为“+/- 10V”，取消勾选“将输出冻结在最后一个状态”复选框，勾选“超出上限”“超出下限”“短路”复选框。设置结束之后单击“确定”按钮。

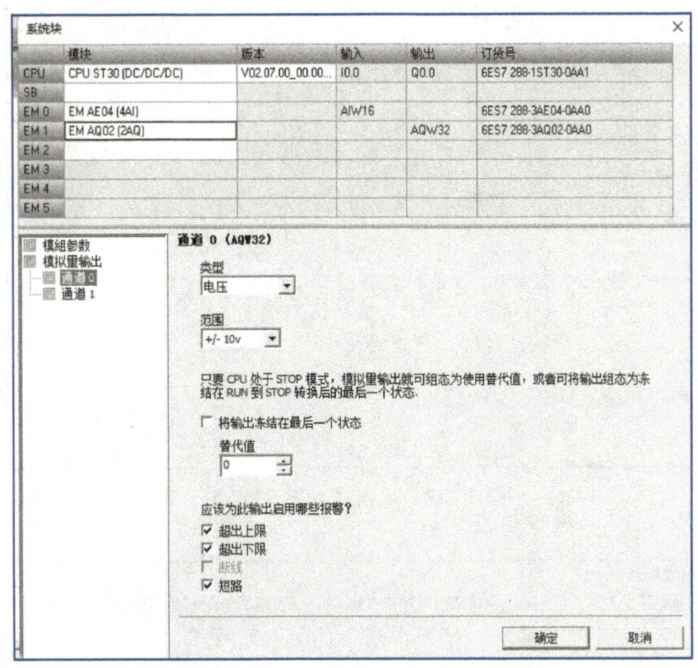

图 10-15 设置模拟量输出通道 0

(2) 设置 PID 向导

1) 在“工具”菜单项下，单击“PID”向导，在弹出的对话框中勾选“Loop 0”复选框，如图 10-16 所示。

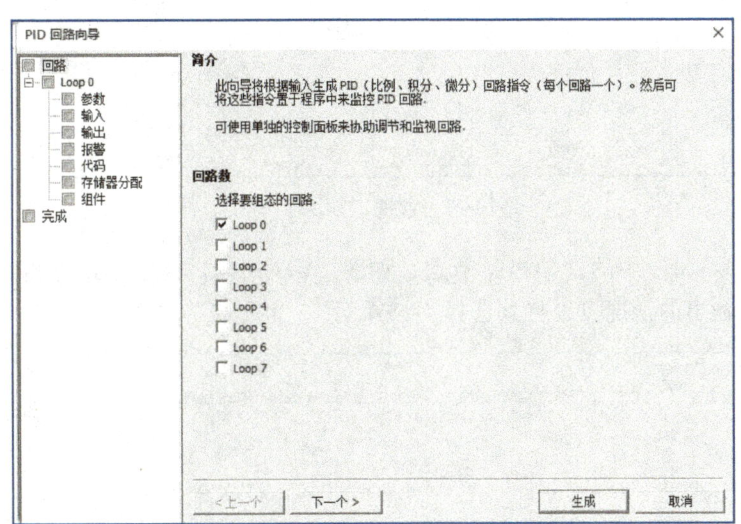

图 10-16 设置 PID 向导

2) 单击左侧“Loop 0”中的“参数”节点，如图 10-17 所示。其中“增益”为比例作用、“积分时间”为积分作用、“微分时间”为微分作用、“采样时间”是 PID 控制器对反馈采样和重新计算输出值的时间间隔，此时均采用默认值，后面在调试的过程中自整定。

3) 单击左侧“Loop 0”中的“输入”节点，如图 10-18 所示。在这个地方指定回路过程变量的标定方式，根据外界模拟量输入的情况可以将其选择为“单极”。在“标定”选项中设置“过程变量”为“0~27648”，由于液位传感器的检测范围是 0~1000mm，因此“回路设定值”可设为“0~1000”，这样计算过程中就可以认定其为工程量了。

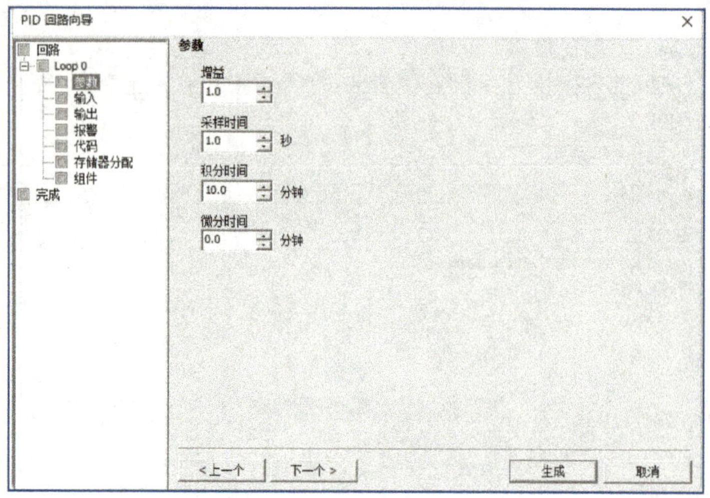

图 10-17　设置“参数”节点

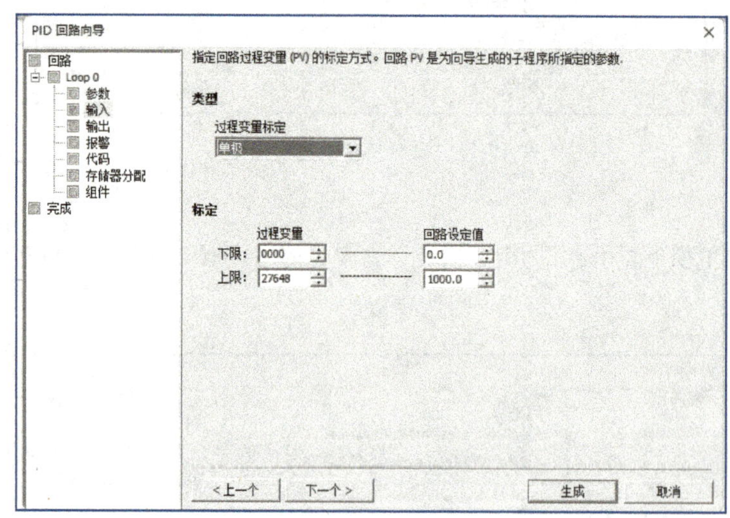

图 10-18　设置“输入”节点

4）单击左侧“Loop 0”中的“输出”节点，如图 10-19 所示。在这个地方指定回路输出的标定方式，根据外界模拟量输出的情况可以将其选择为“单极”，范围设为“0~27648”。

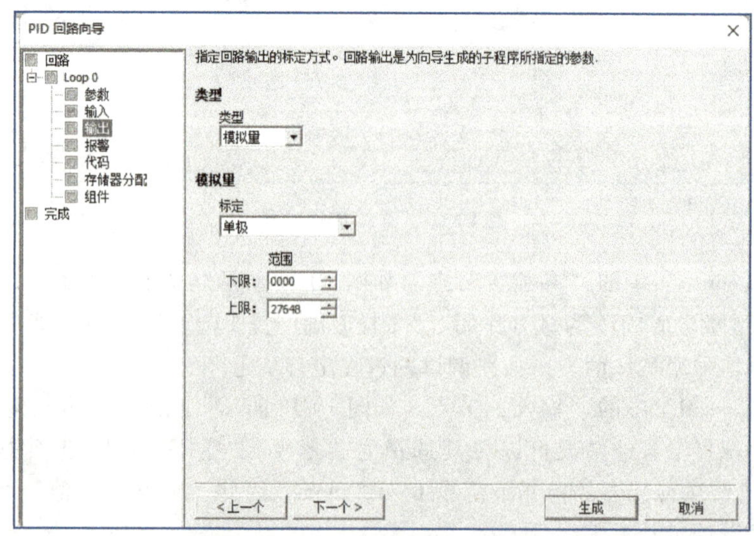

图 10-19　设置“输出”节点

5）单击左侧“Loop 0”中的“报警”节点，如图 10-20 所示。勾选“启用下限报警”“启用上限报警”“启用模拟量输入错误”复选框，报警值使用默认值。

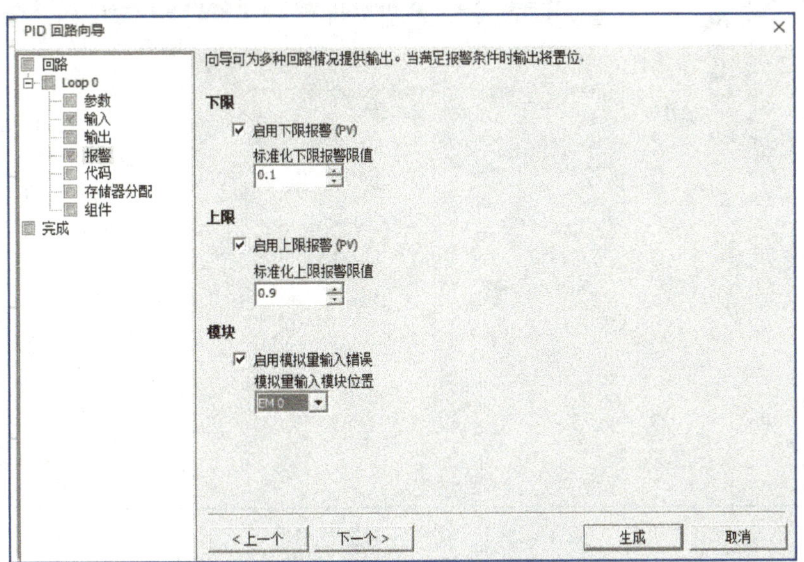

图 10-20　设置“报警”节点

6）单击左侧“Loop 0”中的“代码”节点，如图 10-21 所示。勾选“添加 PID 的手动控制”，这样如果处于手动控制时就不执行 PID 运算，回路的输出由程序控制。

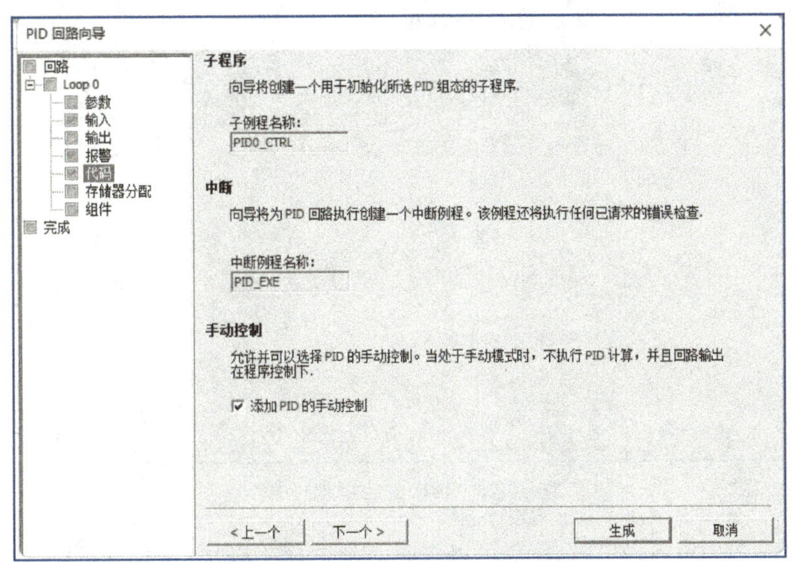

图 10-21　设置“代码”节点

7）单击左侧“Loop 0”中的“存储器分配”节点，如图 10-22 所示。PID 向导为了完成 PID 运算需要 120B 的位存储器，在编写其他控制程序时一定要注意不再使用这些存储器。

8）单击左侧“Loop 0”中的“组件”节点，如图 10-23 所示。向导列出了 PID 项目自动生成的组件，包括一个用于初始化 PID 的子程序、一个用于循环执行 PID 功能的中断程序、一个 120B 的数据页以及一个符号表。最后单击“生成”按钮，完成此 PID 向导的设置。

9）生成 PID 组件后，可以在项目树中的“程序块”下的“向导”文件夹中查看生成的 PID 初始化子程序“PID0_CTRL（SBR1）”及 PID 运行中断程序“PID_EXE（INT1）”，可以双击打开程序说明，如图 10-24 所示。需要注意的是，这两个程序是加密的，无法查看程序内容，仅可查看程序说明；中断程序占用了“定时中断 0”，编程时不能重复使用。

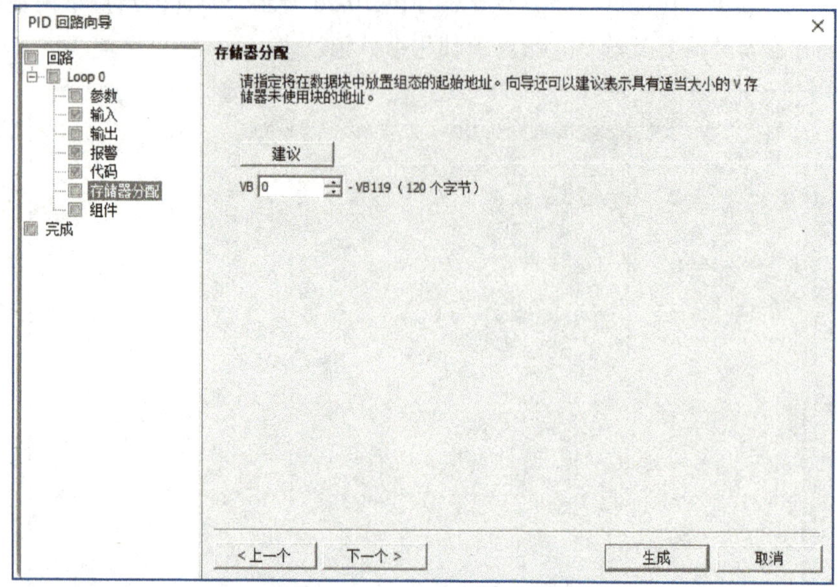

图 10-22　设置“存储器分配”节点

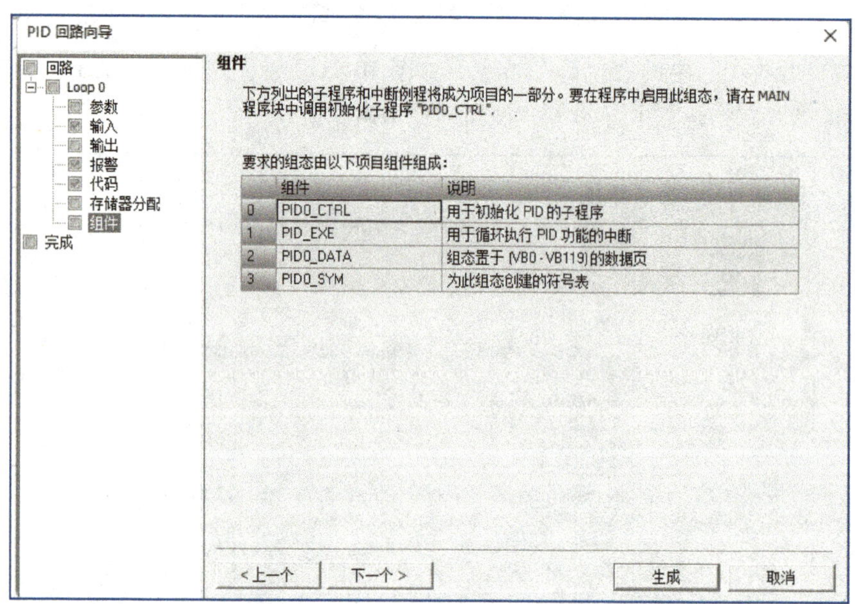

图 10-23　PID 自动生成的组件

在符号表中单击“PID0_SYM”选项卡可以查看 PID 的相关符号及地址信息，如图 10-25 所示，用于编程时参考。

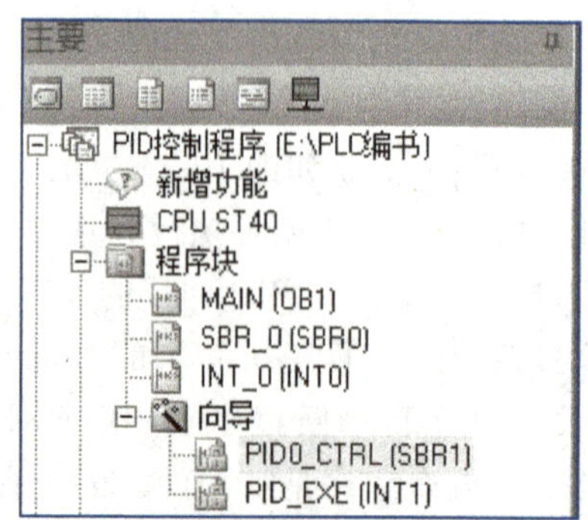

图 10-24　查看 PID 的初始化子程序和运行中断程序

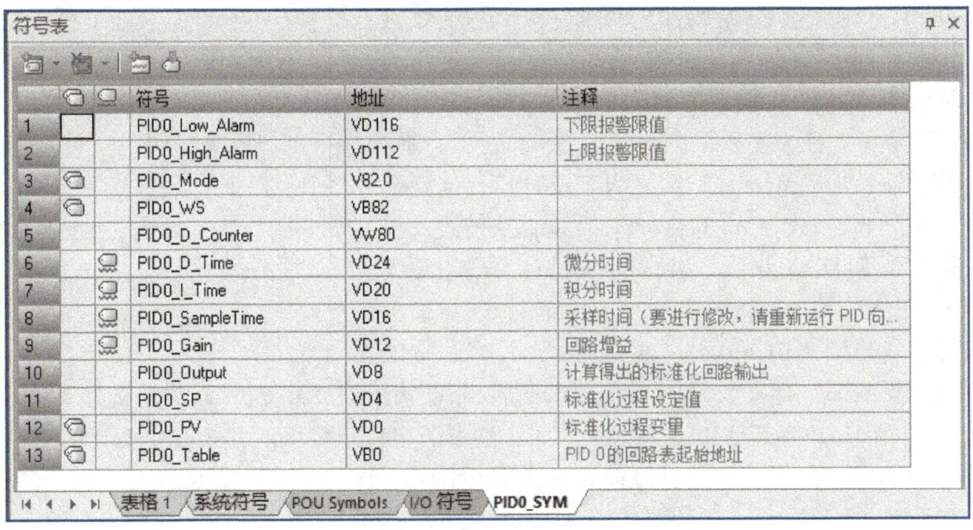

符号表

	符号	地址	注释
1	PID0_Low_Alarm	VD116	下限报警限值
2	PID0_High_Alarm	VD112	上限报警限值
3	PID0_Mode	V82.0	
4	PID0_WS	VB82	
5	PID0_D_Counter	VW80	
6	PID0_D_Time	VD24	微分时间
7	PID0_I_Time	VD20	积分时间
8	PID0_SampleTime	VD16	采样时间（要进行修改，请重新运行 PID 向...
9	PID0_Gain	VD12	回路增益
10	PID0_Output	VD8	计算得出的标准化回路输出
11	PID0_SP	VD4	标准化过程设定值
12	PID0_PV	VD0	标准化过程变量
13	PID0_Table	VB0	PID 0的回路表起始地址

表格 1　系统符号　POU Symbols　I/O 符号　PID0_SYM

图 10-25　查看 PID 的符号表

(3) 调用 PID 生成的子程序编程

1) 在项目树中展开“指令”下的“调用子例程”文件夹（见图 10-26a），拖拽“PID0_CTRL (SBR1)”到 MAIN 程序中，如图 10-26b 所示。

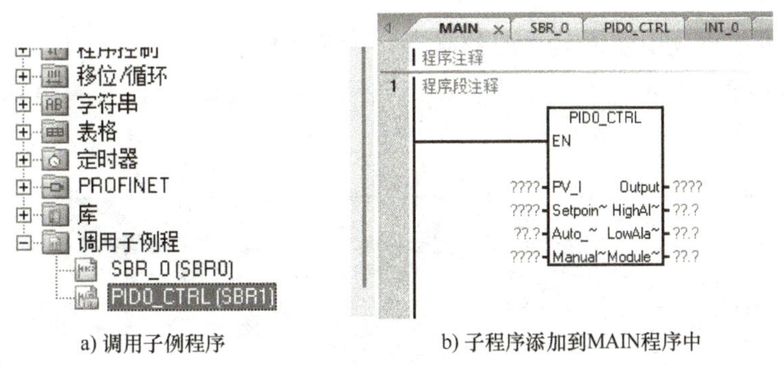

a) 调用子例程序　　b) 子程序添加到MAIN程序中

图 10-26　查找程序

2) 子程序“PID0_CTRL (SBR1)”的引脚定义可以参考其变量表，如图 10-27 所示。

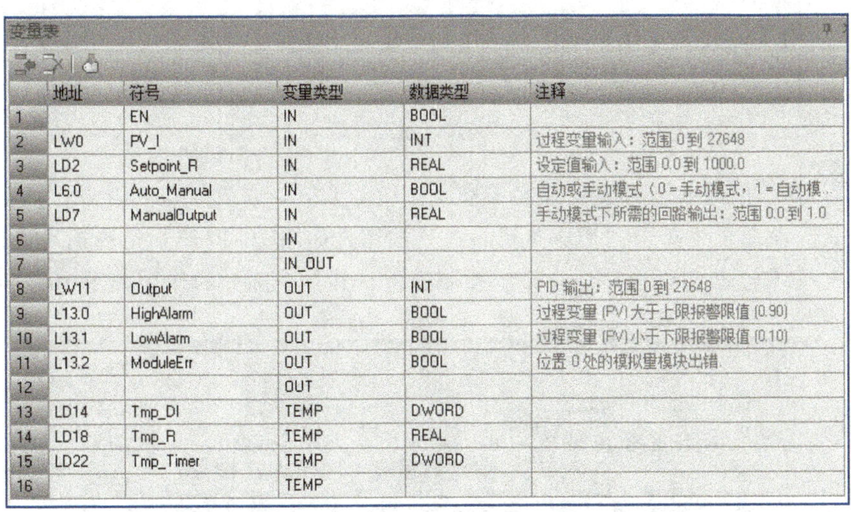

变量表

	地址	符号	变量类型	数据类型	注释
1		EN	IN	BOOL	
2	LW0	PV_I	IN	INT	过程变量输入：范围 0到 27648
3	LD2	Setpoint_R	IN	REAL	设定值输入：范围 0.0到 1000.0
4	L6.0	Auto_Manual	IN	BOOL	自动或手动模式（0 = 手动模式，1 = 自动模...
5	LD7	ManualOutput	IN	REAL	手动模式下所需的回路输出：范围 0.0到 1.0
6			IN		
7			IN_OUT		
8	LW11	Output	OUT	INT	PID 输出：范围 0到 27648
9	L13.0	HighAlarm	OUT	BOOL	过程变量 (PV) 大于上限报警限值 (0.90)
10	L13.1	LowAlarm	OUT	BOOL	过程变量 (PV) 小于下限报警限值 (0.10)
11	L13.2	ModuleErr	OUT	BOOL	位置 0处的模拟量模块出错
12			OUT		
13	LD14	Tmp_DI	TEMP	DWORD	
14	LD18	Tmp_R	TEMP	REAL	
15	LD22	Tmp_Timer	TEMP	DWORD	
16			TEMP		

图 10-27　子程序“PID0_CTRL (SBR1)”的变量表

3）编写完整子程序“PID0_CTRL（SBR1）”的引脚定义，如图 10-28 所示。给使能端 EN 添加一个常开触点“SM0.0（Always_On）”；过程变量输入端“PV_I”定义为“AIW16（EM0_输入 0）”；设定值输入端“Setpoint_R”定义为“500.0”（直接为工程量，目标液位 500mm）；自动/手动模式切换端“Auto_Manual”定义为“M0.0”，也就是 M0.0 为 ON 时是自动模式，M0.0 为 OFF 时是手动模式；手动模式下所需的回路输出值“ManualOutput”端定义为“0.5”；PID 输出端“Output”定义为“AQW32（EM1_输出 0）”；上限报警输出端“HighAlam”定义为“M1.0”；下限报警输出端“LowAlam”定义为“M1.1”；模块错误报警输出端“ModuleErr”定义为“M1.2”。

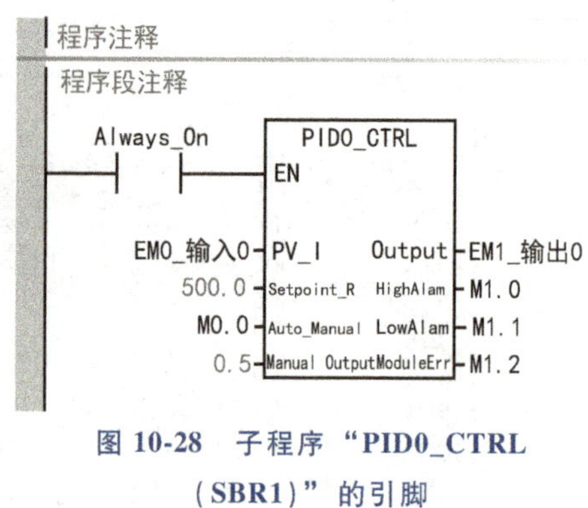

图 10-28　子程序“PID0_CTRL（SBR1）”的引脚

另外，查看图 10-25 所示 PID 的符号表，可以通过给定符号数据的方式改变 PID 的相关参数。

编写完上述程序后，对程序进行保存编译。

4. 调试程序

（1）下载测试

1）将经过编译的程序下载到 PLC 中，并将 PLC 的模式置为“RUN”。

2）将 PID 程序中用到的符号添加到状态图表中，并切换寻址显示的模式及数据显示格式，然后将状态图表切换为开始监控，如图 10-29 所示。此时将 M0.0 置为 ON，自动经过运算后向 PID 输出，液位随之发生变化。

3）此时可以在状态图表中修改 PID 的控制参数，观察被控对象的变化状态。也可以通过“触摸屏+程序”的方式来调整 PID 的参数。更方便的是，可以使用编程软件中的“PID 控制面板”自整定控制参数。

状态图表

	地址	格式	当前值	新值
1	PID0_SP:VD4	浮点	0.5	
2	PID0_SampleTime:VD16	浮点	1.0	
3	PID0_PV:VD0	浮点	0.0	
4	PID0_Output:VD8	浮点	0.5	
5	PID0_I_Time:VD20	浮点	10.0	
6	PID0_Gain:VD12	浮点	1.0	
7	PID0_D_Time:VD24	浮点	0.0	
8	M0.0	位	2#0	
9	M1.0	位	2#0	
10	M1.1	位	2#1	
11	M1.2	位	2#1	
12	EM0_输入0:AIW16	有符号	+0	
13	EM1_输出0:AQW32	有符号	+13824	

图 10-29　状态图表

（2）使用“PID 控制面板”自整定控制参数

1）在“工具”菜单项中单击“PID 控制面板”按钮，如图 10-30 所示，弹出对话框后，单击左侧“Loop 0（Loop 0）”节点，变化为 PID 自整定控制面板，其各个部分的作用如图 10-31 所示。

图 10-30　打开 PID 控制面板

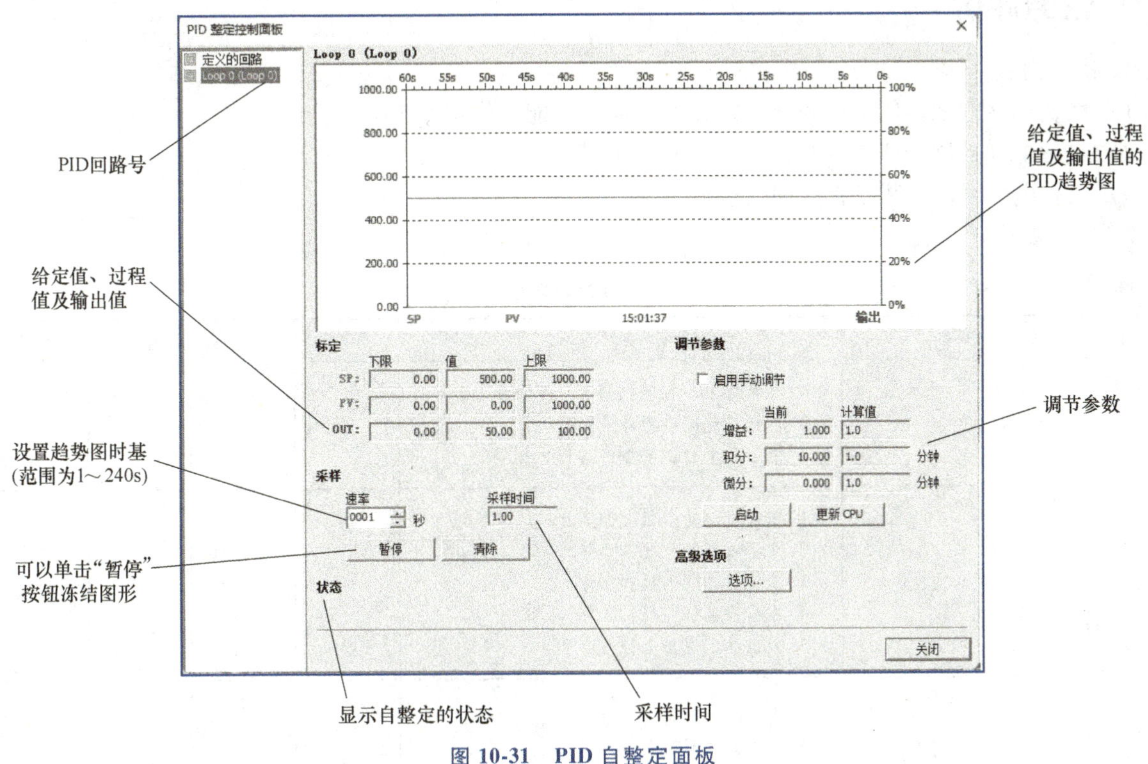

图 10-31　PID 自整定面板

2）进行自整定。必须将程序下载到 PLC 中且 CPU 处于"RUN"模式下，才可以进行 PID 的自整定。此时先将 M0.0 置为 ON，使 PID 处于自动运行模式。

先测试一下手动调节功能，勾选图 10-31 中的"启用手动调节"复选框，然后更改参数：设置"增益"为"5.0"、"积分为"10.0"、"微分"为"0.0"，单击"更新 CPU"按钮使新的参数值起作用。此时可以监视趋势图，根据调节状况来改变 PID 的 3 个参数，直至调节稳定。调节的效果要求过程值与设定值接近且输出没有不规律的变化且最好处于控制范围中心附近。

然后通过自动调节的方法进行整定，取消勾选"启用手动调节"复选框，单击下方的"启动"按钮开始 PID 的自整定，此时"启动"按钮会变化为"停止"。可以观察趋势图的状态（趋势图的各部分功能说明如图 10-32 所示），系统会自动将相关参数整定出来，需要注意的是，在自整定的过程中给定值不能改变。待经过一段时间的等待后，发现"停止"按钮再次变化为"启动"按钮时，系统就完成了自整定，单击"更新 CPU"按钮将自整定的参数应用到 PLC 中。

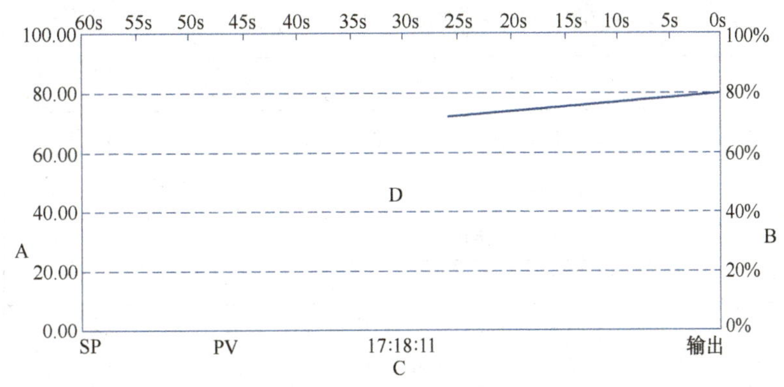

图 10-32　趋势图

A—过程变量和设定值的取值范围及刻度　B—PID 输出的取值范围及刻度　C—当前的时间
D—以不同颜色表示的设定值、过程变量及输出的趋势图

任务评价

1. 检查内容

1）检查选择的元器件是否齐全，熟悉各元器件功能及作用。

2）熟悉电气控制原理图，并列出 PLC 的 I/O 表。

3）检查电气线路安装是否合理及运行情况。

2. 评估策略（见表 10-6）

表 10-6 恒液位控制任务评价

任务内容	评估内容	评估标准	配分	学生自评	学生互评	教师评价
专业技能	知识点	1. 能掌握 PID 控制的基本工作原理得 3 分 2. 能正确使用模拟量模块得 4 分 3. 能掌握 PID 的控制过程得 3 分	10			
	前期准备和安全检查	1. 未检查电动机状况扣 2 分 2. 未检查器件状况扣 2 分 3. 未检查确认工具扣 2 分 4. 未检查确认耗材扣 2 分 5. 未清洁工位扣 2 分	10			
	元器件安装	1. 不按图纸安装扣 5 分 2. 元件安装不牢固，每处扣 2 分 3. 元件安装不整齐、不匀称、不合理，每处扣 2 分 4. 损坏元件扣 5 分 5. 走线槽安装不符合要求，每处扣 1 分	10			
	电路安装工艺	1. 错、漏、多接一根线扣 5 分 2. 导线没有使用插针每处扣 1 分 3. 连接的导线没有套打印的号码管每处扣 1 分 4. 损伤导线绝缘或线芯，每根扣 4 分 5. 接地线不完整扣 10 分 6. 多余的导线没有放入线槽每处扣 3 分 7. 配线不美观、不整齐、不合理，每处扣 2 分	20			
	程序检查与运行	1. 液位传感器不能正确检测液位扣 5 分 2. 不能正确控制调节阀的运行扣 5 分 3. 不能实现恒液位控制扣 10 分	20			
方法	自主学习能力	预习并做好课前准备	5			
	理解、总结能力	准确理解任务要求，善于总结	5			
	创新能力	选用新方法、新工艺效果好	5			
职业素养	团队协作能力	积极参与、小组协作	5			
	语言表达能力	观点表达清楚，展示效果好	5			
	安全操作能力	1. 未穿工作服扣 1 分 2. 未清洁、未归位工具扣 2 分 3. 操作过程损坏元器件或工具、有安全隐患扣 2 分	5			
合计			100			

知识拓展

1. 漏水的水缸加水故事

小明接到这样一个任务：有一个水缸有点漏水，而且漏水的速度还不一定固定不变，要求水面高度维持在某个位置，一旦发现水面高度低于要求位置，就要往水缸里加水。小明接到任务后就一直守在水缸旁边，时间长就觉得无聊，就跑开了，每 30min 回来检查一次水面高度。但是有时候水漏得太快，每次小明来检查时，水都快漏完了，离要求的高度相差很远，小明改为每 3min 来检查一次，结果每次来水都没怎么漏，不需要加水，来得太频繁做的是无用功。几次试验后，确定每 10min 来检查一次。这个检查时间就称为采样周期。

一开始小明用瓢加水，水龙头离水缸有十几米的距离，经常要跑好几趟才加够水，于是小明又改为用桶加水，一加就是一桶，跑的次数少了，加水的速度也快了，但好几次水加太多溢出了，不小心弄湿了几次鞋，小明又动脑筋，不用瓢也不用桶改为用盆，几次下来，发现刚刚好，不用跑太多次，也不会让水溢出。这个加水工具的大小就称为比例系数。

小明又发现水虽然不会加过量溢出了，有时会高过要求位置比较多，还是有打湿鞋的风险。他又想了个办法，在水缸上装一个漏斗，每次加水不直接倒进水缸，而是倒进漏斗让它慢慢加。这样溢出的问题解决了，但加水的速度又慢了，有时还赶不上漏水的速度。于是他试着变换不同大小口径的漏斗来控制加水的速度，最后终于找到了满意的漏斗。漏斗的时间就称为积分时间。

小明终于喘了一口气，但任务的要求突然严格了，水位控制的及时性要求大大提高，一旦水位过低，必须立即将水加到要求位置，而且不能高出太多，否则不给工钱。小明又为难了！于是他又开动脑筋，终于想到一个办法：常放一盆备用水在旁边，一发现水位低了，不经过漏斗就是一盆水下去，这样及时性是保证了，但水位有时会高多了。他又在要求水面位置上面一点将水缸凿了一个孔，再接一根管子到下面的备用桶里，这样多出的水会从上面的孔里漏出来。这个水漏出的快慢就称为微分时间。

2. PID 控制器参数整定的一般方法

PID 控制器的参数整定是控制系统设计的核心内容。它是根据被控过程的特性确定 PID 控制器的比例系数、积分时间和微分时间的大小。PID 控制器参数整定的方法很多，概括起来有两大类：

1）理论计算整定法。它主要是依据系统的数学模型，经过理论计算确定控制器参数。这种方法所得到的计算数据未必可以直接用，还必须通过工程实际进行调整和修改。

2）工程整定法。它主要依赖工程经验，直接在控制系统的试验中进行，且方法简单、易于掌握，在工程实际中被广泛采用。PID 控制器参数的工程整定法主要有临界比例法、反应曲线法和衰减法。

两类方法各有其特点，其共同点都是通过试验，然后按照工程经验公式对控制器参数进行整定。但无论采用哪一种方法所得到的控制器参数，都需要在实际运行中进行最后的调整与完善。

现在一般采用的是临界比例法。利用该方法进行 PID 控制器参数的整定步骤如下：

首先预选择一个足够短的采样周期让系统工作，其次仅加入比例控制环节，直到系统对输入的阶跃响应出现临界振荡，记下这时的比例放大系数和临界振荡周期，最后在一定的控制度下通过公式计算得到 PID 控制器的参数。

PID 参数的设定是靠经验及工艺的熟悉，参考测量值跟踪与设定值曲线，从而调整 P、I、D 的大小。

3. PID 整定的常用口诀

参数整定找最佳，从小到大顺序查；
先是比例后积分，最后再把微分加；
曲线振荡很频繁，比例度盘要放大；
曲线漂浮绕大弯，比例度盘往小扳；

曲线偏离回复慢，积分时间往下降；
曲线波动周期长，积分时间再加长；
曲线振荡频率快，先把微分降下来；
动差大来波动慢，微分时间应加长；
理想曲线两个波，前高后低4比1；
一看二调多分析，调节质量不会低。

思考与练习

1）给控制系统添加一个触摸屏用于设定相关的PID参数及监控系统的当前状态。触摸屏的界面及所需功能参考图10-33所示参数。

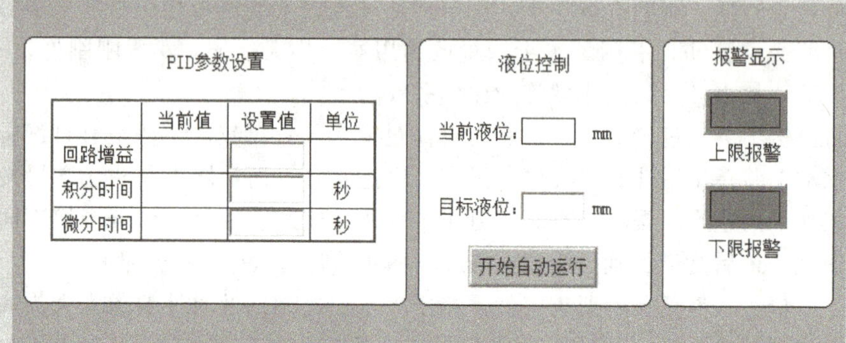

图10-33 恒液位PID自动控制系统触摸屏界面

2）编写PLC控制程序，要求可以在触摸屏上实时设置PID的3个参数，还需要在触摸屏上显示容器的当前液位、设置目标液位、显示上限报警和下限报警。

实践中常见问题解析

1）如何确保PID向导生成的程序能正确执行？

① 确保用SM0.0无条件调用PID0_CTRL库；在程序的其他部分不再使用SMB34定时中断，也不要对SMB34赋值。

② 确认当前工作状态是手动还是自动。

2）如何实现PID反作用调节？

在有些控制中需要PID反作用调节。例如在夏天控制空调制冷时，若反馈温度（过程值）低于设定温度，需要关阀，减小输出控制（减少冷水流量等），这就是PID反作用调节（在PID正作用调节中，若过程值小于设定值，则需要增大输出控制）。

若想实现PID反作用调节，需要把PID回路的增益设为负数。对于增益为0的积分或微分控制来说，如果指定积分时间、微分时间为负值，则是反作用回路。

任务十一 基于MM420变频器与S7-200 SMART PLC的自动生产线多段速控制

知识目标

- 熟悉变频器多段速频率控制方式。

- 熟悉变频器的运行操作过程。
- 熟悉变频器常用参数的设置和修改方法。

能力目标

- 掌握变频器多段速频率控制的三种方式。
- 能根据任务要求修改变频器参数。
- 能够将 PLC 和变频器连接实现多段速频率联机操作。

职业能力

- 锻炼学习能力、应变能力和创新能力，掌握多段速控制的思想及解决问题的方法。
- 掌握 PLC 控制系统的设计技巧，以获得较强的实践能力。
- 能够分析企业现场机械设备的电气控制要求，并提出 PLC 解决方案。
- 在实践操作中培养动手实践能力，提高质量意识、安全意识、节能环保意识和规范操作的职业能力。

任务要求

通过 S7-200 SMART PLC 和 MM420 变频器联机，实现电动机三段速频率运转控制，按下起动按钮 SB1，电动机起动并运行在第一段，频率为 10Hz，延时 20s 后电动机运行在第二段，频率为 20Hz，再延时 10s 后电动机反向运行在第三段，频率为 50Hz。按下停止按钮，电动机停止运行。

知识准备

一、MICROMASTER420 变频器简介

MICROMASTER420（MM420）是用于控制三相交流电动机速度的系列变频器。该系列有多种型号，从单相电源电压 AC 200～240V、额定功率 120W 到三相电源电压 AC 200～240V/AC 380～480V、额定功率 11kW 均可供用户选用。

变频器由微处理器控制，并采用具有现代先进技术水平的绝缘栅双极型晶体管（IGBT）作为功率输出器件。因此，它们具有很高的运行可靠性和功能多样性。其脉冲宽度调制的开关频率是可选的，因而电动机运行的噪声有所降低。全面而完善的保护功能为变频器和电动机提供了良好的保护。

1. MM420 系列变频器的配线

变频器采用恒转矩、V/f 控制方式，输出频率的范围为 0～650Hz。MM420 变频器还具有内部 PID 调节功能，改善了调节性能，并且增加了二进制互联（BICO）的功能。变频器的接线端子分为主电路端子和控制电路端子，主电路为变频器与工作电源和电动机之间的接线，控制电路的控制信号为微弱的电压、电流信号。MM420 变频器的基本配线如图 11-1 所示。

变频器可以通过外部模拟量输入接口（3、4）、3 点开关量输入信号（5、6、7）与 1 点开关量输出信号（10、11）进行控制；12、13 端子为模拟量输出 0～20mA 信号，其功能也是可编程的，用于输出显示运行频率、电流等。变频器提供了 3 种频率模拟设定方式：外接电位器设定、0～10V 电压设定和 4～20mA 电流设定。当用电压或电流设定时，最大的电压或电流对应变频器输出频率设定的最大值。变频器有两路频率设定通道，开环控制时只用 AIN1 通道，闭环控制时使用 AIN2 通道作为反馈输入，两路模拟设定进行叠加。

14、15 为通信接口端子，是一个标准的 RS-485 接口。S7-200/300/400 系列 PLC 通过此通信接口，可以实现对变频器的远程控制，包括运行/停止及频率设定控制，也可以与端子进行组合完成对变频器的控制。

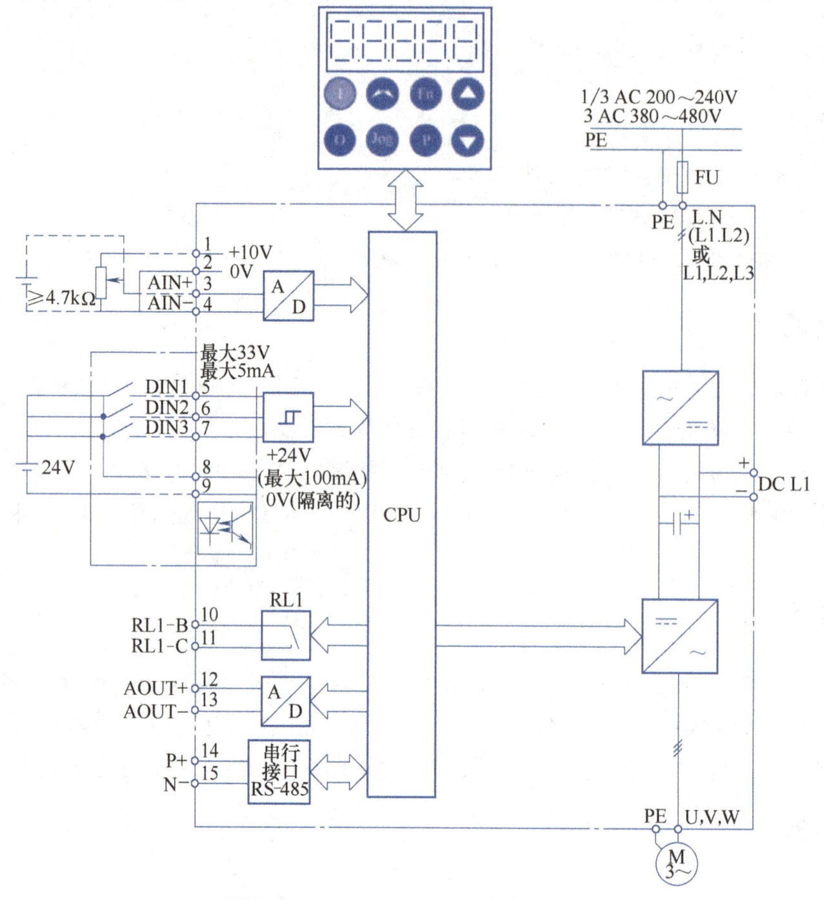

图 11-1　MM420 变频器的基本配线

变频器可使用数字操作面板控制，也可使用端子控制，还可使用 RS-485 通信接口对其远程控制。

模拟输入回路可以另行组态，用以提供一个附加的数字输入（DIN4），如图 11-2 所示。

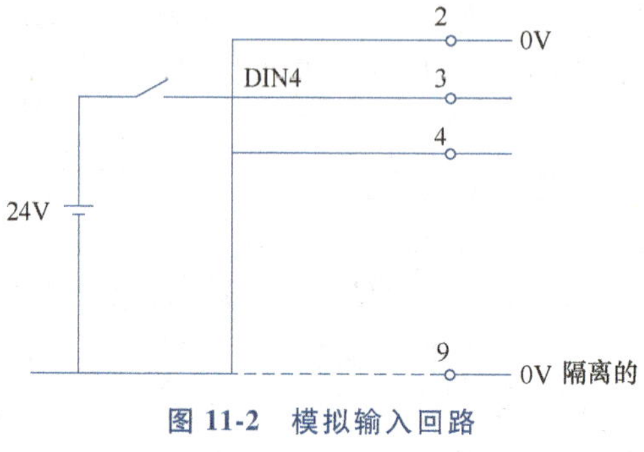

图 11-2　模拟输入回路

2. MM420 变频器的调试

（1）MM420 变频器的操作面板　如图 11-3 所示，在标准供货方式时装有状态显示板（SDP），对于很多用户来说，利用 SDP 和制造厂的默认设置值，就可以使变频器成功投入运行。如果工厂的默认设置值不适合用户的设备，可以利用基本操作板（BOP）或高级操作板（AOP）修改参数。BOP 和 AOP 是作为可选件供货的。

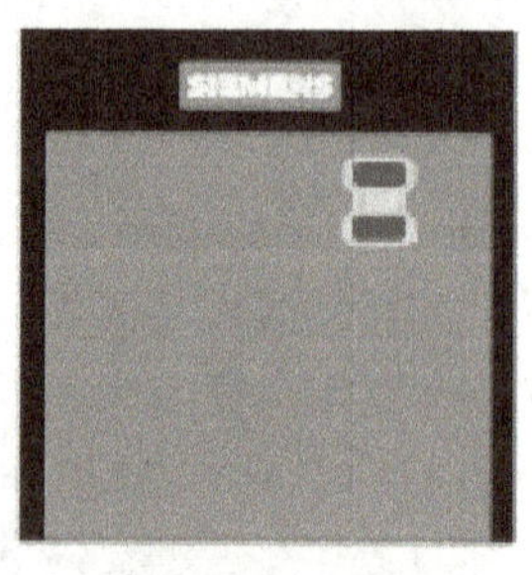

a) SDP状态显示板

b) BOP基本操作板

c) AOP高级操作板

图 11-3　变频器操作界面

（2）BOP 的基本操作方法　BOP 的基本操作面板显示及按钮功能见表 11-1。

表 11-1　BOP 的基本操作面板显示及按钮功能

显示/按钮	功能	功能的说明
r0000	状态显示	LCD 显示变频器当前的设定值
I	起动变频器	按此键起动变频器。默认值运行时此键是被封锁的。为了使此键的操作有效,应设定 P0700=1
O	停止变频器	OFF1:按此键,变频器将按选定的斜坡下降速率减速停车。默认值运行时此键是被禁用的,为了允许此键操作,应设定 P0700=1 OFF2:按此键两次(或一次,但时间较长),电动机将在惯性作用下自由停止 此功能总是"使能"的
	改变电动机的转动方向	按此键可以改变电动机的转动方向。电动机的反向用负号(-)或闪烁的小数点表示。默认值运行时此键是被禁用的,为了使此键的操作有效,应设定 P0700=1
jog	电动机点动	在变频器无输出的情况下按此键,将使电动机起动,并按预设定的点动频率运行。释放此键时,变频器停车。如果变频器/电动机正在运行,按此键将不起作用
Fn	功能	1. 此键用于浏览辅助信息。变频器运行过程中,在显示任何一个参数时按下此键并保持不动 2s,将显示以下参数值(在变频器运行中,从任何一个参数开始): 1)直流回路电压(用 d 表示,单位:V) 2)输出电流(A) 3)输出频率(Hz) 4)输出电压(用 o 表示,单位:V) 5)由 P0005 选定的数值(如果 P0005 选择显示上述参数中的任何一个,这里将不再显示)。连续多次按下此键,将轮流显示以上参数 2. 跳转功能 在显示任何一个参数(r××××或 P××××)时短时间按下此键,将立即跳转到 r0000,如果需要的话,可以接着修改其他参数。跳转到 r0000 后,按此键将返回原来的显示点
P	访问参数	按此键即可访问参数
▲	增加数值	按此键即可增加面板上显示的参数数值
▼	减少数值	按此键即可减少面板上显示的参数数值

3. MM420 变频器的参数简介

（1）MM420 变频器的参数分类　MM420 变频器的参数可以分为显示参数和设定参数两大类。显示参数为只读参数，用 r××××表示，典型的显示参数为频率给定值、实际输出电压、实际输出电流等。设定参数为可读写的参数，用 P××××表示。设定参数可以用基本操作面板、高级操作面板或通过串行通信接口进行修改，使变频器实现一定的控制功能。变频器的参数有三个用户访问级："1" 标准级、"2" 扩展级和 "3" 专家级。访问的等级由参数 P0003 来选择，对于大多数应用对象，只要访问标准级（P0003=1）和扩展级（P0003=2）参数就足够了。第四级的参数只是用于内部的系统设置，是不能修改的，只有得到授权的人员才能修改。

（2）变频器常用的设定参数

1）P0003：用于定义用户访问级。P0003 的设定值如下。

P0003=1：标准级，可以访问最经常使用的参数。

P0003=2：扩展级，允许扩展访问参数的范围。

P0003=3：专家级，只供专家使用。

P0003=4：维修级，只供授权的维修人员使用，具有密码保护。

2）P0004：参数过滤器，用于过滤参数，按功能的要求筛选（过滤）出与该功能相关的参数，这样可以更方便地进行调试。P0004 的访问级为 1。P0004 的设定值如下。

P0004=0：全部参数。

P0004=2：变频器参数。

P0004=3：电动机参数。

P0004=7：命令，二进制 I/O。

P0004=8：ADC（模-数转换器）和 DAC（数-模转换器）。

P0004=10：设定值通道/RFG（斜坡函数发生器）。

P0004=12：驱动装置的特征。

P0004=13：电动机的控制 。

P0004=20：通信。

P0004=21：报警/警告/监控。

P0004=22：工艺参量控制器（例如 PID）。

3）P0010：变频器工作方式的选择，P0010 的访问级为 1。

P0010=0：运行。

P0010=1：快速调试。

P0010=30：恢复工厂默认的设置值。

在 P0010 =1 时，变频器的调试可以非常快速和方便地完成。这时，只可以设置一些重要的参数（例如 P0304、P0305 等）。这些参数设置完成后，当 P3900 设定为 1~3 时，快速调试结束后立即开始变频器参数的内部计算，然后自动把参数 P0010 复位为 0。

4）P0100：本参数用于确定功率设定值的单位是“kW”还是“hp”以及电动机铭牌的额定频率。P0100 只有在 P0010=1 时才能被修改，参数的访问级为 1。可能的设定值如下。

P0100=0：功率设定值的单位为 kW，频率默认值为 50Hz（我国适用）。

P0100=1：功率设定值的单位为 hp，频率默认值为 60Hz。

P0100=2：功率设定值的单位为 kW，频率默认值为 60Hz。

5）P0300：选择电动机的类型，P0100 只有在 P0010=1 时才能被修改，参数的访问级为 2。可能的设定值如下。

P0300=1：异步电动机。

P0300=2：同步电动机。

6）P0304：电动机的额定电压（V），根据所选用电动机铭牌上的额定电压设定。本参数的访问级为 1，只有在 P0010=1 时才能被修改。

7）P0305：电动机额定电流（A），根据电动机铭牌上的额定电流设定，本参数只能在 P0010=1 时进行修改，访问级为 1。

8）P0307：电动机额定功率，根据电动机铭牌上的额定功率（kW/hp）设定。当 P0100=0 时，本参数的单位为 kW 。本参数只能在 P0010=1 时才可以修改，访问级为 1。

9）P0308：电动机的额定功率因数，根据电动机铭牌上的额定功率因数设定，本参数只能在 P0010=1 时进行修改，而且只能在 P0100=0 或 2（输入的功率以 kW 为单位）时才能见到。当参数的设定值为 0 时，将由变频器内部来计算功率因数（见 r0332）。本参数的访问级为 2。

10）P0310：电动机的额定频率，设定值的范围为 12~650Hz，默认值是 50Hz，根据电动机铭牌上的额定频率设定。本参数只能在 P0010=1 时进行修改，访问级为 1。

11）P0311：电动机的额定速度（r/min），本参数只能在 P0010=1 时进行修改。参数的设定值为 0 时，将由变频器内部来计算电动机的额定速度。对于带有速度控制器的矢量控制和 *V/f* 控制方式，必须有这一参数值。如果这一参数进行了修改，变频器将自动重新计算电动机的极对数。本参数的访问级为 1。

12）P0700：选择命令源，即变频器运行控制指令的输入方式。本参数的访问级为 1。可能的设定值如下。

P0700=0：工厂的默认设置。

P0700=1：由变频器的 BOP 设置。

P0700=2：由变频器的开关量输入端（DIN1～DIN4）进行控制，DIN1～DIN4 的控制功能通过参数 P0701～P0704 定义。

P0700=4：通过 BOP 链路的 USS 设置。

P0700=5：通过 COM 链路的 USS 设置

P0700=6：通过 COM 链路的通信板（CB）设置。

改变这一参数时，同时也使所选项目的全部设置值复位为工厂的默认值。例如：把它的设定值由 1 改为 2 时，所有的数字输入都将复位为默认值。

13）P0701：数字输入 DIN1 的功能。

14）P0702：数字输入 DIN2 的功能。

15）P0703：数字输入 DIN3 的功能。

16）P0704：数字输入 DIN4 的功能。

17）P0701～P0704 的访问级为 2，设定值如下。

0：禁止数字输入，即不使用该端子。

1：ON/OFF1（接通正转/停车命令 1）。

2：ON reverse/OFF1（接通反转/停车命令 1）。

3：OFF2（停车命令 2），电动机按惯性自由停车。

4：OFF3（停车命令 3），电动机快速停车。

9：故障确认。

10：正向点动。

11：反向点动。

15：固定频率设定值（直接选择）。

16：固定频率设定值（直接选择+ON 命令）。

17：固定频率设定值（二进制编码的十进制数/BCD 码选择+ON 命令）。

21：机旁/远程控制。

25：直流注入制动。

29：由外部信号触发跳闸。

33：禁止附加频率设定值。

99：使能 BICO 参数化（仅用于特殊用途）。

18）P0970：工厂复位。P0970=1 时所有的参数都复位到它们的默认值。工厂复位前，首先要设定 P0010=30（工厂设定值），且变频器停车。本参数的访问级为 1。可能的设定值如下。

P0970=0：禁止复位。

P0970=1：参数复位。

19）P1000：频率设定值的选择。本参数的访问级为 1。常用的设定值如下。

P1000=1：MOP 设定值。

P1000=2：模拟设定值。

P1000=3：固定频率。

P1000=4：通过 BOP 控制面板，连接总线以 USS 串行通信协议进行设定。

P1000=5：通过 COM 链路 USS 设定，即由 RS-485 接口通过连接总线，以 USS 串行通信协议由 PLC 进行设定。

P1000=6：通过 COM 链路的 CB 设定，即由通信接口模块通过连接总线进行设定。

20）P1001~P1007：定义固定频率 1~7 的设定值。本参数的访问级为 2。为了使用固定频率功能，需要用 P1000=3 选择固定频率的操作方式。

选择固定频率的方法有以下三种。

① 直接选择（P0701-P0703=15）。在这种操作方式下，一个数字输入选择一个固定频率，还需要一个 ON 命令才能使变频器投入运行。如果有几个固定频率同时被激活（数字输入端接通，为 1），选定的频率是它们的总和。例如：FF1+FF2+FF3。

② 直接选择+ON 命令（P0701-P0703=16）。选择固定频率时，既有选定的固定频率，又带有 ON 命令，把它们组合在一起。

在这种操作方式下，一个数字输入选择一个固定频率。如果有几个固定频率同时被激活，选定的频率是它们的总和。例如：FF1+FF2+FF3。

③ 二进制编码的十进制数（BCD 码）选择+ON 命令（P0701-P0703=17）。使用这种方法最多可以选择 7 个固定频率。各个固定频率的数值根据图 11-4 所示内容进行选择。

		DIN3	DIN2	DIN1
	OFF	0	0	0
P1001	FF1	0	0	1
P1002	FF2	0	1	0
P1003	FF3	0	1	1
P1004	FF4	1	0	0
P1005	FF5	1	0	1
P1006	FF6	1	1	0
P1007	FF7	1	1	1

图 11-4　二进制编码的十进制数（BCD 码）选择+ON 命令的 7 段频率设定

21）P1080：变频器输出的最低频率（Hz）。其范围为 0.00~650.00Hz，工厂默认值为 0。本参数的访问级为 1。

22）P1082：变频器输出的最高频率（Hz）。其范围为 0.00~650.00Hz，工厂默认值为 50Hz。本参数的访问级为 1。

23）P1120：斜坡上升时间（即电动机从静止状态加速到最高频率 P1082 设定值所用的时间），其设定范围为 0~650s，工厂默认值是 10s，本参数的用户访问级为 1。

24）P1121：斜坡下降时间（即电动机从最高频率 P1082 设定值减速到静止状态所用的时间），其设定范围为 0~650s，工厂默认值是 10s，如果设定的斜坡下降时间太短，就有可能导致变频器跳闸。本参数的访问级为 1。

25）P1300：变频器的控制方式，控制电动机的速度和变频器的输出电压之间的相对关系，当 P1300=0 时为线性特性的 *V/f* 控制。本参数的访问级为 2。

26）P3900：结束快速调试，本参数只是在 P0010=1 时才能改变。本参数的访问级为 2。可能的设定值如下：

P3900=0：不用快速调试。

P3900＝1：结束快速调试，并按工厂设置使参数复位。

P3900＝2：结束快速调试。

P3900＝3：结束快速调试，只进行电动机数据的计算。

（3）变频器的参数恢复为出厂默认参数　当变频器的参数设定错误，将影响变频器的正常运行，可以使用 BOP 或 AOP 操作，将变频器的所有参数恢复到工厂默认值，即设定 P0010＝30、P0970＝1，完成复位过程至少要 3min。

二、变频器基本参数的调试操作

1）用 BOP 更改参数的数值。修改访问级参数 P0003 的步骤，如图 11-5 所示，按“P”键选择访问参数，按“向上”键直到显示出 P0003，再次按“P”键进入参数访问级，按“向上”或“向下”键达到所要求的数值，再次按“P”键，确认并存储参数的数值。

操作步骤	显示结果
1. 按 P 键访问参数	r0000
2. 按 ▲ 键，直到显示出 P0003	P0003
3. 按 P 键，进入参数访问级	1
4. 按 ▲ 或 ▼ 键，达到所要求的数值（例如：3）	3
5. 按 P 键，确认并存储参数的数值	P0003
6. 现在已设定访问级为 3，使用者可以看到 1～3 级的全部参数	

图 11-5　修改访问级参数 P0003 的步骤

2）改变参数数值的操作。为了快速修改参数的数值，可以逐个修改显示出的每个数字，详细操作步骤如下：

① 按 Fn 功能键，最右边的一个数字闪烁。

② 按 ▲/▼ 键，修改这个数字的数值。

③ 再按 Fn 功能键，相邻的下一个数字闪烁。

④ 执行步骤②～④，直到显示出所要求的数值。

⑤ 按 P 键，退出参数数值的访问级。

3）快速调试（P0010＝1）。利用快速调试功能使变频器与实际使用的电动机参数相匹配，并对重要的技术参数进行设定。在快速调试的各个步骤都完成以后，应选定 P3900，如果它置 1，将执行必要的电动机计算，并使其他所有的参数（P0010＝1 不包括在内）恢复为出厂设置的默认值。只有在快速调试方式下才进行这一操作，详细操作步骤见表 11-2。

表 11-2 快速调试步骤

步骤	参数号及说明	参数设置值及说明	出厂默认值	备注
1	P0003:选择访问级	1:第1访问级	1	
2	P0010:开始快速调试	1:快速调试	0	在电动机投入运行之前,P0010必须回到"0"。但是,如果调试结束后先定P3900=1,那么P0010回零的操作是自动进行的
3	P0100:选择工作地区是欧洲/北美	0:功率单位为kW;f的默认值为50Hz	0	P0100的设定值0应该用DIP开关来更改,使其设定的值固定不变
4	P0304:电动机的额定电压	根据电动机铭牌输入的电动机的额定电压(V)		
5	P0305:电动机的额定电流	根据电动机铭牌输入的电动机的额定电流(A)		
6	P0307:电动机的额定功率	根据电动机铭牌输入的电动机的额定功率(kW)		
7	P0310:电动机的额定频率	根据电动机铭牌输入的电动机的额定频率(Hz)		
8	P0311:电动机的额定速度	根据铭牌输入的电动机的额定速度(r/min)		
9	P0700:选择命令源	1:BOP	0	选择命令信号源 0:出厂时的默认设置 1:BOP(变频器键盘) 2:由端子排输入 4:通过BOP链路的USS设置 5:通过COM链路的USS设置 6:通过COM链路的CB设置
10	P1000:选择频率设定值	1:用BOP控制频率的升降	2	选择频率设定值 1:MOP(电动电位计)设定值 2:模拟设定值 3:固定频率设定值 4:通过BOP链路的USS设置 5:通过COM链路的USS设置 6:通过COM链路的CB设置
11	P1080:电动机最低频率	输入电动机的最低频率,单位为Hz	0	输入电动机的最低频率,达到这一频率时,电动机的运行速度将与频率的设定值无关。这里设置的值对电动机的正转和反转都是适用的
12	P1082:电动机最高频率	输入电动机的最高频率,单位为Hz	50	输入电动机的最高频率,达到这一频率时,电动机的运行速度将与频率的设定值无关。这里设置的值对电动机的正转和反转都是适用的
13	P1120:斜坡上升时间	电动机从静止停车加速到电动机最高频率所需时间	10s	
14	P1121:斜坡下降时间	电动机从其最高频率减速到静止停车所需时间	10s	
15	P3900:结束快速调试	1:结束快速调试,进行电动机计算和复位为工厂默认设置值(推荐的方式)	0	快速调试结束 0:不进行快速调试(不进行电动机数据的计算) 1:结束快速调试,并复位为出厂时的默认设置值 2:结束快速调试 3:结束快速调试,仅对电动机数据进行计算

任务分析

在实际生产中，应不同任务的需求，自动化生产线在运行过程中需要改变某段时间或路程内的运行速度，运行速度的改变可通过修改变频器对应参数实现。显然通过变频器和PLC的联合控制，可以实现自动化生产线的多段速控制。本任务通过将变频器对应的方向信号和速度信号分别与PLC的输出信号一一对应连接，运用PLC编写控制程序以及修改变频器速度对应参数，实现对电动机三段速功能的控制。

任务实施

1. 准备元器件

本任务所需元器件见表11-3。

表11-3　基于MM420变频器与S7-200 SMART PLC的自动生产线多段速控制系统元器件清单

名称	型号	数量
变频器	MM420	1
可编程序控制器	S7-200 SMART	1
交流电动机		1
外接部件		若干
导线		若干

2. 绘制电气原理图（见图11-6）

检查电路正确无误后，合上主电源开关QS。

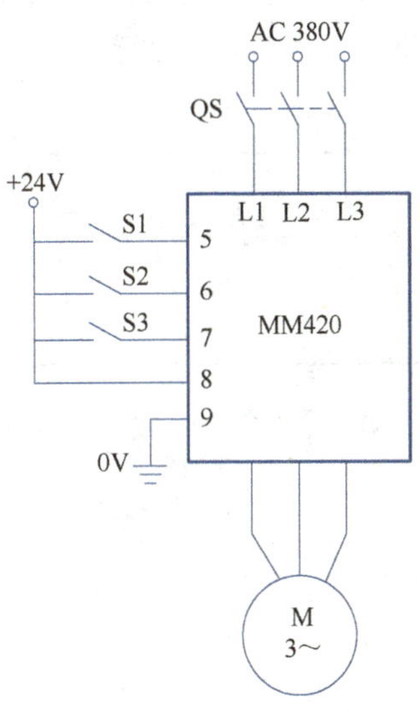

图11-6　变频器的电气原理（外部接线）图

3. 设置参数

（1）恢复变频器工厂默认值　设定P0010 = 30和P0970 = 1，按下“P”键，开始复位，复位过程大约需要3min，这样就保证了变频器的参数恢复到工厂默认值。

（2）设置电动机参数　电动机参数设置完成后，设定P0010 = 0，变频器当前处于准备状态，可正常运行。

（3）设置三段固定频率控制参数（见表11-4）

4. 操作控制

当按下开关S3时，数字输入端口DIN3为“ON”，允许电动机运行。

（1）第一段控制　当开关S1接通、S2断开时，变频器数字输入端口DIN1为“ON”，DIN2为“OFF”，变频器工作在由P1001参数所设定的频率为20Hz的第一段上，电动机运行在与此频率对应的转速上。

表11-4　三段固定频率控制参数

参数号	出厂值	设置值	说　明
P0003	1	1	设用户访问级为标准级
P0004	0	7	命令和数字I/O
P0700	2	2	命令源选择由端子排输入
P0003	1	2	设用户访问级为扩展级
P0004	0	7	命令和数字I/O
P0701	1	17	选择固定频率
P0702	1	17	选择固定频率

（续）

参数号	出厂值	设置值	说　　明
P0703	1	1	ON 接通正转，OFF 接通停止
P0003	1	1	设用户访问级为标准级
P0004	0	10	设定值通道和斜坡函数发生器
P1000	2	3	选择固定频率设定值
P0003	1	2	设用户访问级为扩展级
P0004	0	10	设定值通道和斜坡函数发生器
P1001	0	20	设置固定频率 1(Hz)
P1002	5	30	设置固定频率 2(Hz)
P1003	10	50	设置固定频率 3(Hz)

（2）第二段控制　当开关 S1 断开、S2 接通时，变频器数字输入端口 DIN1 为“OFF”，DIN2 为“ON”，变频器工作在由 P1002 参数所设定的频率为 30Hz 的第二段上，电动机运行在与此频率对应的转速上。

（3）第三段控制　当开关 S1、开关 S2 都接通时，变频器数字输入端口 DIN1、DIN2 均为“ON”，变频器工作在由 P1003 参数所设定的频率为 50Hz 的第三段上，电动机以额定转速运行。

（4）电动机停车　当开关 S1、S2 都断开时，变频器数字输入端口 DIN1、DIN2 均为“OFF”，电动机停止运行；在电动机正常运行的任何频段，将 S3 断开使数字输入端口 DIN3 为“OFF”，电动机也能停止运行。

（5）I/O 分配（见表 11-5）　变频器数字输入端口 DIN1、DIN2 通过 P0701、P0702 参数设为三段固定频率控制端，每一频段的频率可分别由 P1001、P1002 和 P1003 参数设置。变频器数字输入端口 DIN3 设为电动机运行、停止控制端，可由 P0703 参数设置。

表 11-5　I/O 分配

输入(I)		输出(O)	
地址	定义	地址	定义
I0.1	电动机停止按钮 SB2	Q0.0	DIN1
I0.0	电动机起动按钮 SB1	Q0.1	DIN2
		Q0.2	DIN3

5. 外部接线、编写程序（见图 11-7 和图 11-8）

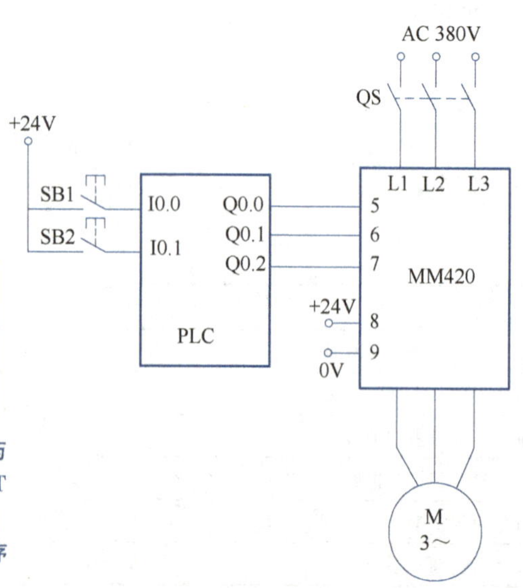

图 11-7　PLC 和变频器的外部接线

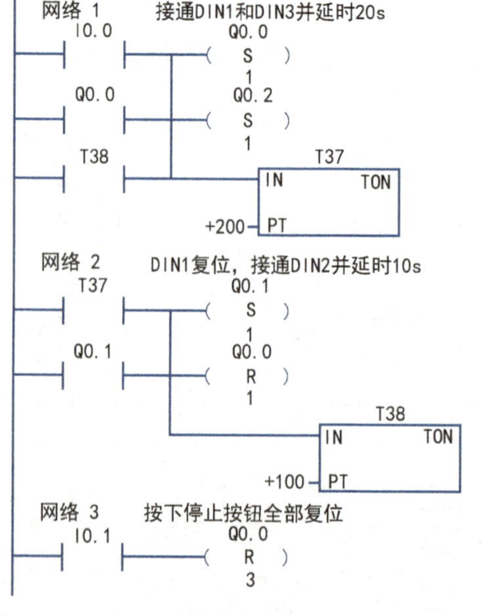

图 11-8　三段速程序

基于 MM420 与 S7-200 SMART 的自动生产线多段速控制程序

6. 设置变频器参数（见表 11-6）

表 11-6　变频器相关参数设置

参数号	出厂值	设置值	说　明
P0003	1	1	设用户访问级为标准级
P0004	0	7	命令和数字 I/O
P0700	2	2	命令源选择由端子排输入
P0003	1	2	设用户访问级扩展级
P0004	0	7	命令和数字 I/O
P0701	1	17	选择固定频率
P0702	1	17	选择固定频率
P0703	1	1	ON 接通正转，OFF 停止
P0003	1	1	设用户访问级为标准级
P0004	0	10	设定值通道和斜坡函数发生器
P1000	2	3	选择固定频率设定值
P0003	1	2	设用户访问级扩展级
P0004	0	10	设定值通道和斜坡函数发生器
P1001	0	10	设置固定频率 1(Hz)
P1002	5	20	设置固定频率 2(Hz)
P1003	10	-50	设置固定频率 3(Hz)

7. 调试程序

1）按照任务要求，修改变频器参数。

2）先输入程序并传送到 PLC，然后对程序进行运行和调试，观察是否符合要求。若不符合要求，则检查接线及 PLC 程序，直至按要求运行。

3）按下起动按钮 SB1，电动机起动并运行在第 1 段，运行频率为 10Hz，延时 20s 后电动机运行在第 2 段，运行频率为 20Hz，再延时 10s 后，电动机反向运行在第 3 段，运行频率为 50Hz。按下停止按钮 SB2，电动机停止运行。

任务评价

1. 检查内容

1）检查选择的元器件是否齐全，熟悉各元器件功能及作用。

2）熟悉电气控制原理图，并列出 PLC 的 I/O 表。

3）检查电气线路安装是否合理及运行情况。

2. 评估策略（见表 11-7）

请根据在本任务中的实际表现进行自评及小组评价。

表 11-7　基于 MM420 变频器与 S7-200 SMART PLC 的自动生产线多段速控制任务评价

任务内容	评估内容	评估标准	配分	学生自评	学生互评	教师评价
专业技能	知识点	理解电路控制要求及原理	10			
	元件选择与检测	硬件元器件型号选择正确、用万用表检测质量合格	5			
	合理分配 I/O	列出 I/O 端口，准确画出 PLC 控制 I/O 端口接线图	10			
	接线及布线工艺	按照原理图，正确、规范接线	10			
	梯形图设计	根据接线编写梯形图	10			
	程序检查与运行	传送、运行、监控程序	25			

（续）

任务内容	评估内容	评估标准	配分	学生自评	学生互评	教师评价
方法	自主学习能力	预习并做好课前准备	5			
	理解、总结能力	准确理解任务要求，善于总结	5			
	创新能力	选用新方法、新工艺效果好	5			
职业素养	团队协作能力	积极参与、小组协作	5			
	语言表达能力	观点表达清楚，展示效果好	5			
	安全操作能力	遵守安全操作规程	5			
合计			100			

知识拓展

利用 PLC 和变频器实现电动机的模拟量调速控制。用两个按钮分别控制电动机的起动与停止。按下起动按钮，电动机起动并以每秒增加 0.1 Hz 的速度运行，达到最大输出频率 50Hz 后停止运行。在电动机运行期间按下停止按钮，电动机将会停止。

1. I/O 分配（见表 11-8）

表 11-8　I/O 分配

输入(I)		输出(O)	
地址	定义	地址	定义
I0.0	电动机起动按钮 SB1	Q0.0	电动机正转
I0.1	电动机停止按钮 SB2		

2. 外部接线、编写程序（见图 11-9）

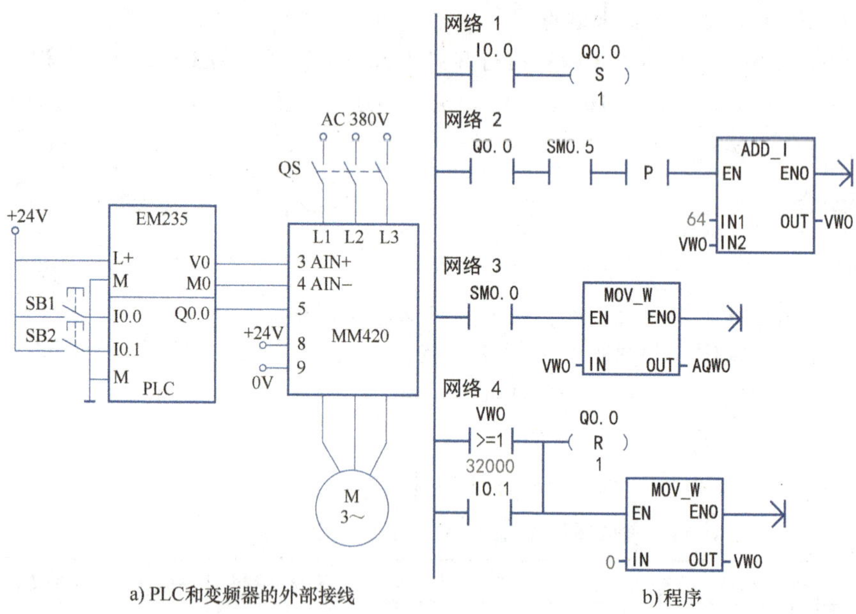

a) PLC和变频器的外部接线　　b) 程序

图 11-9　PLC 和变频器的外部接线及其程序

输入端口 AINI+给定的模拟输入电压改变，变频器的输出量也随给定量的变化发生改变，从而平滑地调节电动机转速的大小。MM420 变频器为用户提供了一对模拟输入端口 AINl+、AINl-，即端口 3、4，分别连接模拟量扩展模块 EM235 的模拟电压输出端 V0、M0，EM235 模块使用时需将 L+和 M 端接 24V 直流电源。

程序分析：电动机起动并以每秒增加 0.1Hz 的速度运行，直至达到最大输出频率 50Hz，需要用时 500s。变频器模拟输入端口 AINl+、AINl-间的电压由 0V 增加到 10V 时，变频器频率由 0 上升到 50Hz。

EM235 模块 V0、M0 间输出电压为 0~10V 时，输出映像寄存器 AQW0 对应的数值为 0~32000。因此，为了使电动机起动后在 500s 内以每秒增加 0.1Hz 的速度运行到 50Hz，AQW0 中的数值需要在 500s 内以每秒增加 64 的速度增加至 32000。

3. 恢复变频器工厂默认值

设定 P0010=30 和 P0970=1，按下“P”键，开始复位，复位过程大约需要 3min，这样就保证了变频器的参数恢复到工厂默认值。

4. 设置电动机参数

电动机参数设置同表 11-4。设置完成后，设定 P0010=0，变频器当前处于准备状态，可正常运行。

5. 设置变频器参数

设定 P700=2，P701=1，P1000=2。

6. 无级调速控制

1）起动：按下 SB1，电动机起动并以每秒增加 0.1Hz 的速度运行，达到最大输出频率 50Hz 后停止运行。

2）停止：在运行过程中，按下 SB2，电动机将停止运行。

思考与练习

通过 S7-200 SMART PLC 和 MM420 变频器联机，实现电动机五段速频率运转控制，按下起动按钮 SB1，电动机起动并运行在第一段，频率为 10Hz，延时 20s 后电动机运行在第二段，频率为 20Hz，再延时 10s 后电动机反向运行在第三段，频率为 30Hz，再延时 10s 后电动机反向运行在第四段，频率为 40Hz，再延时 10s 后电动机反向运行在第五段，频率为 50Hz。按下停车按钮，电动机停止运行。

实践中常见问题解析

（1）通信故障　表现为 PLC 与变频器之间无法正常通信，导致控制指令无法准确传递。

1）产生原因：通信参数设置不正确，如波特率、奇偶校验；通信线路受到干扰，例如强电磁场的影响；硬件连接不良，如插头松动、线缆损坏等。

2）解决方法：仔细检查通信参数设置，确保 PLC 和变频器的参数一致。设置相同的波特率（9600bit/s 或 19200bit/s 等）、奇偶校验位（无校验、奇校验或偶校验）、数据位和停止位；对通信线路进行屏蔽处理，远离强电磁场干扰源；检查硬件连接，重新插拔插头，更换损坏的线缆。

（2）速度不稳定　表现为在多段速运行时，电动机速度不稳定。

1）产生原因：变频器参数设置不合理，如加减速时间过短；负载变化较大，超过了变频器的承载能力；电源电压不稳定。

2）解决方法：合理调整变频器的加减速时间，根据实际负载情况进行优化；对于惯性较大的负载，适当延长加减速时间，以避免速度突变；评估负载特性，若有必要，升级变频器或增加驱动能力；安装稳压器，确保电源电压稳定在正常范围内。

（3）多段速切换异常　表现为当从一个速度段切换到另一个速度段时，出现切换不及时或错误切换的情况。

1）产生原因：控制程序逻辑错误，导致切换指令发送不准确；变频器的多段速端子接线错误。

2）解决方法：仔细检查 PLC 的控制程序，确保在不同速度段切换时，逻辑清晰、准确无误；可以通过模拟运行和调试来验证程序的正确性；对照变频器的接线手册，检查多段速端子的接线是否正确。

（4）过载保护频繁触发　表现为系统经常出现过载保护报警，导致生产线停机。

1）产生原因：电动机负载过重，超过了变频器的额定负载；变频器的过载保护参数设置不当。

2）解决方法：减轻负载，优化生产工艺，避免负载过重；检查传动部件是否有卡阻现象，清理机械部件上的杂物；重新设置变频器的过载保护参数，根据电动机的额定电流和实际负载情况进行合理调整。

（5）电磁干扰问题　表现为系统可能会受到周围电磁环境的干扰，影响正常运行。

1）产生原因：变频器本身产生的电磁干扰；其他电气设备的干扰。

2）解决方法：对变频器进行良好的接地处理，安装滤波器来抑制电磁干扰的传播；合理布局电气设备，保持一定的距离，减少相互干扰。

任务十二　小型自动化生产线控制

知识目标

- 熟悉自动化生产线各单元间机械结构的配合调整方法。
- 熟悉 PPI 通信系统的连接与测试方法。

能力目标

- 掌握两个单元 PPI 通信程序的设计与调试方法。
- 能根据任务要求完成整条生产线 PPI 通信程序设计与调试。

职业能力

- 通过对整条生产线 PPI 通信参数的设置和外部连接，锻炼学习能力、应变能力和创新能力。
- 掌握 PLC 控制系统的设计技巧以获得较强的实践能力。
- 培养动手实践能力，提高质量意识、安全意识、节能环保意识和规范操作的职业素养。

任务要求

自动化生产线的机械结构包括生产线的机械本体和执行部件，各设备单元彼此之间的连接配合对完成整条自动化生产线的良好运行起着至关重要的作用。

1. 调整检测与加工单元

将检测单元上滑槽的落料口调整到加工单元的一号工位正上方，并且保证滑槽落料口的高度不会与一号工位上的工件发生干涉，否则就要适当地调整滑槽的倾斜度，如图 12-1 所示。

2. 调整搬运与加工单元

搬运单元搬运模块的手爪在工作时，要位于加工单元四号工位的正上方。搬运单元的手爪下降抓取工件时，确保其不会与四号工位上的工件发生碰撞，如图 12-2 所示。

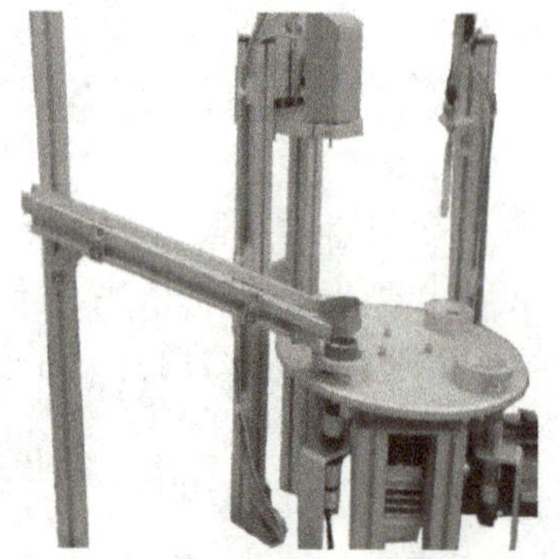

图 12-1　检测单元机械部件

图 12-2　搬运单元机械部件

3. 调整供料与检测单元

调整供料单元摆臂、吸盘、转动气缸，使其工作时不会与检测单元发生干涉，如图 12-3 所示。

4. 调整搬运与分拣输送单元

在搬运单元中，手爪夹紧工件后向右移动，其下降时必须保证工件能够正好落到分拣输送单元中的检测接近开关正前方的输送带上，如图 12-4 所示。

图 12-3　供料与检测单元机械部件

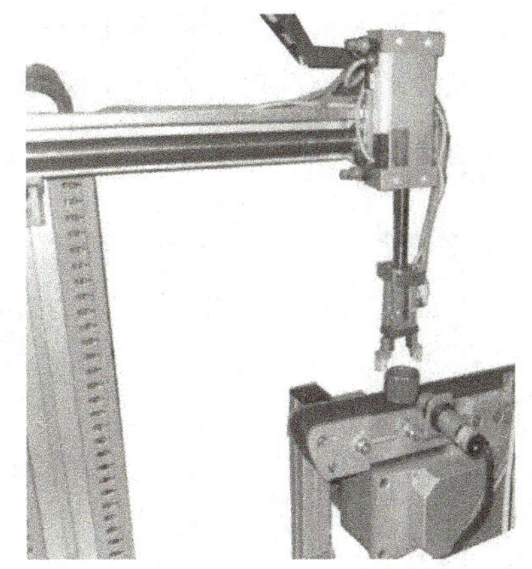

图 12-4　搬运与分拣输送单元机械部件

5. 调整分拣输送与提取安装单元

提取安装单元的输送带与分拣输送单元的输送带在一条直线上，并且两条输送带之间不能出现摩擦干涉的情况。在安装两条输送带时，彼此间要有一定间隙，中间可用滚针过渡，保证工件能够被正常运送，如图 12-5 所示。

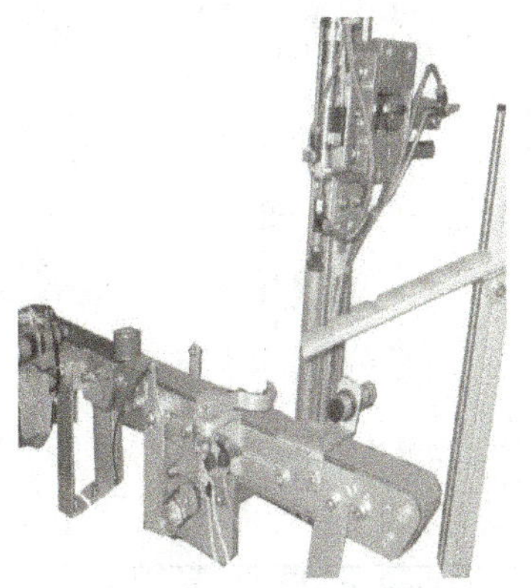

图 12-5　分拣输送与提取安装单元机械部件

6. 调整提取安装与操作手单元

在操作手单元中要保证手爪下降后不能与工件发生碰撞或干涉，并且手爪所夹工件的位置要在工件的几何中心附近，如图 12-6 所示。

7. 调整操作手与立体存储单元

操作手单元中的气缸的活塞杆在伸出时不能与立体存储单元的丝杠模块发生碰撞。调整整个立体存储单元的位置使工件正好落在工作平台上，并且保证工件放置到工作平台上时，不会与推料模块发生干涉，如图 12-7 所示。

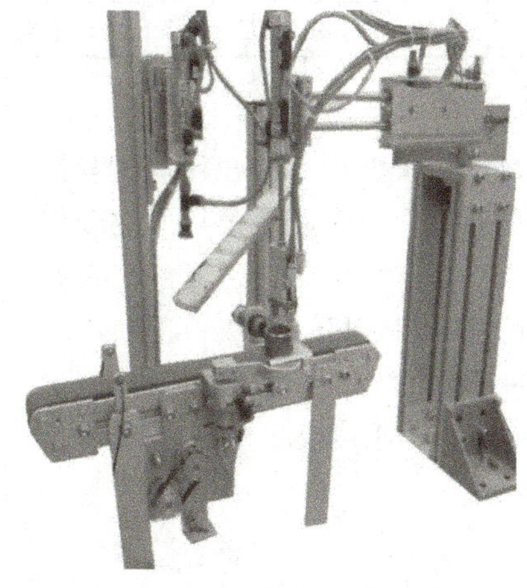

图 12-6　提取安装与操作手单元机械部件

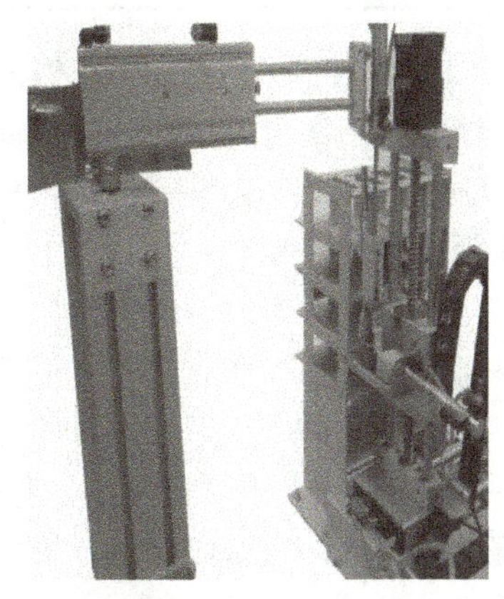

图 12-7　操作手与立体存储单元机械部件

注意事项如下：

1）在自动化生产线整机调试运行之前，将静音气泵一次调压后输出的压缩气源通过气管和T形连接头分别并联连接到各单元的气源处理元件进气口进行二次调压处理后输出利用。但必须注意气路的供气主回路气管要足够粗。

2）加工单元起始位置的定位很重要，必须保证整个旋转台工作模块位于加工单元工作台面的正中间对称位置。调整时要注意前面单元相互配合且已调好的单元，在与后续单元再次配合调整时不可再做调整，否则会出现后续配合调好而前面配合位置又改变了的情况。

知识准备

1. I/O接口通信设计、连接与测试

（1）I/O通信原理　如图12-8所示，外部直流电源给PLC1和PLC2的1L+供电，同时将两电源的24V端连接在一起，1M分别连接各自电源的0V，PLC1的Q0.0连接到PLC2的I0.0，PLC2的Q0.0连接到PLC1的I0.0。

（2）I/O通信的连接　如图12-9所示，Q1.0和I1.0或Q1.1和I1.1组合用于传送编码的工件类型信息，Q1.3和I1.2、Q1.2和I1.3传送前后单元之间的运行状态信息。

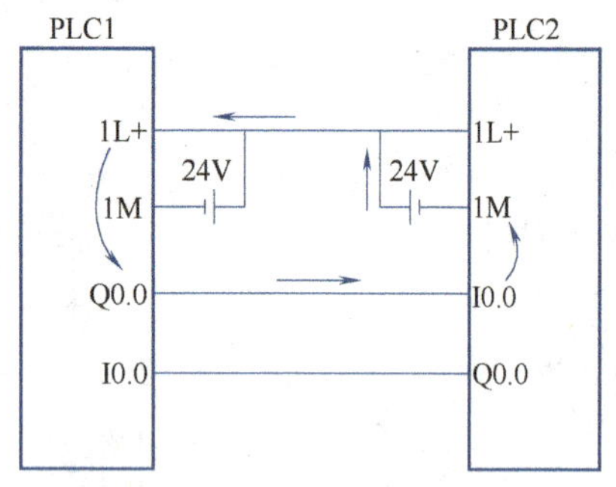

图12-8　I/O通信原理

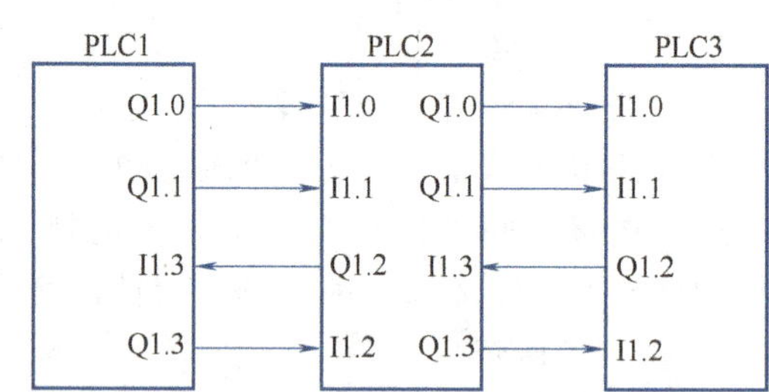

图12-9　通信信号的指向关系

（3）I/O接口通信指向信号地址　通信接口分配地址见表12-1。

表12-1　通信接口分配地址

I/O通信接口	通信说明	I/O通信接口	通信说明
I1.0(I2.0)	读取前一单元的工件编码信息	Q1.0(Q2.0)	发送给后一单元的工件编码信息
I1.1(I2.1)	读取前一单元的工件编码信息	Q1.1(Q2.1)	发送给后一单元的工件编码信息
I1.2(I2.2)	读取前一单元的供料完成信号	Q1.2(Q2.2)	发送给前一单元的请求供料信号
I1.3(I2.3)	读取后一单元的请求供料信号	Q1.3(Q2.3)	发送给后一单元的供料完成信号

（4）认识I/O通信模块　I/O通信模块是一个I/O通信信号转接模块。I/O通信模块接线端为上、下两层端子结构，上层为I/O通信信号输出接口，用于直流24V电源和PLC输出端口的接线；下层为I/O通信信号输入接口，用于直流24V电源和PLC输入端口的接线，I/O通信模块实物及电气接口如图12-10所示。

PLC中用于通信的输入口对应连接到I/O通信模块下层的I0、I1、I3、I4接口上；PLC中用于通信的输出口对应连接到I/O通信模块上层的O0、O1、O3、O4接口上；I/O通信模块的电源接线端引入PLC输入端电源24V。D形公端口的通信电缆将前后两单元的I/O通信模块连接起来。

（5）I/O通信测试　I/O通信测试程序如图12-11所示。

2. 基于I/O接口通信的两个单元的联机调试

联机后要考虑设备运行的安全性，供料单元供料时要检查检测单元是否做好接收准备。检测单元请求供料单元供料时，也要等待供料单元是否准备好输送工件，否则就不能协调运行。两单元之间的

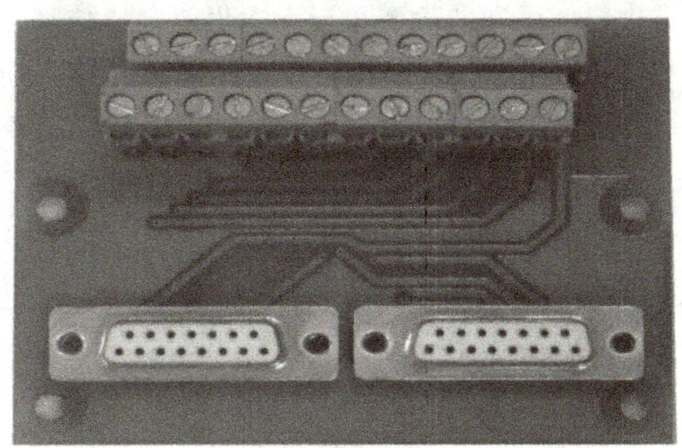

a) I/O通信模块

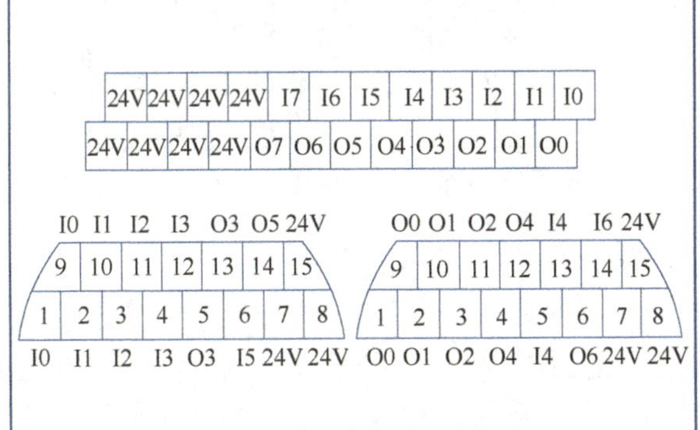

b) I/O通信模块对应接口

c) I/O通信模块通信线接法

图 12-10　I/O 通信模块实物及电气接口

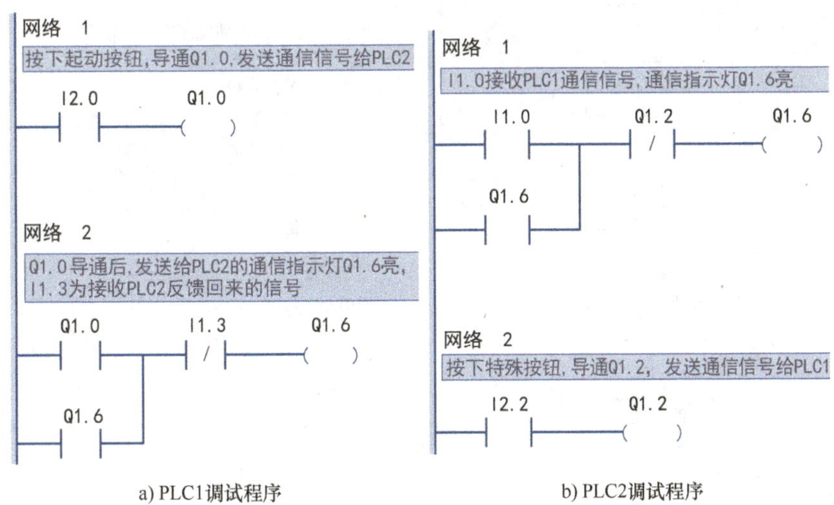

a) PLC1调试程序　　　b) PLC2调试程序

图 12-11　I/O 通信测试程序

制约协调关系是通过信息的交换（通信）解决的。

（1）I/O 接口数量的规划　在供料单元中只需要两根向检测单元接收/发送通信信息的通信接线，

分别用于接收检测单元的请求供料信号和向检测单元发送供料完成信号。供料单元与检测单元的I/O通信地址分配见表12-2，供料单元和检测单元的I/O接口连接如图12-12所示。

表12-2　供料单元与检测单元的I/O通信地址分配

I/O接口	功能说明	I/O接口	功能说明
I2.2	检测单元从供料单元读取的供料完成信号	Q2.2	检测单元向供料单元输出请求供料信号
I1.3	供料单元从检测单元读取的请求供料信号	Q1.3	供料单元向检测单元输出供料完成信号

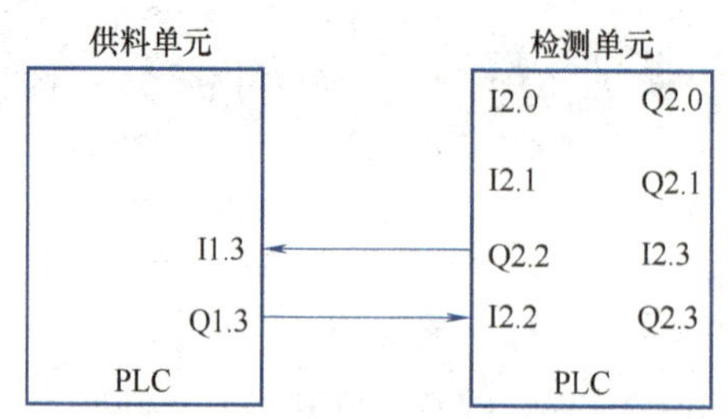

图12-12　供料单元和检测单元的I/O接口连接

（2）供料单元的通信控制工艺流程（见图12-13）

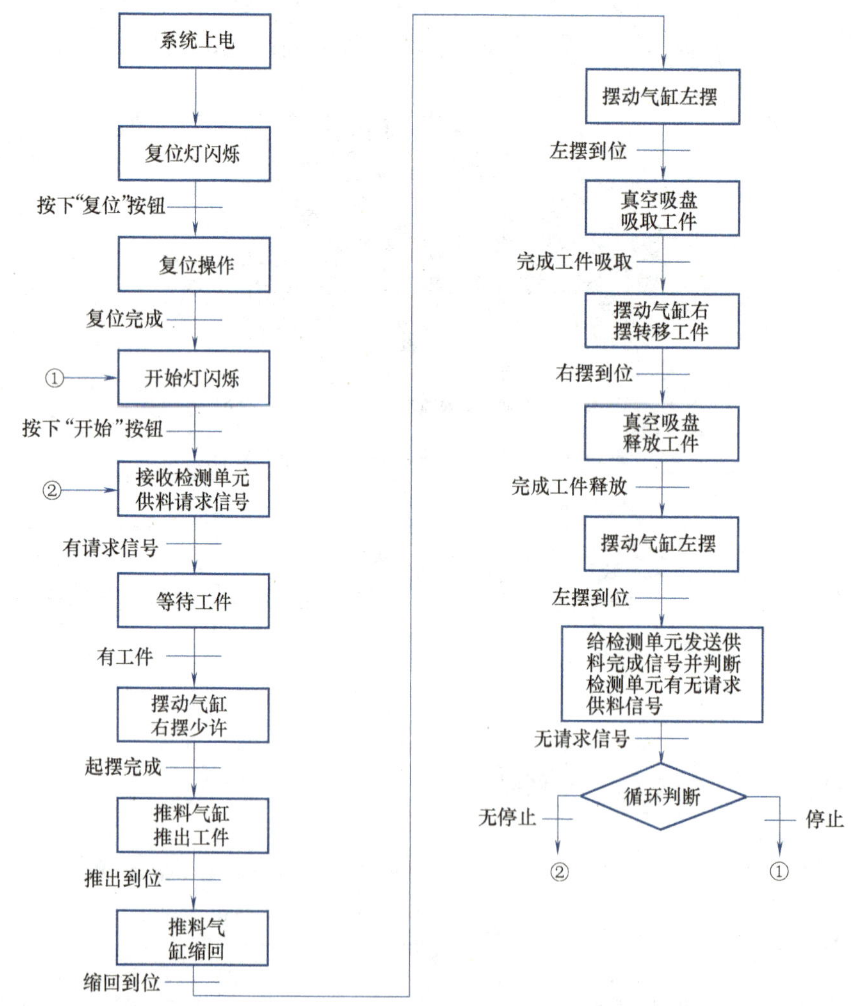

图12-13　供料单元的通信控制工艺流程

（3）检测单元的通信控制工艺流程（见图12-14）

（4）编写I/O通信程序

1）等待检测单元请求供料程序。联网运行状态下，当接收到检测单元的请求供料信号时，方可执

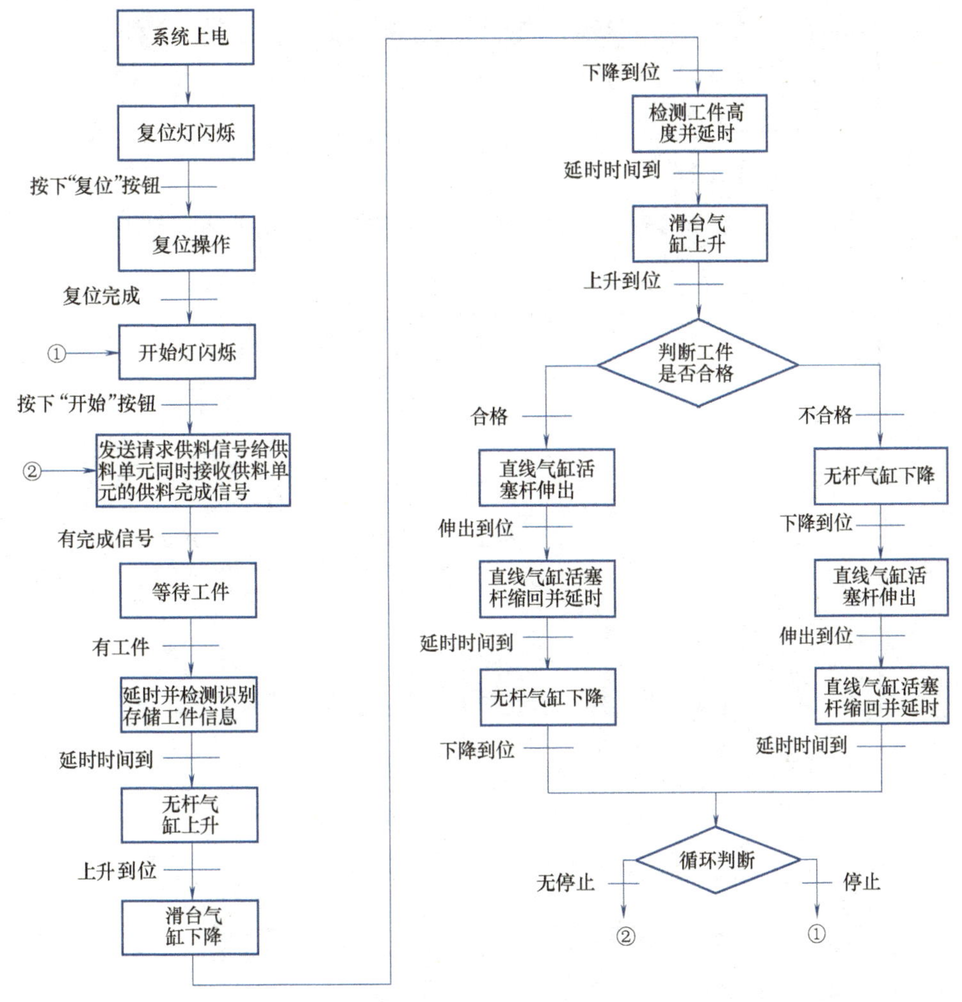

图 12-14 检测单元的通信控制工艺流程图

行后面的供料操作，等待检测单元请求供料程序如图 12-15 所示。

2）供料单元发送完成信号程序。待供料单元供料完成回到初始位置后，向检测单元发送供料完成信号，同时判断有无请求供料信号，无请求信号后，再执行后续工序，供料单元发送完成信号程序如图 12-16 所示。

3）向供料单元请求供料信号程序。检测单元回到初始位置后，检测到无工件时，向供料单元发送请求供料信号；待接收到供料完成信号后，才能执行后续工序，供料单元请求供料信号程序如图 12-17 所示。

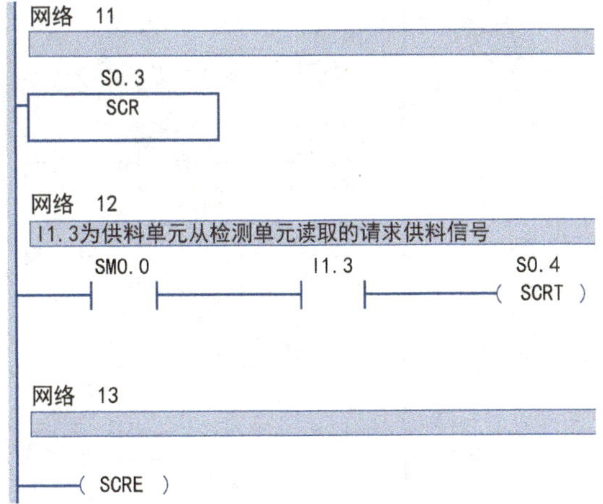

图 12-15 等待检测单元请求供料程序

注意事项如下：

1）供料单元和检测单元拉开一段距离。

2）单联开关置为 ON。

3）两单元上电后，先复位后面单元，后复位前面单元。

4）两个单元并未实际连接起来，需要通过人工“辅助”。

5）多次运行程序，观察两站之间是否能协调运行。

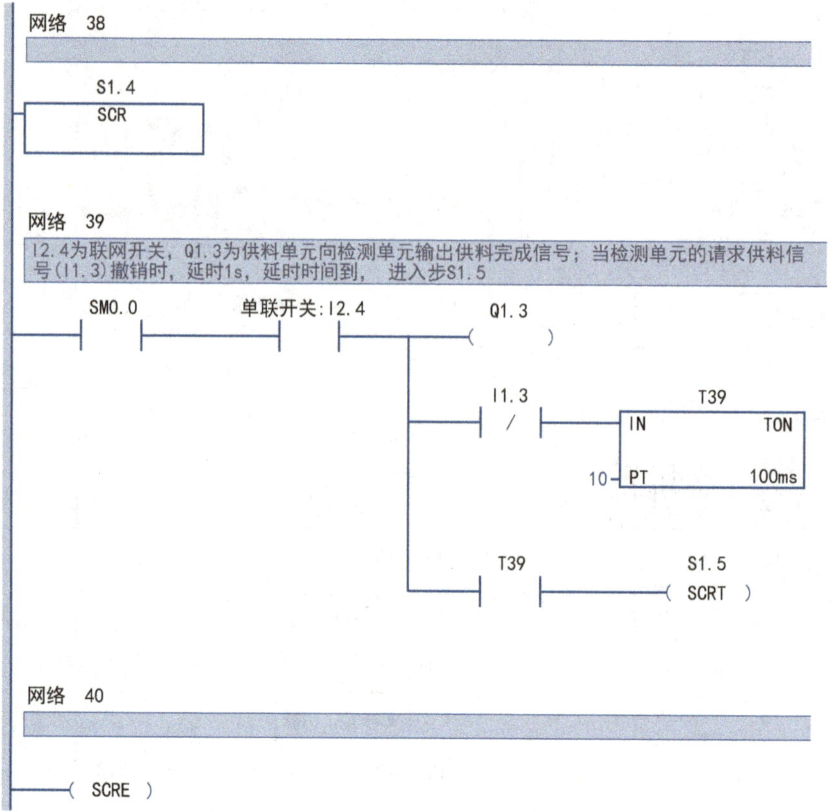

图 12-16 供料单元发送完成信号程序

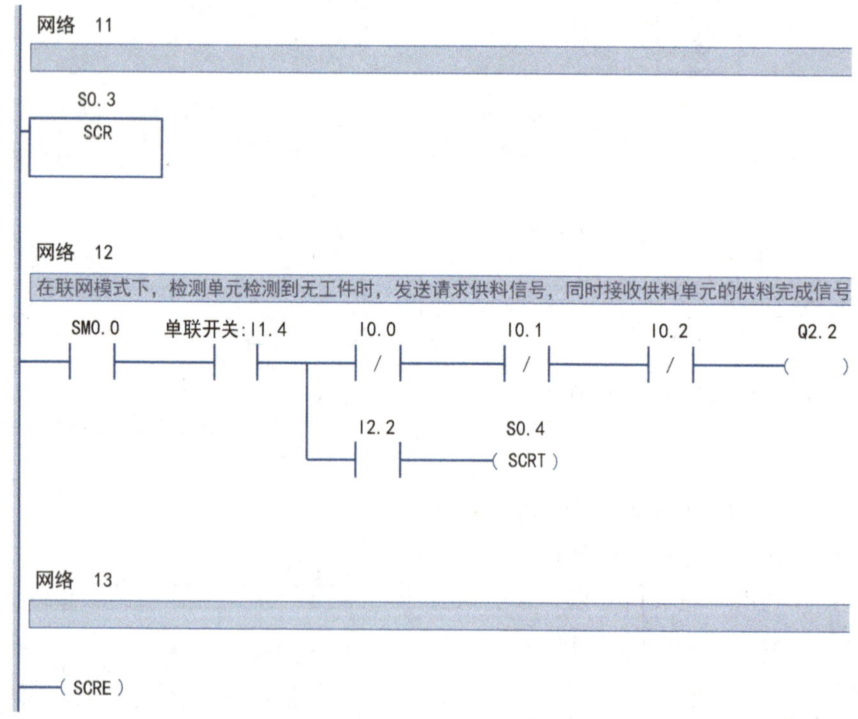

图 12-17 供料单元请求供料信号程序

3. 基于I/O接口通信的整条生产线联机调试

三个单元的联机运行中，当加工单元返回到初始位置后，向检测单元发出供料请求，检测单元才可以给加工单元供料。由于检测单元可进行工件材质、颜色信号的辨别，因此检测单元对加工单元增加了工件信息内容的传递要求，同时加工单元也需要接收检测单元的工件信息和运行状态信息。

（1）I/O 接口数量的规划　检测单元与加工单元组成系统时，检测单元还要向加工单元传递工件信息，因此检测单元还要有 2 根通信线用于发送工件信息给加工单元。同理，加工单元需要四根通信线，供料单元和检测单元、加工单元的 I/O 接口连接如图 12-18 所示。

（2）I/O 通信地址分配　供料单元与检测单元、加工单元的 I/O 通信地址分配见表 12-3。

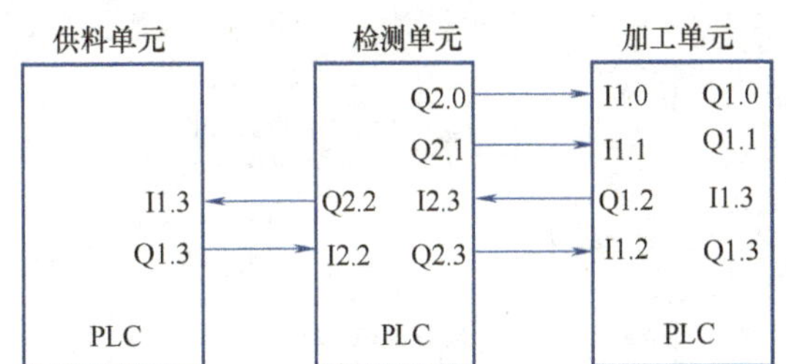

图 12-18　供料单元和检测单元、加工单元的 I/O 接口连接

表 12-3　供料单元与检测单元、加工单元的 I/O 通信地址分配

I/O 接口	功能说明	I/O 接口	功能说明
I1. 0	加工单元从检测单元读取编码的工件信息	Q2. 0	检测单元向加工单元输出编码的工件信息
I1. 1	加工单元从检测单元读取编码的工件信息	Q2. 1	检测单元向加工单元输出编码的工件信息
I1. 2	加工单元从检测单元读取供料完成信号	Q1. 2	加工单元向检测单元输出请求供料信号
I2. 3	检测单元从加工单元读取请求供料信号	Q2. 3	检测单元向加工单元输出供料完成信号

（3）检测单元设计工艺流程（见图 12-19）

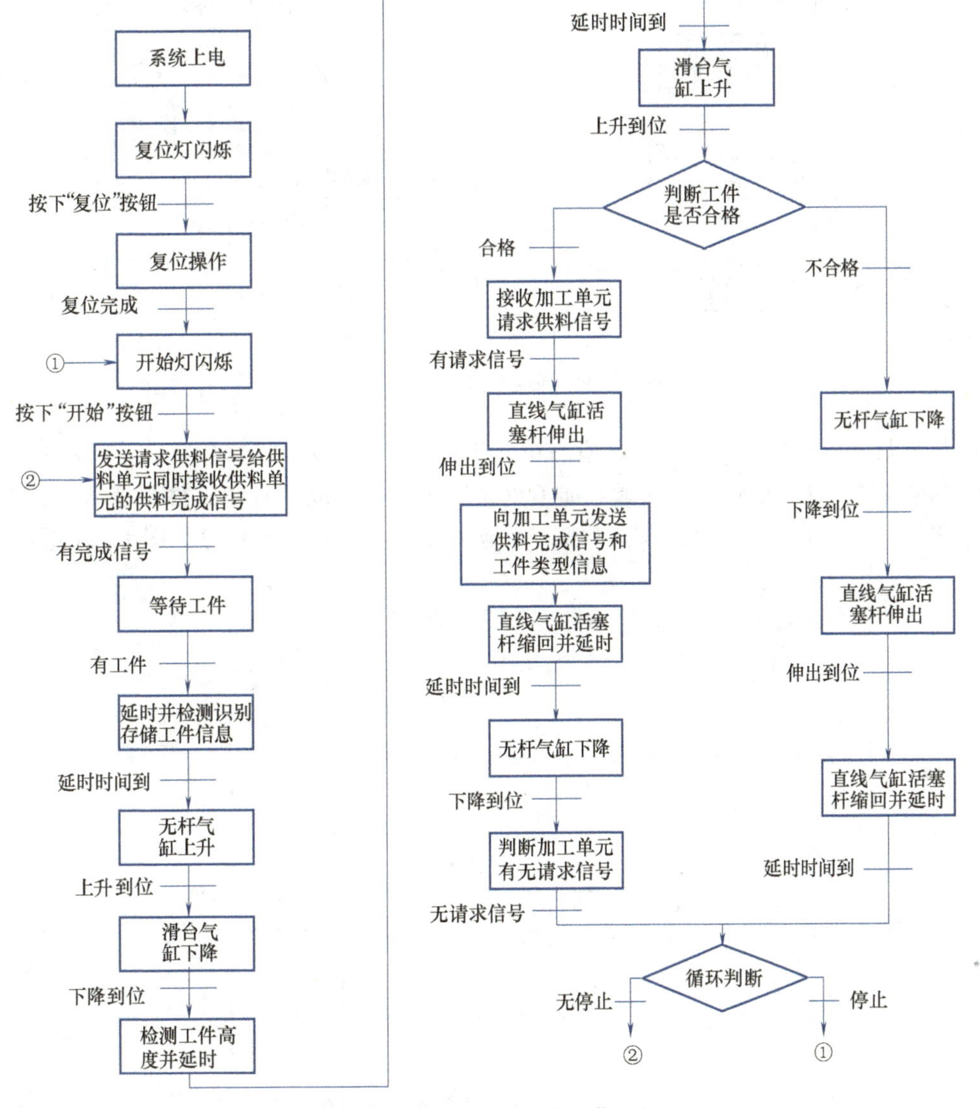

图 12-19　检测单元设计工艺流程

（4）加工单元设计工艺流程（见图 12-20）

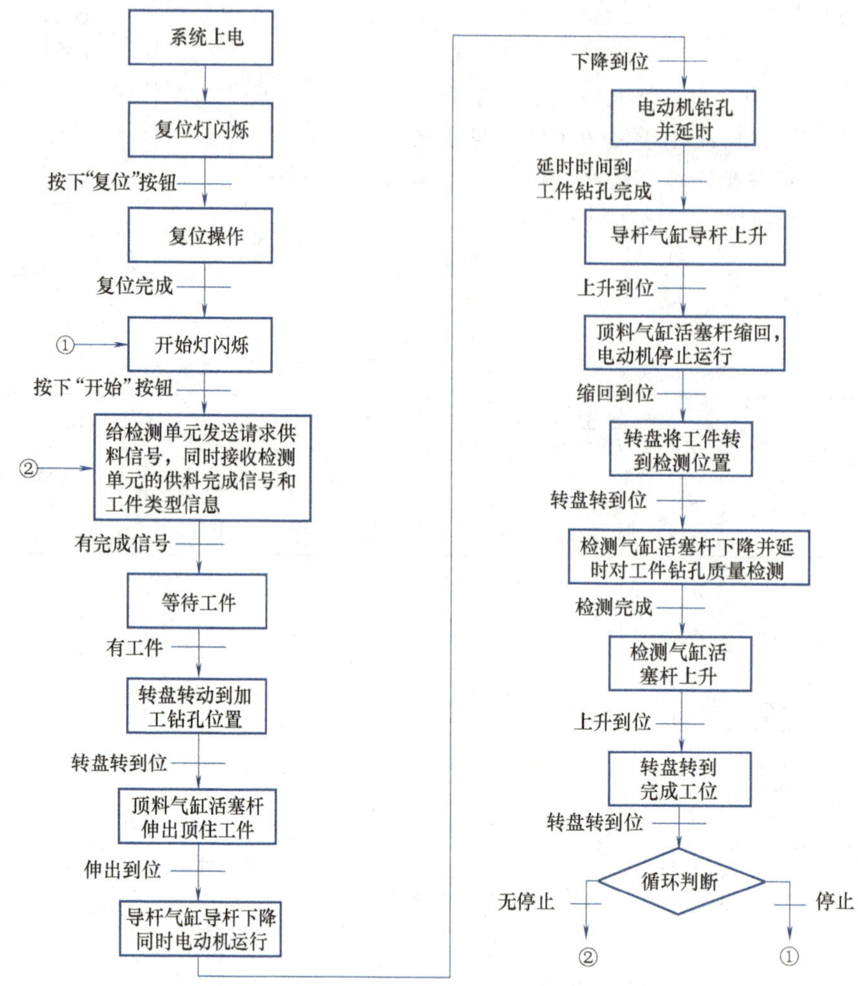

图 12-20　加工单元设计工艺流程

（5）检测单元向加工单元发送信息　检测单元接收加工单元的请求供料信号（I2.3），若有请求信号则检测单元输送工件，输送工件完成向加工单元发送工件完成信号和工件类型信息。工件类型信息存储在 V1002.0 和 V1002.1 的地址中，检测单元向加工单元发送信息程序如图 12-21 所示。

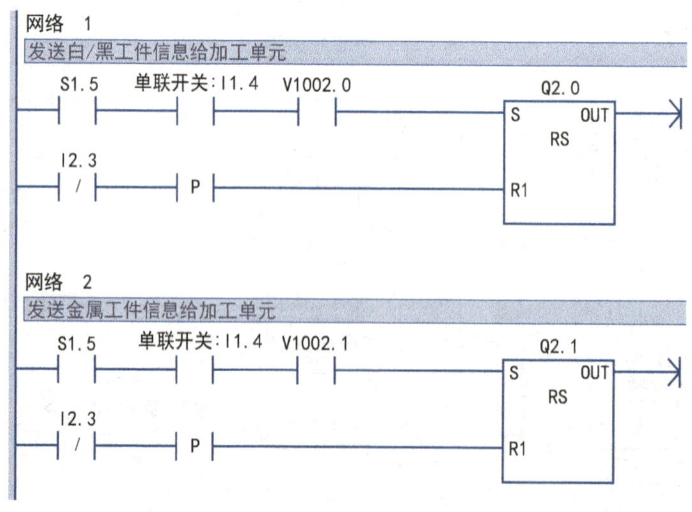

图 12-21　检测单元向加工单元发送信息程序

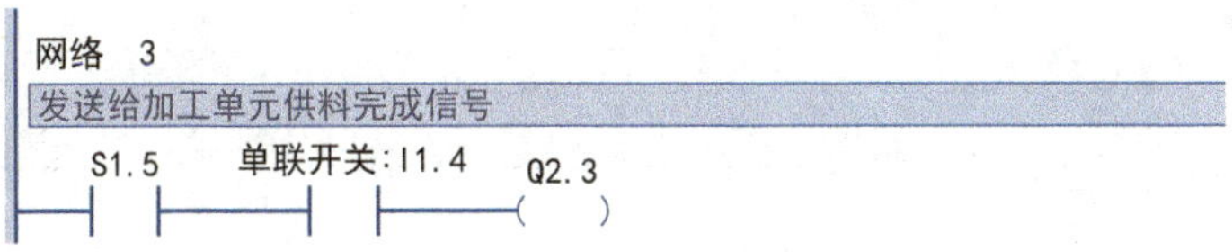

网络 3
发送给加工单元供料完成信号
S1.5　单联开关:I1.4　Q2.3

图 12-21　检测单元向加工单元发送信息程序（续）

（6）检测单元接收加工单元请求供料程序　当检测单元供料完成回到初始位置时，再次判断有无加工单元的请求供料信号，若无请求信号，方可执行后续工序，检测单元接收加工单元请求供料程序如图 12-22 所示。

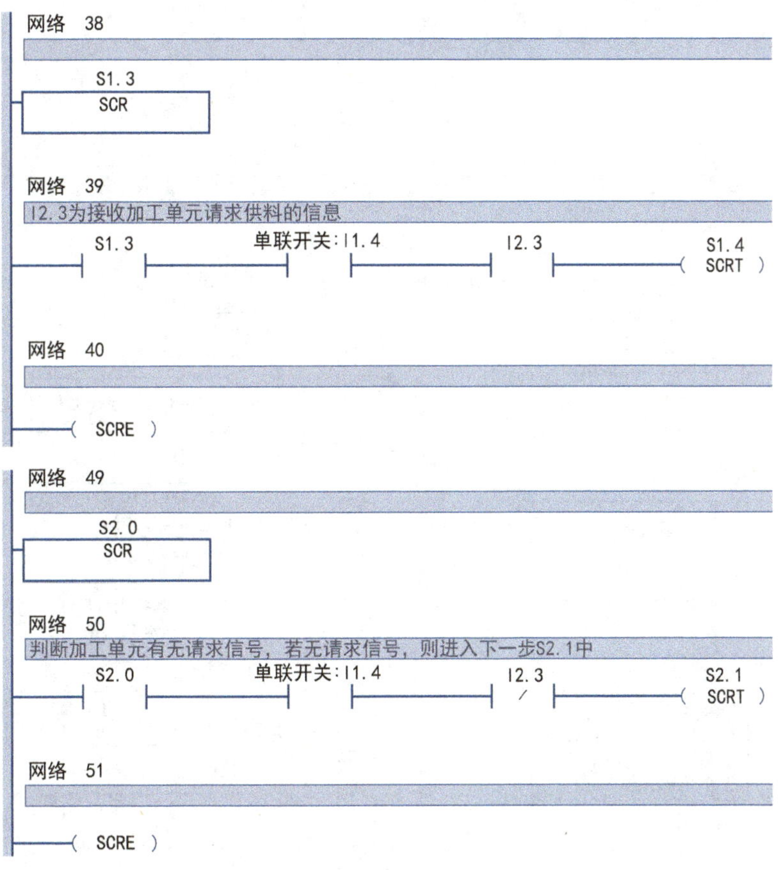

图 12-22　检测单元接收加工单元请求供料程序

（7）加工单元请求供料和接收工件信号程序　Q1.2 为检测单元发送请求供料信号，I1.2 为加工单元接收检测单元的供料完成信号，同时接收检测单元采集的工件类型信息，将其存储在 V1003.0 和 V1003.1 地址中，以供下次使用，加工单元请求供料和接收工件信号程序如图 12-23 所示。

（8）加工单元通信控制工艺流程（见图 12-24）

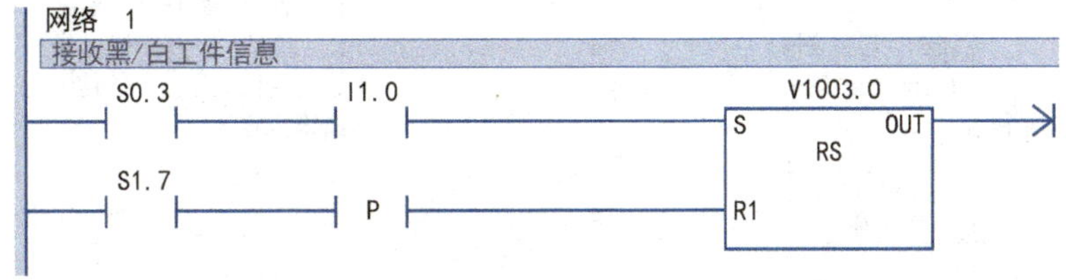

图 12-23　加工单元请求供料和接收工件信号程序

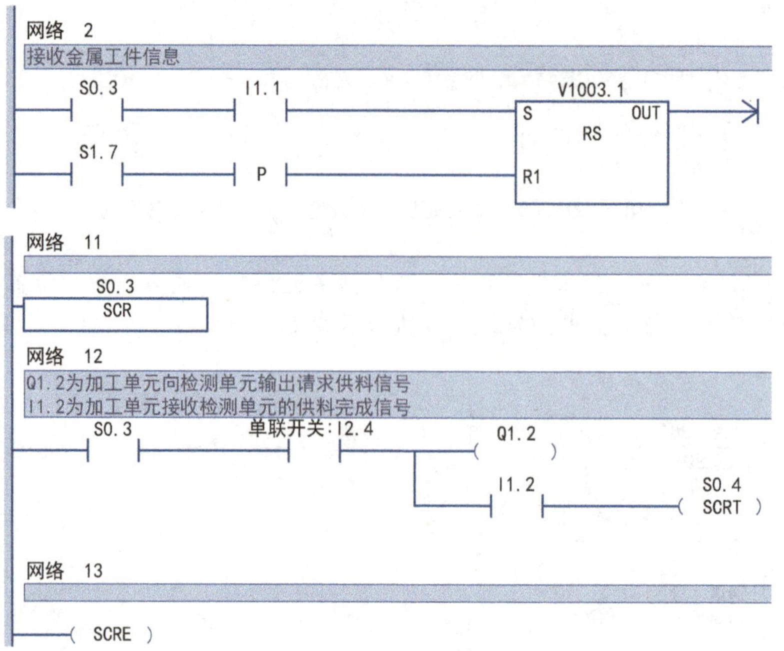

图 12-23 加工单元请求供料和接收工件信号程序（续）

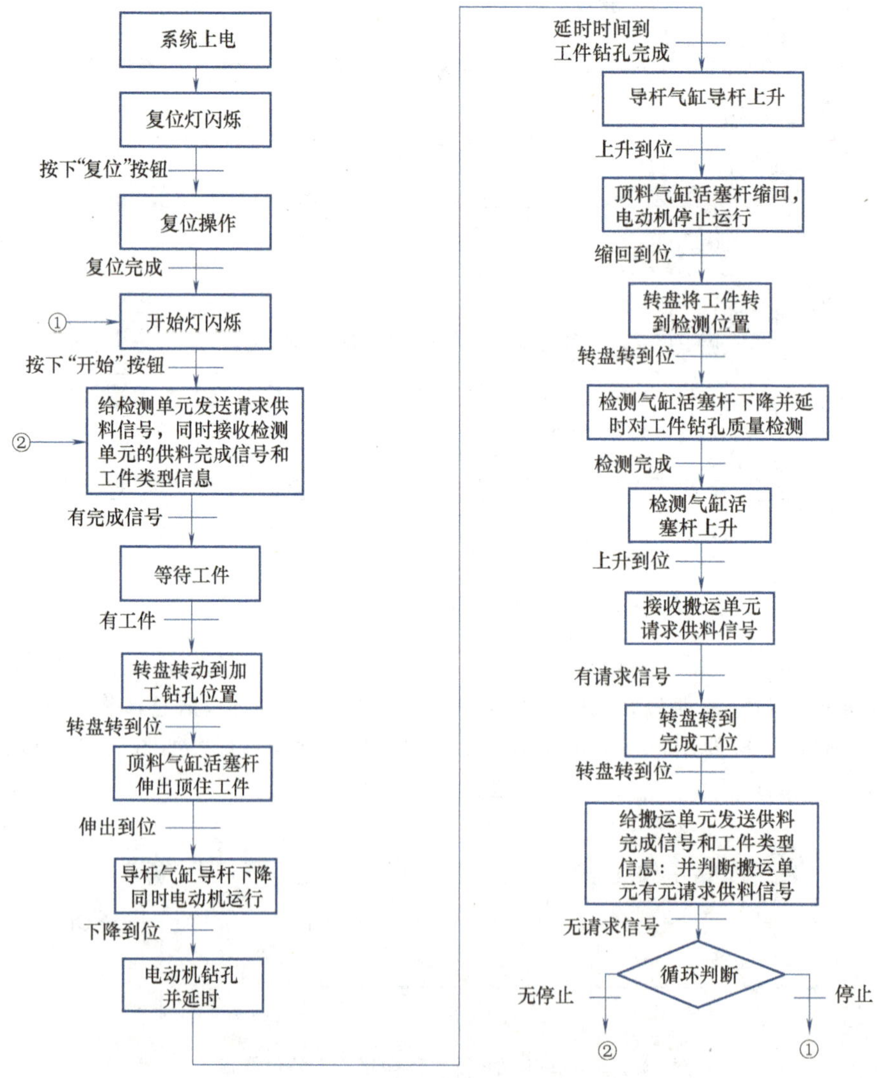

图 12-24 加工单元通信控制工艺流程

（9）搬运单元通信控制工艺流程（见图 12-25）

（10）提取安装单元通信控制工艺流程（见图 12-26）

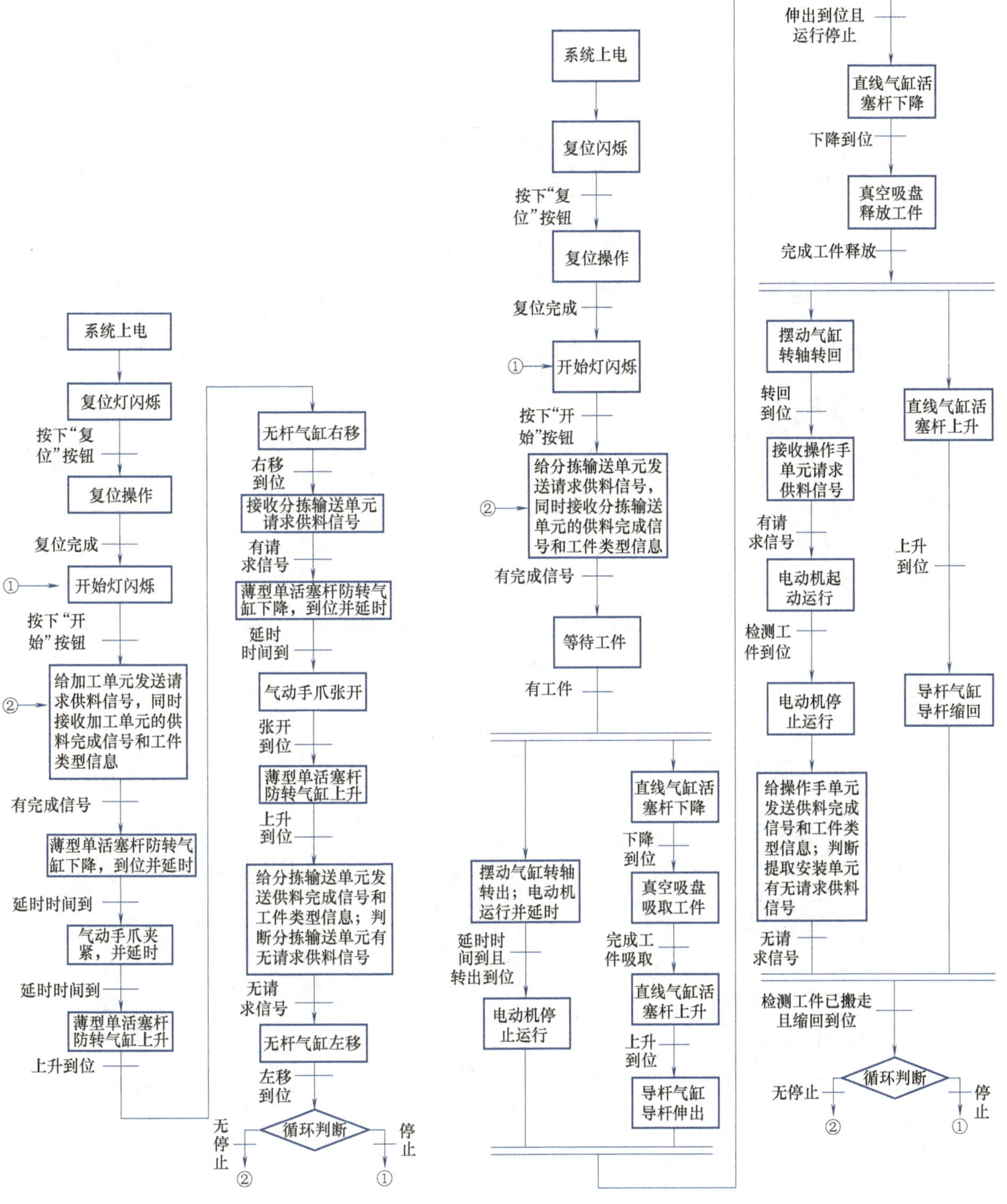

图 12-25　搬运单元通信控制工艺流程

图 12-26　提取安装单元通信控制工艺流程

（11）分拣输送单元通信控制工艺流程（见图 12-27）

（12）操作手单元通信控制工艺流程（见图 12-28）

（13）立体存储单元通信控制工艺流程（见图 12-29）

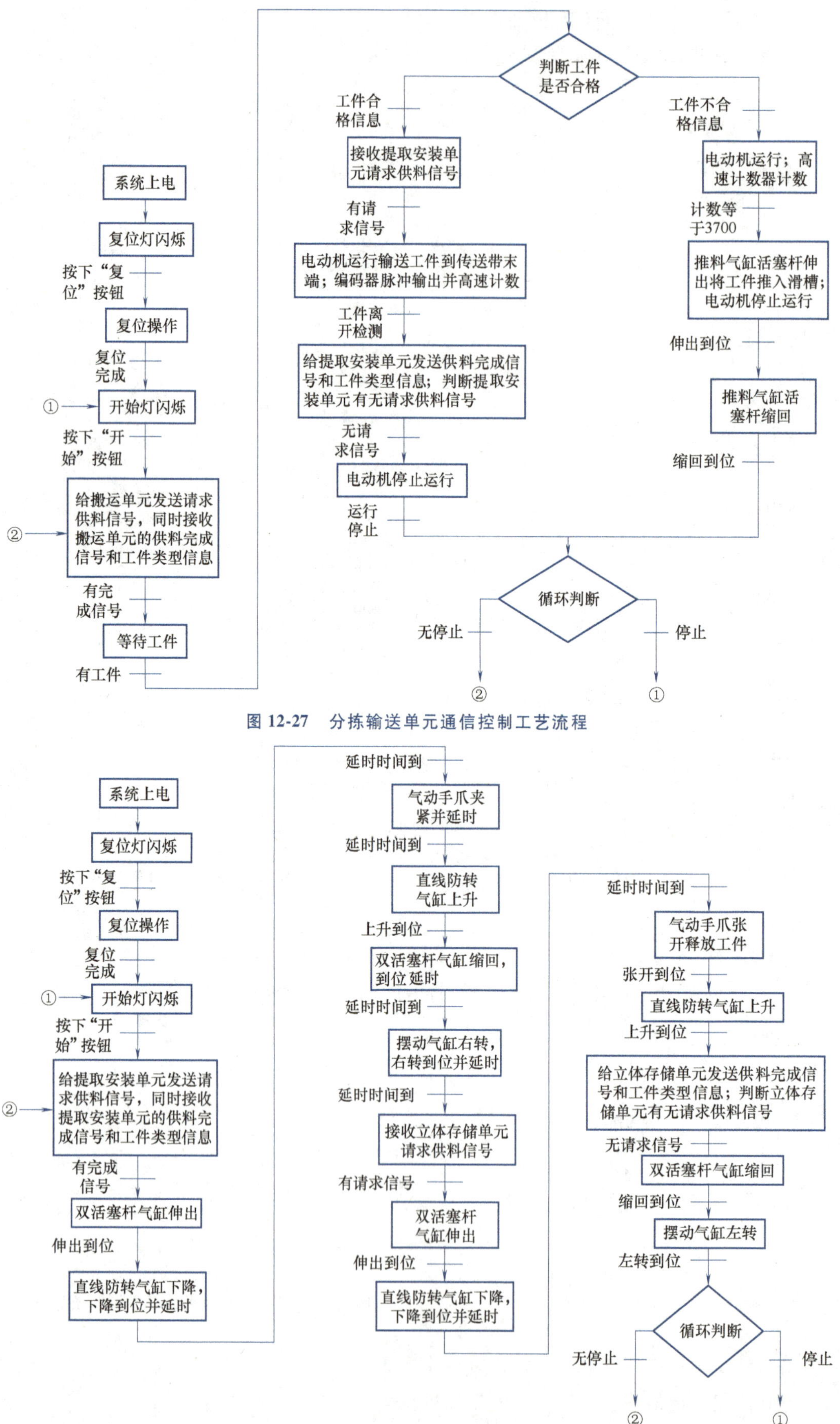

图 12-27　分拣输送单元通信控制工艺流程

图 12-28　操作手单元通信控制工艺流程

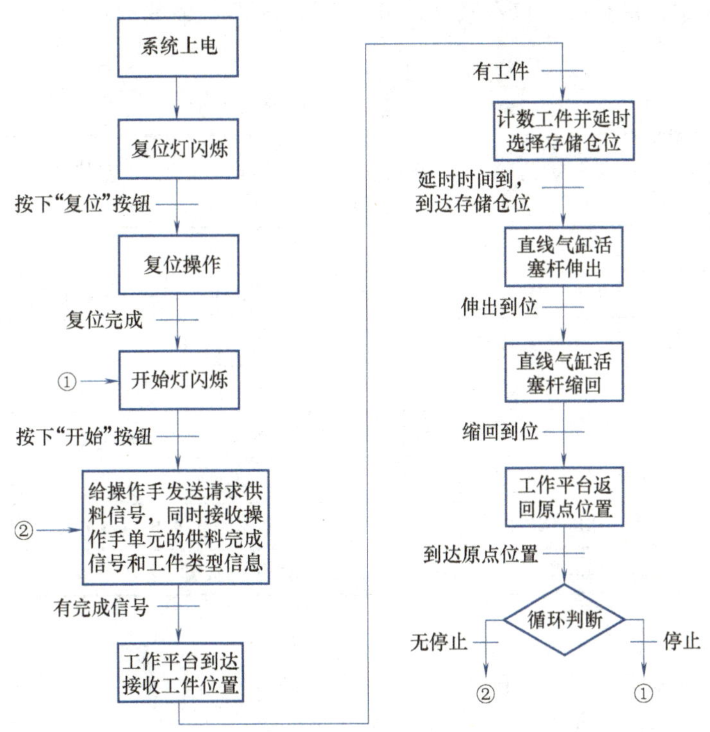

图 12-29　立体存储单元通信控制工艺流程

任务分析

自动化生产线的机械结构是生产线的机械本体和执行部件，各设备单元彼此之间的连接配合对实现整条自动化生产线的良好运行起着至关重要的作用。自动化生产线的机械结构调整包括检测与加工单元调整、搬运与加工单元调整、供料与检测单元调整、搬运与分拣输送单元调整、分拣输送与提取安装单元调整、提取安装与操作手单元调整和操作手与立体存储单元调整。在调整好机械结构后，为实现自动化生产线的联机调试功能，从简单到复杂依次完成 PPI 通信系统连接与测试、两个单元的 PPI 通信程序设计与调试和整条生产线的 PPI 通信程序设计与调试。

任务实施

1. 准备元器件

本任务元器件清单见表 12-4。

表 12-4　小型自动化生产线控制系统元器件清单

名称	型号	数量
变频器	MM420	1
可编程序控制器	S7-200 SMART	1
交流电动机		1
外接部件		若干
导线		若干

2. PPI 通信系统连接与测试

网络连接器是一种能与 RS-485 兼容的 9 针 D 形连接器，D 形连接器的插座与总线站相连接，插头与连接电缆连接，网络连接器的管脚分配见表 12-5。包括以下两种类型：

1）不带编程口。不带编程口的插头用于一般联网。

2）带编程口。编程口的插头可以在联网的同时仍然提供一个编程连接端口，用于编程或者连接 HMI 等。

表 12-5　网络连接器的管脚分配

针引脚	名称	设计描述
1	SHIELD	屏蔽或功能地
2	M24	24V 辅助电源输出的地线
3	RXD/TXD-P	接收/发送数据的正端，RS-485 的 B 信号线
4	CNTR-P	方向控制信号的正端
5	DGND	数据基准电位
6	VP	+5V 供电电源，与 100Ω 电阻串联
7	P24	+24V 辅助电源输出的正端
8	RXD/TXD-N	接收/发送数据的负端，RS-485 的 A 信号线
9	CNTR-N	方向控制信号的负端

3. 通信网络认知

通信连接电缆型号有多种，其中使用比较广泛的是 PROFIBUS 电缆。PROFIBUS 电缆的最大长度取决于通信波特率和电缆的类型。

图 12-30 所示电缆是带屏蔽层的双绞线，在屏蔽层内部有红色和绿色的信号线。

标准的 PROFIBUS 电缆与网络连接器连接的步骤为：剥离电缆、打开网络连接器、连接芯线。要把首尾两个连接器的开关拨到“ON”位置，中间的均拨到“OFF”位置。电缆与网络连接器的连接示意如图 12-31 所示。

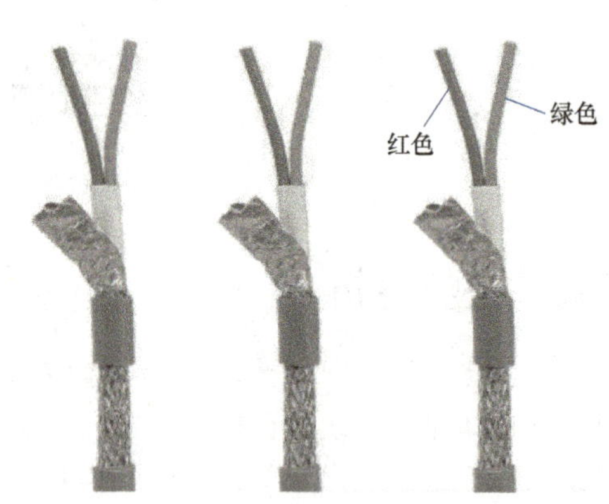

图 12-30　带屏蔽层的双绞线

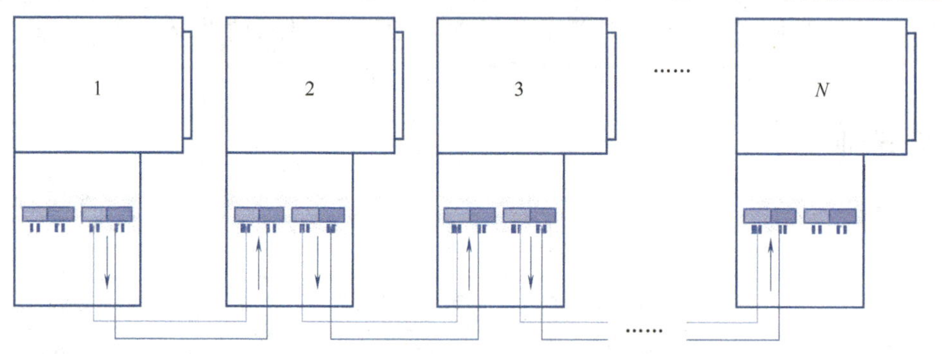

图 12-31　电缆与网络连接器的连接示意

4. 控制要求

本任务要求两台 PLC 之间进行 PPI 通信控制测试。当一号 PLC 作为主站发送启动、停止信号给二号 PLC，使二号 PLC 接收到信号后，PLC 输出端 Q1.0 指示灯输出指示；一号 PLC 读取作为从站的二号 PLC 的通信信息，使一号 PLC 的输出端 Q1.6 指示灯输出指示。

（1）硬件连接　将制作完成的 PPI 通信电缆的网络连接器分别连接到一号 PLC 和二号 PLC 的端口 0 上，并用螺钉旋具锁紧，完成两台 PLC 进行 PPI 通信硬件上的连接。

（2）连接芯线　PPI 网络的实现有两种形式，一种是直接调用 NETR/NETW 指令来配置 PPI 网络，另一种是利用指令向导来配置 PPI 网络，本书采用第二种形式。

在 S7-200 操作软件的命令菜单中选择“工具”→“指令向导”命令，弹出“指令向导”对话框，选择“NETR/NETW”选项，如图 12-32 所示。

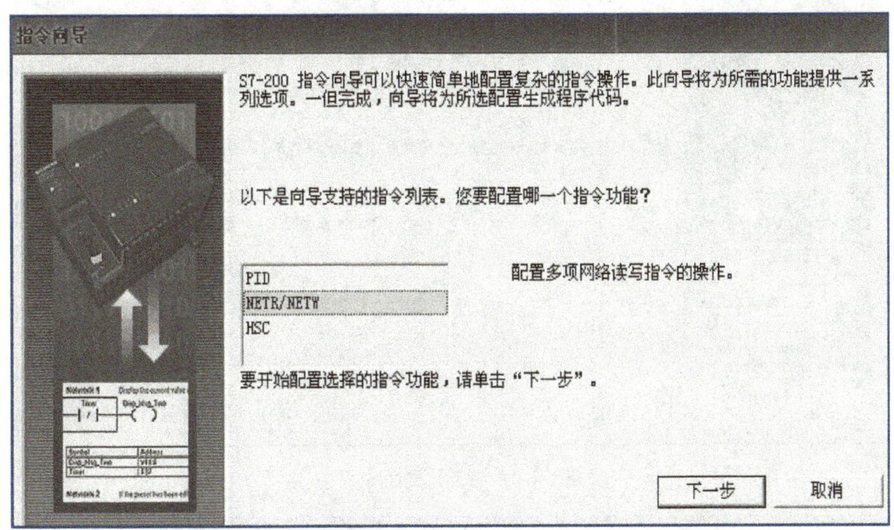

图 12-32　“指令向导”对话框

单击“下一步”按钮，弹出“NETR/NETW 指令向导”对话框，在“您需要配置多少项网络读/写操作？”文本框中输入“2”，如图 12-33 所示。

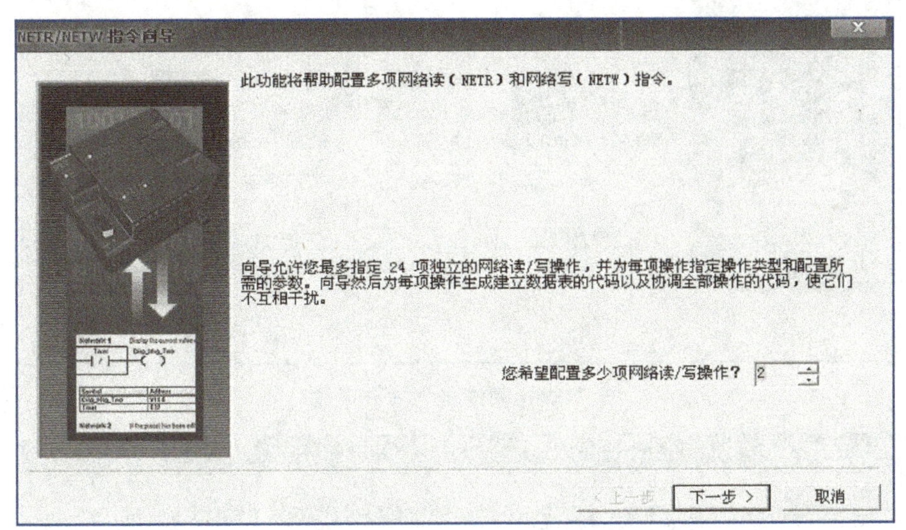

图 12-33　“NETR/NETW 指令向导”对话框

单击“下一步”按钮，选择 PLC 的端口“0”作为通信端口；可以给子程序命名或使用默认的名称，如图 12-34 所示。

单击“下一步”按钮，在“网络读/写操作第 1 项”中选择设置“NETR”参数，“应从远程 PLC 读取多少个字节的数据？”为“1”，“远程 PLC 地址”为“2”，本地 PLC 数据存储在“VB2001”中，并从远程 PLC 的“VB2001”读取数据，如图 12-35 所示。

（3）实现设置的两台 PLC 之间的数据通信区　单击“下一步”按钮，如图 12-36 所示。在此对话框中可以看到所选参数生成的项目组件子程序“NET_EXE”和全局符号表“NET_STMS”，单击“完成”按钮。

在程序编辑器指令树的“调用子程序”中，调用“NET_EXE（SBR1）”，了解子程序 NET_EXE 各参数的含义，如图 12-37 所示。

网络通信配置完成后，在程序编辑器中对一号 PLC 的通道端口进行设置，如图 12-38 所示。

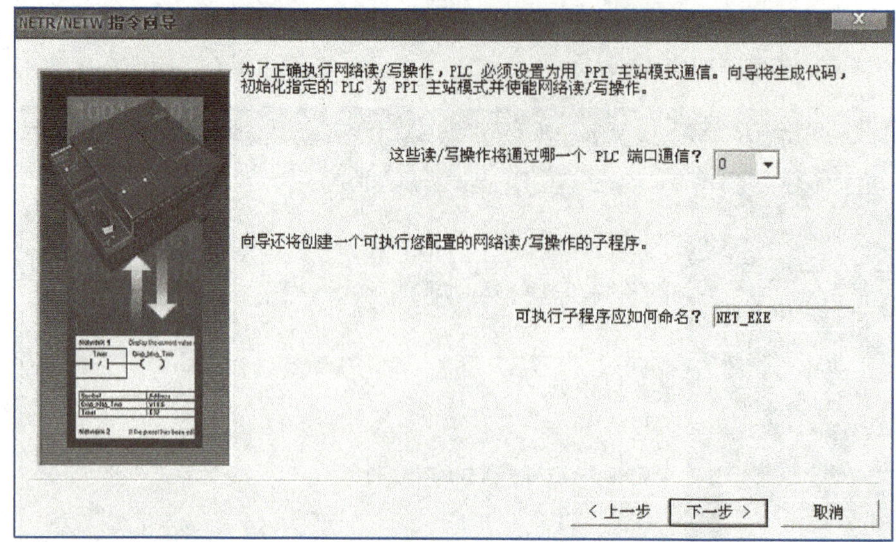

图 12-34　给子程序命名

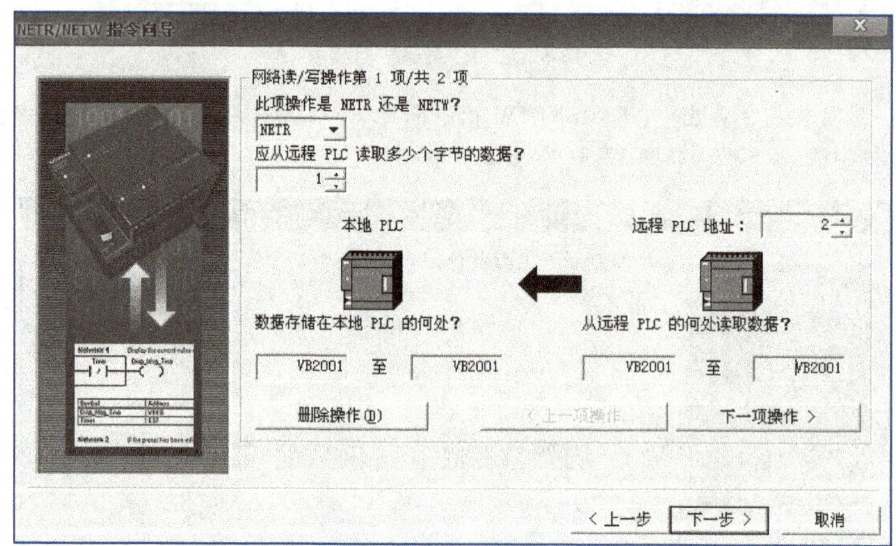

图 12-35　网络读/写操作设置

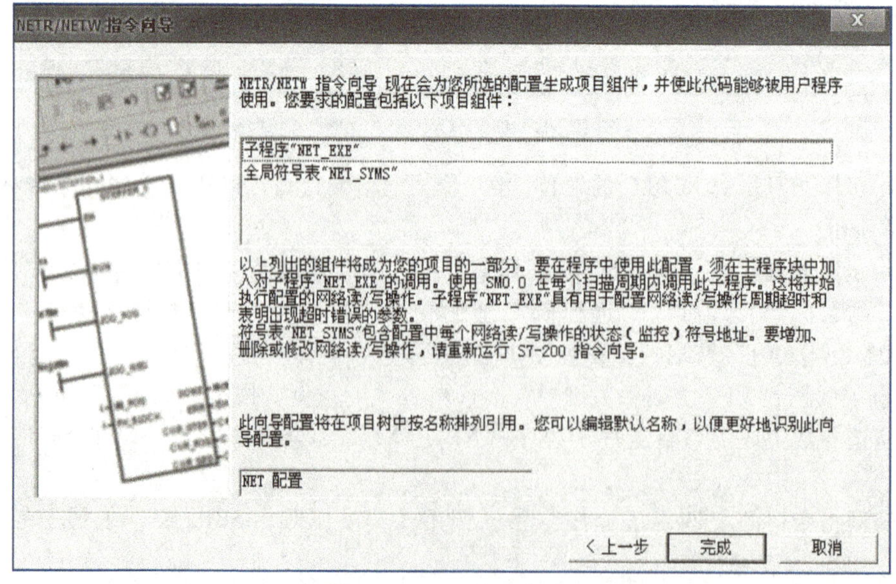

图 12-36　生成项目组件

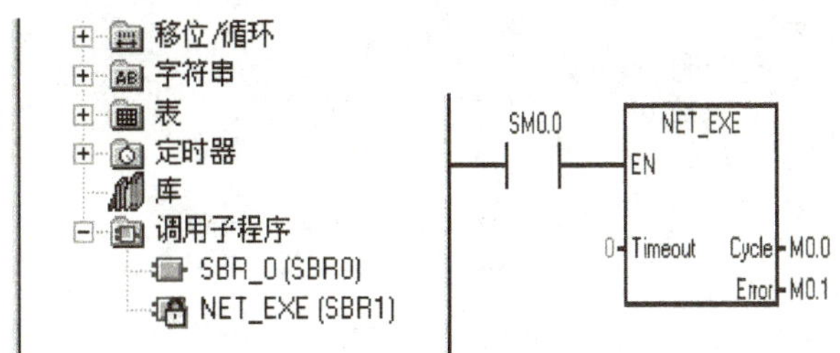

图 12-37　调用子程序

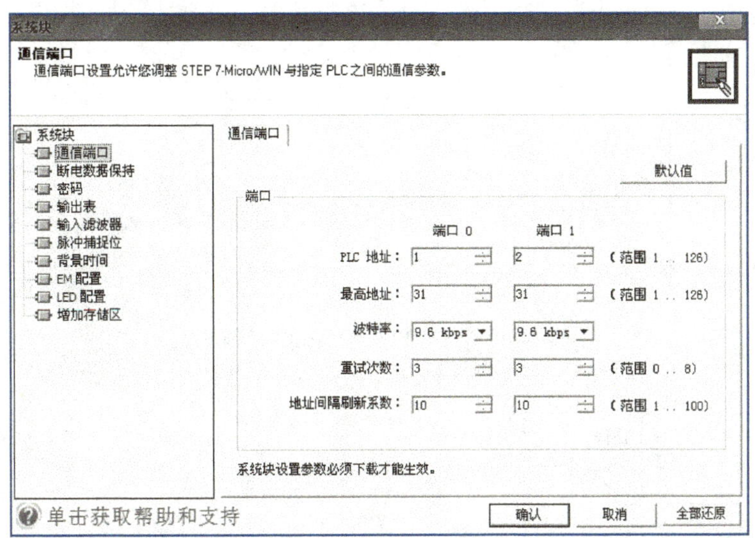

图 12-38　设置一号 PLC 的通道端口

二号 PLC 的通信端口设置方式与一号 PLC 的设置方式相同，只要将“端口 0”的“PLC 地址”设为“2”（即一号 PLC 里配置的远程 PLC 地址），如图 12-39 所示。

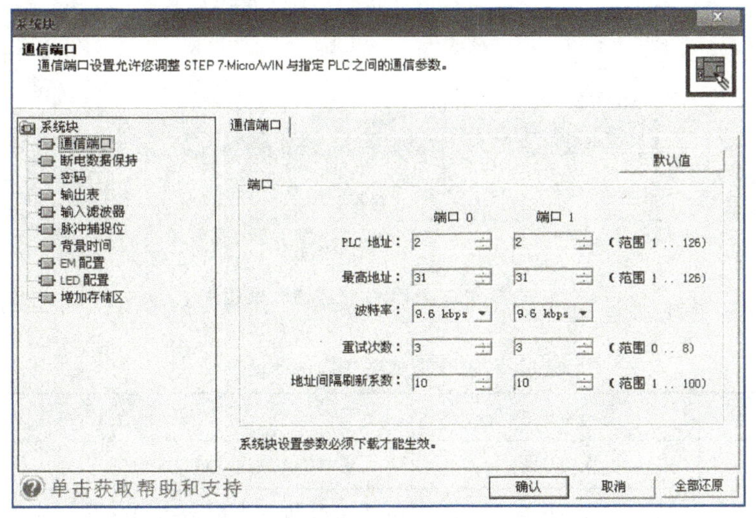

图 12-39　设置二号 PLC 的通信端口

一号 PLC 的通信测试程序如图 12-40 所示。

二号 PLC 的通信测试程序如图 12-41 所示。

5. 基于 PPI 通信的两个单元联机调试

在供料单元与检测单元进行 PPI 通信前，必须预先合理规划这两个单元之间的通信数据信息。PPI 通信联机调试地址分配见表 12-6。

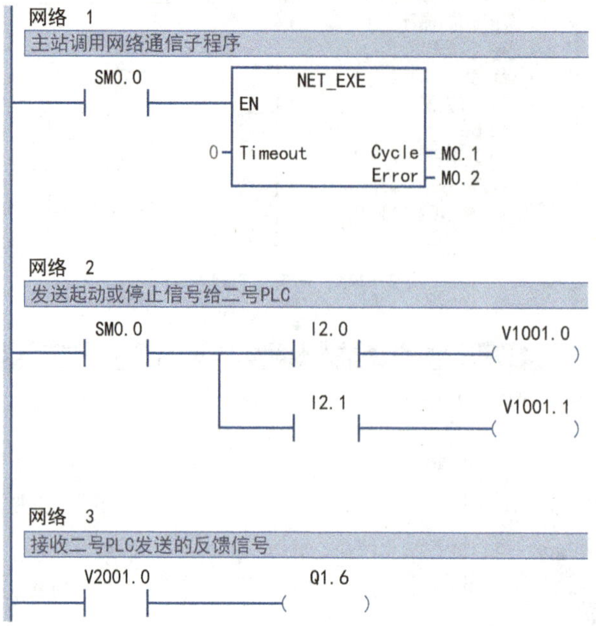

图 12-40　一号 PLC 的通信测试程序

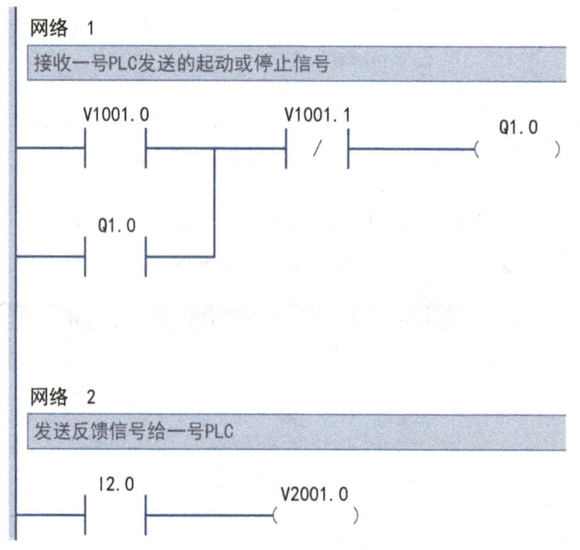

图 12-41　二号 PLC 的通信测试程序

表 12-6　PPI 通信联机调试地址分配

站名	通信地址	地址含义
供料单元(主)	V1001.2	向检测单元发送供料完成信号
	V2001.0	接收检测单元的请求供料信号
检测单元(从)	V1001.2	接收供料单元供料完成信号
	V2001.0	向供料单元发送请求供料信号

两个单元通信时，供料单元作为主站，因此网络读/写操作应在供料单元中配置。根据两个单元的 PPI 通信数据分配，只要在“NETR/NETW 指令向导”对话框中设置一个网络读操作和一个网络写操作即可，如图 12-42 和图 12-43 所示。

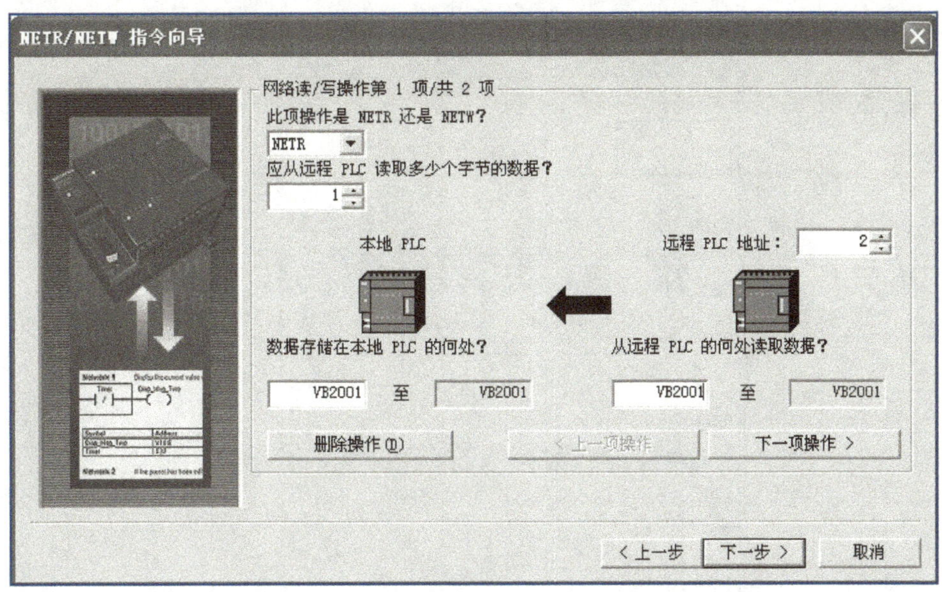

图 12-42　两个单元的 PPI 通信数据分配（一）

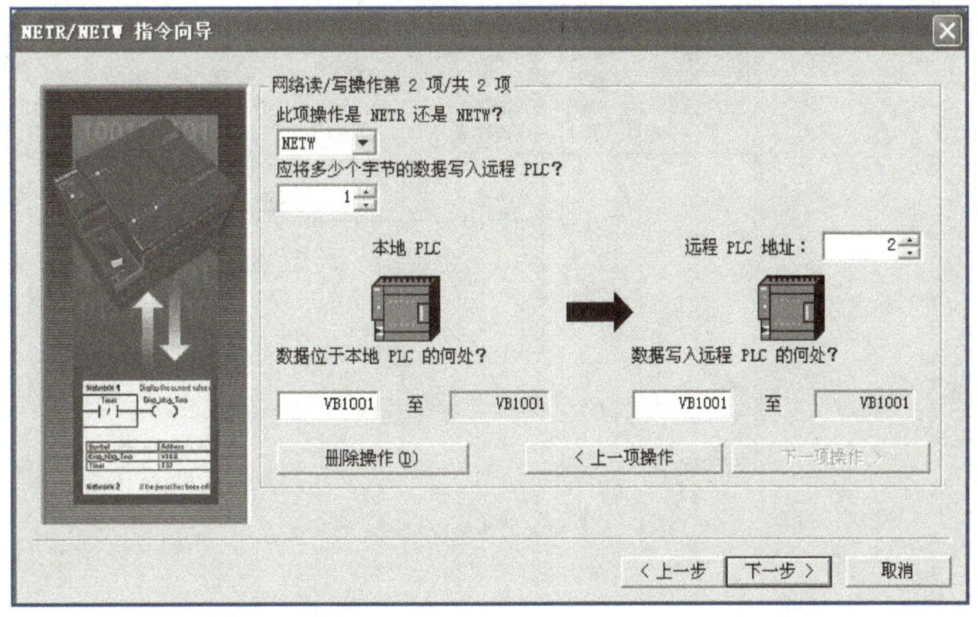

图 12-43　两个单元的 PPI 通信数据分配（二）

1）供料单元的通信控制部分处理程序如图 12-44 所示。

2）检测单元的通信控制部分处理程序如图 12-45 所示。

3）两个单元的联机调试方法。调试前，供料单元和检测单元拉开一定距离，以避免因程序出错导致两个单元的机构发生碰撞。

运行并监控供料单元程序，若通信子程序的参数 Cycle 值在 0 和 1 之间周期性变化，则说明这两个单元已经通信上；否则通信出错，可根据 Cycle 错误代码找出出错原因进行排除。

检查 PPI 网络连接线是否接好；通过软件检查两个单元 PLC 通信端口地址是否设置正确，通信波特率设置是否一致。

6. 基于 PPI 通信的整条生产线联机调试

1）三个单元 PPI 通信的控制要求。检测单元接收供料单元工件并对工件的材质、颜色、尺寸进行检测，根据检测结果判断工件是否合格，若工件不合格则将其剔除；若工件合格，送往准备接收检测

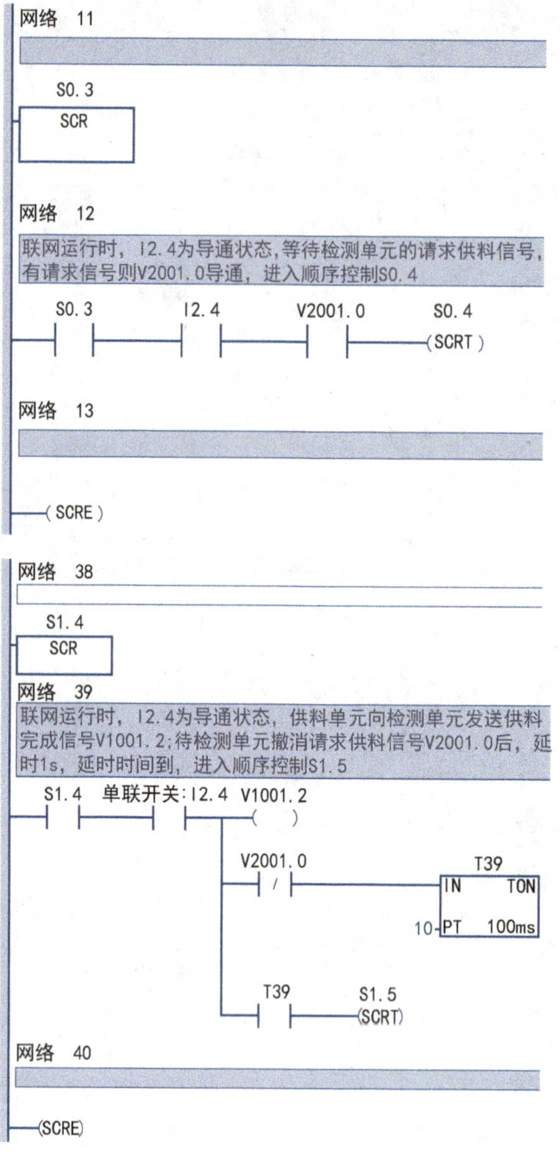

图 12-44 供料单元的通信控制部分处理程序

小型自动化
生产线程序

网络 11

S0.3
SCR

网络 12

联网运行时，I1.4为导通状态；当检测单元检测到无工件时，向供料单元发送请求供料信号V2001.0；待接收到供料单元的供料完成信号V1001.2，进入顺序控制S0.4

S0.3 单联开关:I1.4 I0.0 I0.1 I0.2 V2001.0

V1001.2 S0.4 SCRT

网络 13

SCRE

图 12-45 检测单元的通信控制部分处理程序

单元工件的加工单元。待检测单元供料完成后，加工单元开始加工工件，直到加工完成。

2）三个单元 PPI 通信的硬件和软件连接。硬件连接时，只要将中间的网络连接器的终端电阻开关拨到“OFF”位置，首尾两端的网络连接器的终端电阻的开关拨到“ON”位置即可。

软件连接时，必须将这三个单元 PLC 的通信波特率设置相同，但通信端口的地址不同。

3）三个单元 PPI 通信的数据规划。三个单元 PPI 通信的数据规划地址分配见表 12-7。

表 12-7　三个单元 PPI 通信的数据规划地址分配

站名	通信地址	地址功能
供料单元（1 号站）	V1001.2	向检测单元发送供料完成信号
	V2001.0	接收检测单元的请求供料信号
检测单元（2 号站）	V1001.2	接收供料单元的供料完成信号
	V1002.0	向加工单元发送工件信息
	V1002.1	向加工单元发送工件信息
	V1002.2	向加工单元发送完成信号
	V2001.0	向供料单元发送请求供料信号
	V2002.0	接收加工单元的请求供料信号
加工单元（3 号站）	V1002.0	接收检测单元的工件状态信息
	V1002.1	接收检测单元的工件状态信息
	V1002.2	接收检测单元的供料完成信号
	V2002.0	向检测单元发送请求供料信号

7. 三个单元 PPI 通信的控制工艺流程图

三个单元联机运行的通信控制工艺流程图可以参考前面 I/O 通信部分。

8. 配置网络读写操作

在三个单元的联网系统中，供料单元和检测单元组成主从关系通信，供料单元作为主站，检测单元作为从站。而检测单元与加工单元组成主从关系通信时，检测单元作为主站，加工单元作为从站。

在设置网络读/写操作时，对于检测单元和加工单元来说，检测单元作为主站，因此网络读/写操作应在检测单元中设置，设置方法如图 12-46 和图 12-47 所示。

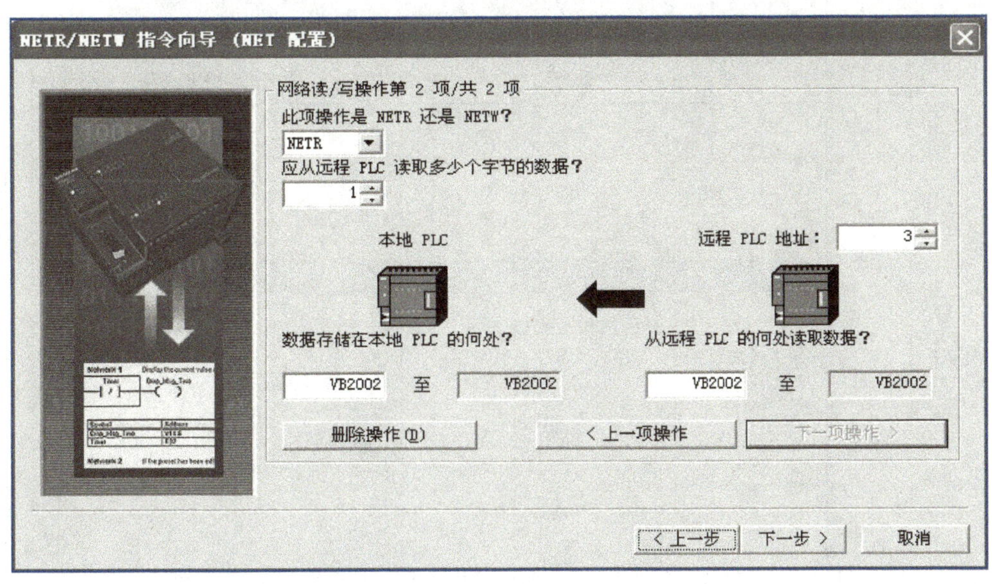

图 12-46　网络读/写操作设置（一）

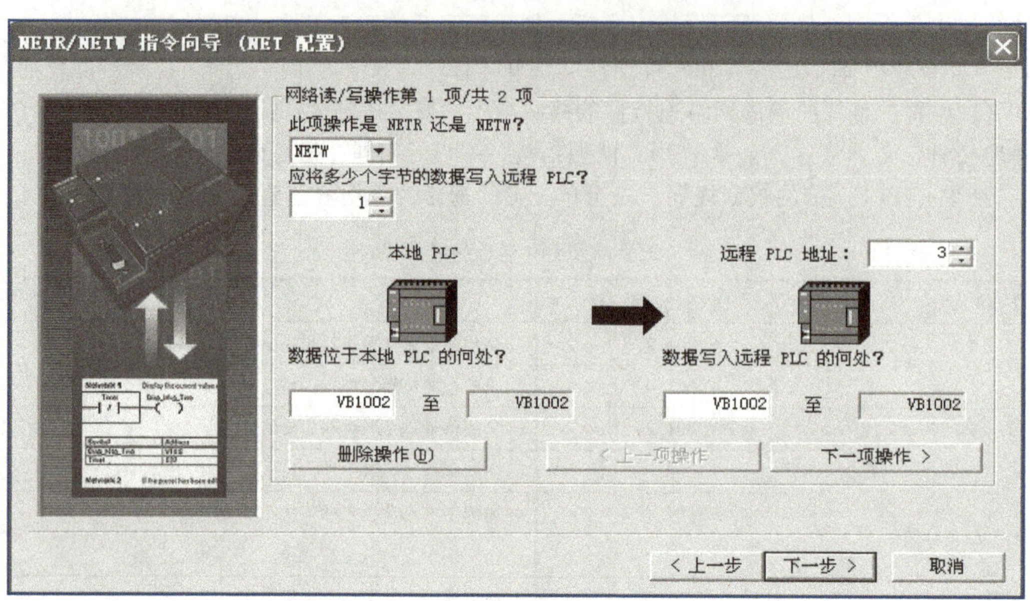

图 12-47 网络读/写操作设置（二）

在三个单元联机运行时，检测单元处于中间环节，运行中并不是可以一直向加工单元输送工件的。检测单元只有接收到加工单元的请求供料信号后，才可以给加工单元供料；供料完成后，向加工单元发送供料完成信号，如图 12-48 所示。

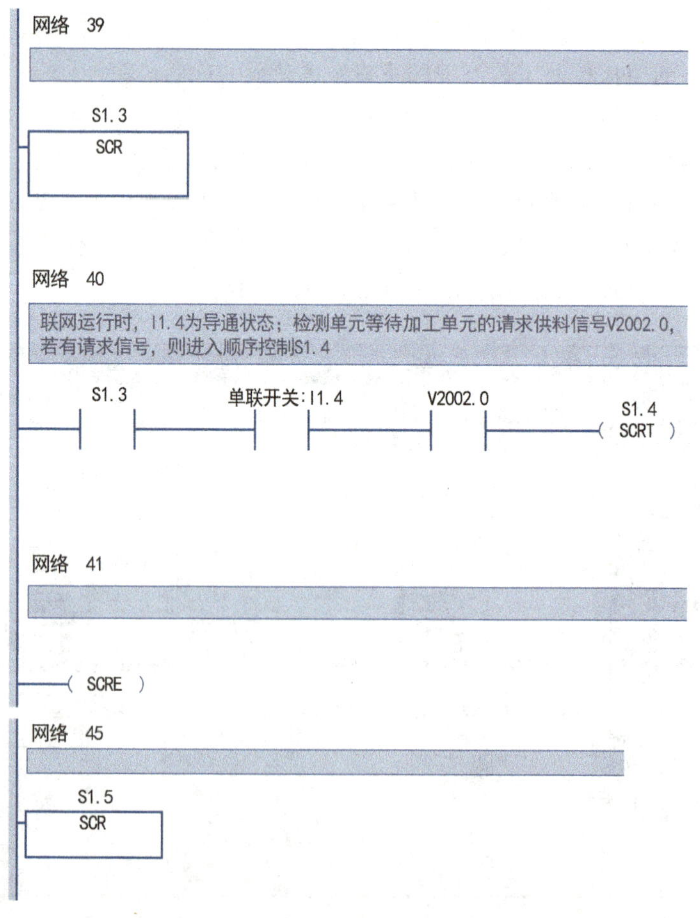

图 12-48 三个单元联机运行时的加工单元供料程序

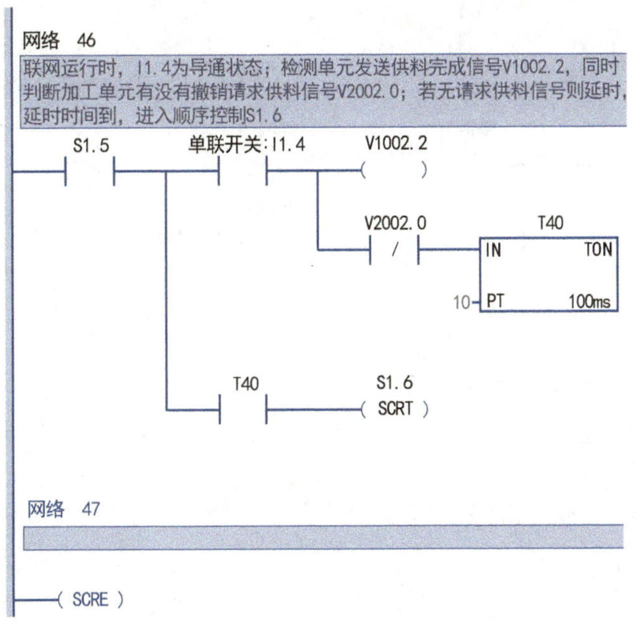

图 12-48　三个单元联机运行时的加工单元供料程序（续）

向加工单元发送供料完成信号，同时检测单元还需将检测出的工件材质和颜色信号发送给加工单元，如图 12-49 所示。

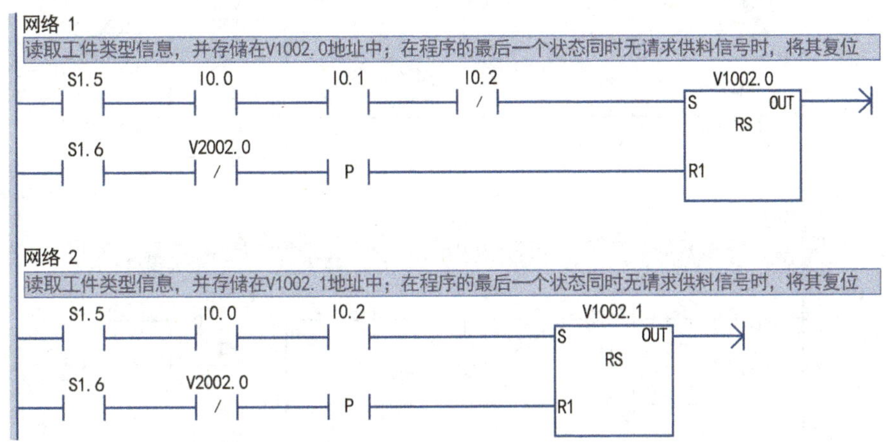

图 12-49　检测工件材质和颜色信号程序

加工单元需向检测单元发送请求供料信号，待检测单元供料完成，加工单元接收到检测单元供料完成信号后，才能执行加工工序。同时加工单元接收检测单元传送来的工件类型信息。

（1）加工单元通信处理程序（见图 12-50）

（2）加工单元采集处理工件类型信息程序　该程序如图 12-51 所示。三个单元的通信地址分配及功能见表 12-8。

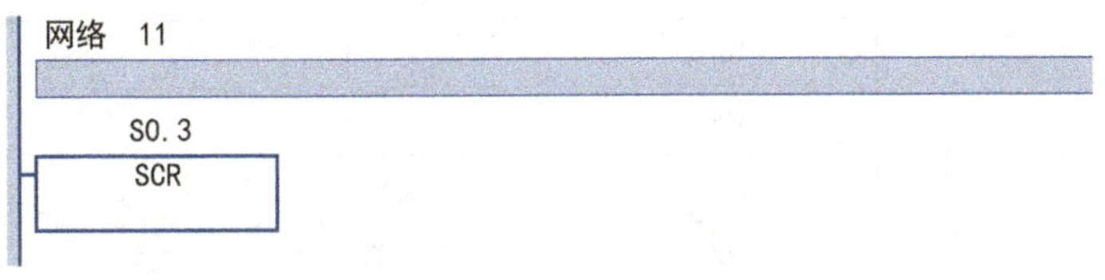

图 12-50　加工单元通信处理程序

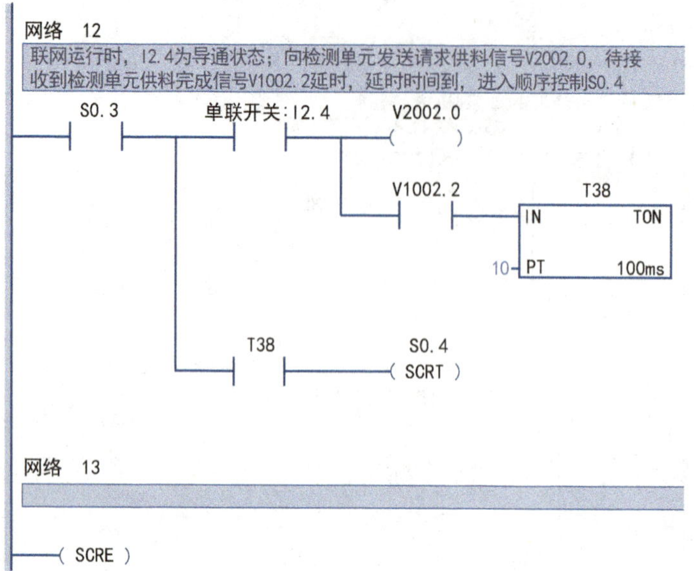

图 12-50 加工单元通信处理程序（续）

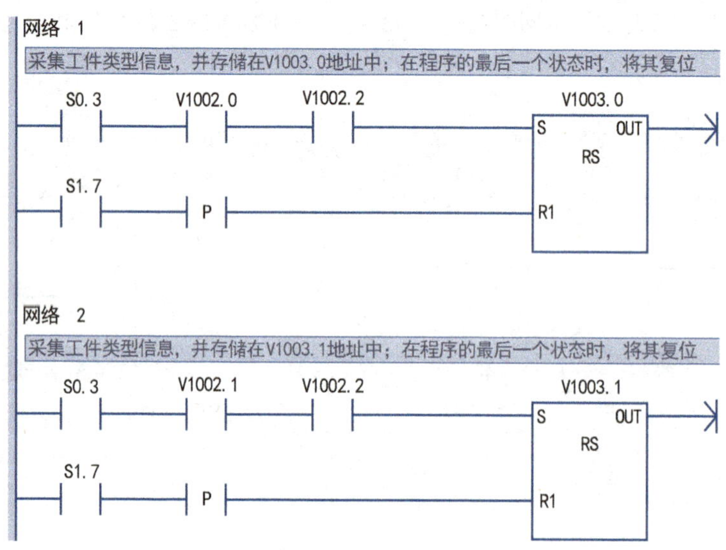

图 12-51 加工单元采集处理工件类型信息程序

表 12-8 三个单元的通信地址分配及功能

站点	通信端口	通信地址	通信地址功能
供料单元 1号站	PORT0	V1001.2	向检测单元发送供料完成信号
		V2001.0	接收检测单元的请求供料信号
检测单元 2号站	PORT0	V1001.2	接收供料单元的供料完成信号
		V1002.0	向检测单元发送黑/白工件信息
		V1002.1	向检测单元发送金属工件信息
		V1002.2	向加工单元发送完成信号
		V2001.0	向供料单元发送请求供料信号
		V2002.0	接收加工单元的请求供料信号

（续）

站点	通信端口	通信地址	通信地址功能
加工单元 3号站	PORT0	V1002.0	接收检测单元的黑/白工件信息
		V1002.1	接收检测单元的金属工件信息
		V1002.2	接收检测单元的完成信号
		V1003.0	向搬运单元发送黑/白工件信息
		V1003.1	向搬运单元发送金属工件信息
		V1003.2	向搬运单元发送完成信号
		V1003.3	向搬运单元发送废料信号
		V2002.0	发送检测单元请求供料信号
		V2003.0	接收搬运单元的请求供料信号
		V2003.1	搬运单元接收到工件信号
搬运单元 4号站	PORT0	V1003.0	接收加工单元的黑/白工件信息
		V1003.1	接收加工单元的金属工件信息
		V1003.2	接收加工单元的完成信号
		V1003.3	接收加工单元的废料信号
		V1004.0	向分拣输送单元发送黑/白工件信息
		V1004.1	向分拣输送单元发送金属工件信息
		V1004.2	向输送单元发送完成信号
		V1004.3	向输送单元发送废料信号
		V2003.0	发送加工单元请求供料信号
		V2003.1	向加工单元发送接收到工件信号
		V2004.0	接收分拣输送单元的请求供料信号
		V2004.1	接收分拣输送单元的入料口有无物料信号
分拣输送单元 5号站	PORT0	V1004.0	接收搬运单元的黑/白工件信息
		V1004.1	接收搬运单元的金属工件信息
		V1004.2	接收搬运单元的完成信号
		V1004.3	接收搬运单元的废料信号
		V1005.0	向提取安装单元发送黑/白工件信息
		V1005.1	向提取安装单元发送金属工件信息
		V1005.2	向提取安装单元发送完成信号
		V1005.3	分拣输送单元废料信号处理
		V2004.0	发送搬运单元请求供料信号
		V2004.1	向搬运站发送入料口有工件信号
		V2005.0	接收提取安装单元的请求供料信号
提取安装单元 6号站	PORT0	V1005.0	接收分拣输送单元的黑/白工件信息
		V1005.1	接收分拣输送单元的金属工件信息
		V1005.2	接收分拣输送单元的完成信号
		V1006.0	向操作手单元发送黑/白工件信息
		V1006.1	向操作手单元发送金属工件信息
		V1006.2	向操作手单元发送完成信号
		V2005.0	发送分拣输送单元请求供料信号
		V2006.0	接收操作手单元的请求供料信号

（续）

站点	通信端口	通信地址	通信地址功能
操作手单元 7号站	PORT0	V1006.0	接收提取安装单元的黑/白工件信息
		V1006.1	接收提取安装单元的金属工件信息
		V1006.2	接收提取安装单元的完成信号
		V1007.0	向立体存储单元发送黑/白工件信息
		V1007.1	向立体存储单元发送金属工件信息
		V1007.2	向立体存储单元发送完成信号
		V2006.0	发送提取安装单元请求供料信号
		V2006.1	操作手单元接收到工件的信号
		V2007.0	接收立体存储单元的请求供料信号
立体存储单元 8号站	PORT0	V1800.0	接收操作手单元的黑/白工件信息
		V1800.1	接收操作手单元的金属工件信息
		V1800.2	接收操作手单元的完成信号
		V1900.0	立体存储单元的黑/白工件信息
		V1900.1	立体存储单元的金属工件信息
		V2007.0	发送操作手单元请求供料信号

任务评价

组内成员协调完成工作，在强化知识的基础上建立工业现场系统设计的概念，设计完成后，各组之间互评并由教师给予评定，其评定标准以PLC职业资格能力要求为依据，使学生初步建立工程概念。

1. 检查内容

1）检查选择的元器件是否齐全，熟悉各元器件功能及作用。

2）熟悉电气控制原理图，并列出PLC的I/O表。

3）检查电气线路安装是否合理及运行情况。

2. 评估策略（见表12-9）

请根据在本任务中的实际表现进行自评及小组评价。

表12-9　小型自动化生产线控制任务评价

任务内容	评估内容	评估标准	配分	学生自评	学生互评	教师评价
专业技能	知识点	理解电路控制要求及原理	10			
	元件选择与检测	硬件元器件型号选择正确、用万用表检测质量合格	5			
	合理分配I/O	列出I/O端口，准确画出PLC控制I/O端口接线图	10			
	接线及布线工艺	按照原理图，正确、规范接线	10			
	梯形图设计	根据接线编写梯形图	10			
	程序检查与运行	传送、运行、监控程序	25			
方法	自主学习能力	预习并做好课前准备	5			
	理解、总结能力	准确理解任务要求，善于总结	5			
	创新能力	选用新方法、新工艺效果好	5			
职业素养	团队协作能力	积极参与、小组协作	5			
	语言表达能力	观点表达清楚，展示效果好	5			
	安全操作能力	遵守安全操作规程	5			
合计			100			

知识拓展

生产线系统采用PROFIBUS通信网络进行控制运行时，网络中必须至少要有一台支持PROFIBUS通信协议的PLC，将原来的S7-200系列换成S7-300系列PLC，尝试利用PROFIBUS通信实现自动化生产线联机调试。

思考与练习

生产线系统采用PROFIBUS通信网络进行控制运行时，三个组建是如何联调运行的？

实践中常见问题解析

（1）通信无法建立　表现为上位机软件无法与PLC建立连接，或者多个PLC之间的通信中断。

1）产生原因：通信参数设置不一致，包括波特率、站地址等；通信线缆故障，如断路、短路或者接触不良；PLC端口损坏。

2）解决方法：仔细检查上位机软件和PLC的通信参数设置，确保它们完全一致。例如，波特率设置为9600bit/s时，双方都应是这个值，站地址也应准确匹配；更换通信线缆，或者使用万用表检查线缆是否存在断路、短路等问题，并确保插头连接牢固；若怀疑PLC端口损坏，可以通过更换PLC或者使用其他端口进行测试。

（2）通信速度慢　表现为通信过程中数据传输速度明显低于预期。

1）产生原因：通信负荷过高，数据量过大；电磁干扰影响通信质量。

2）解决方法：优化数据传输量，减少不必要的数据传输，或者采用分批传输的方式，比如只传输关键数据，而不是所有数据；对通信线路进行屏蔽处理，远离强电磁干扰源，例如大型电动机、变频器等。

（3）数据错误或丢失　表现为接收到的数据不准确或者部分数据丢失。

1）产生原因：通信缓冲区设置不当；受到外界干扰导致数据出错。

2）解决方法：合理设置通信缓冲区的大小，以适应数据量的需求；增强抗干扰措施，如使用屏蔽双绞线、良好的接地等。

（4）多主站通信冲突　表现为在一个PPI网络中存在多个主站时，可能会发生通信冲突。

1）产生原因：主站同时发送请求，导致网络拥堵和冲突。

2）解决方法：合理规划主站的通信时间和顺序，避免同时发送请求。可以通过轮询或者分时的方式进行通信。

（5）地址冲突　表现为当网络中的设备站地址设置重复时，会导致通信混乱。

1）产生原因：人为设置错误，或者在添加新设备时未注意地址分配。

2）解决方法：检查并重新设置网络中所有设备的站地址，确保每个设备都有唯一的地址。

参考文献

[1] 高勤．可编程控制器原理及应用（三菱机型）［M］．北京：电子工业出版社，2006.
[2] 俞国亮．PLC 原理与应用（三菱 FX 系列）［M］．北京：清华大学出版社，2005.
[3] 王芹，王浩．PLC 技术应用（S7-200）［M］．北京：高等教育出版社，2018.
[4] 廖常初．S7-1200 PLC 编程及应用［M］．4 版．北京：机械工业出版社，2021.